# 合同変換の幾何学

難波 誠 著

現代数学社

# はじめに

同じ文様が四方に，くり返し描かれている文様を，くり返し文様と言います．イスラム文様アラベスクなど，世界には，くり返し文様が沢山ありますが，日本にも，青海波（せいがいは，せいかいなみ）や七宝（しっぽう）つなぎのような，伝統的くり返し文様が沢山あります．

くり返し文様は無数にあると言ってもよいのですが，くり返し文様を背後から統制する，二次元結晶群（別名：平面結晶群）の種類は，わずか 17 種類しかありません．この本は，このことの「キチンとした証明」をあたえる目的で書きました．

この「証明」は，当初，難波 [7] の付録として書いたのですが，長すぎたため，現代数学社の好意により，雑誌「現代数学」に，話をふくらませた形で，連載記事を掲載（2022 年 4 月号～2023 年 9 月号）し，それらをまとめて本にしたものです．

その連載途中で，三次直交行列の具体形（明示形）に気づき，それを書きました．昔から知られていて当然と思える，この公式（定理 3.3）ですが，なぜか類書に見当たりませんでした．

この本には，連載記事の雰囲気が残っている箇所が何ヶ所かありますが，むしろその方が読みやすいのでは，と考えて，そのまま残してあります．

この本を読むために必要な予備知識は，大学一年で学ぶ，線形代数です．

この本には，演習問題はありません．その代わりに，ときおり，「このことの証明は，読者にゆだねる．」と書いて，演習問題の代用としています.

連載記事を書くときも，この本を作るときも，大変おせわになりました富田淳氏と現代数学社に，深く感謝いたします.

2024 年 3 月

難波　誠

# 目　次

# 第 1 章
# 合同変換の諸性質

# 第1節　合同変換とその式表示

この節では，ユークリッド平面またはユークリッド空間の合同変換の基本性質を述べた後，合同変換が平行移動と直交変換の合成であることを示し，それによって，合同変換を式で表示する．

## 1.1　平面の合同変換

本書では，**ユークリッド平面**を，（そのモデルである）座標平面 $\mathbb{R}^2 = \mathbb{R} \times \mathbb{R}$ （$\mathbb{R}$ は実数全体の集合）にピタゴラスの定理に基づいた距離 $d$ を入れたもの $(\mathbb{R}^2, d)$ と同一視する．ここで，2点 $\mathrm{P} = (x_1, y_1), \mathrm{Q} = (x_2, y_2)$ に対し，それらの間の**距離** $d(\mathrm{P}, \mathrm{Q})$ は

$$d(\mathrm{P}, \mathrm{Q}) := \sqrt{(x_1 - x_2)^2 + (y_1 - y_2)^2}$$

で定義される[※1].

さらに，記号の簡単化のため，ユークリッド平面 $(\mathbb{R}^2, d)$ を単に，ユークリッド平面 $\mathbb{R}^2$ と略記する．

$\mathbb{R}^2$ の**合同変換**とは，$\mathbb{R}^2$ の**変換**，すなわち $\mathbb{R}^2$ からそれ自身の上への一対一写像

$$\varphi : \mathbb{R}^2 \longrightarrow \mathbb{R}^2$$

であって，任意の2点 P, Q に対し，

※1　記号 := は，左辺が右辺で定義されることを意味します．

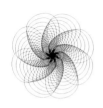

$$d(\varphi(\mathrm{P}),\varphi(\mathrm{Q}))=d(\mathrm{P},\mathrm{Q})$$

をみたす（すなわち，距離を変えない）ものである.

具体的に，どのような合同変換が考えられるだろうか.

各点を，定方向に定距離移動させる**平行移動**（別名：**並進**），定点中心に，定角度回転させる**回転**，定直線に関する**鏡映**（別名：**折り返し**）などが考えられる［図 1–1］.

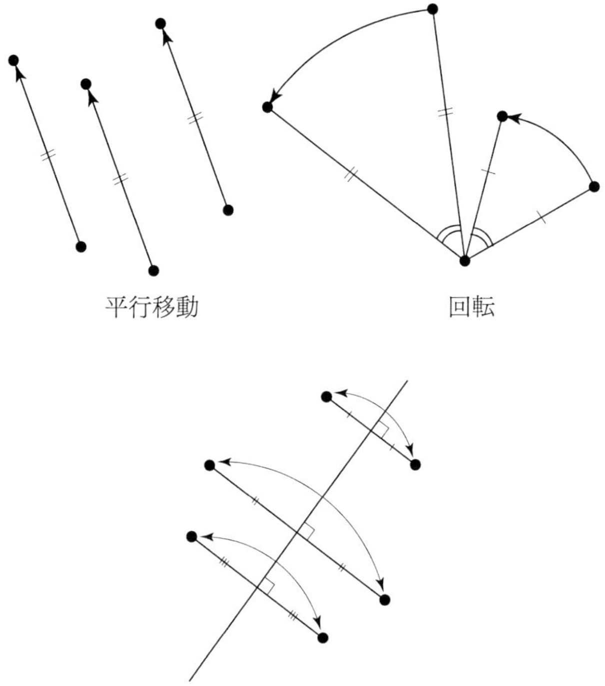


**図 1–1**

また，これらの合成である変換も考えられる．ここで，変換 $\varphi$ と $\psi$ の**合成**（または**合成変換**）$\varphi\circ\psi$ とは

$$(\varphi\circ\psi)(\mathrm{P}):=\varphi(\psi(\mathrm{P}))\quad(\mathrm{P}\in\mathbb{R}^2)$$

で定義される変換のことである．（一般に，変換と限らない写像の**合成**（または**合成写像**）も同じ式で定義される．）

また，変換 $\varphi$ の**逆変換** $\varphi^{-1}$ とは，$\varphi(\mathrm{P})=\mathrm{P}'$ のとき $\varphi^{-1}(\mathrm{P}'):=\mathrm{P}$ で定義される変換のことである．

**命題 1.1**

（i）$\mathbb{R}^2$ の合同変換の合成は合同変換である．

（ii）$\mathbb{R}^2$ の合同変換の逆変換は合同変換である．

**▶証明**

（i）$\varphi, \psi$ を合同変換とする．$\mathbb{R}^2$ 上の任意の 2 点 P, Q に対して

$$\begin{aligned}&d((\varphi\circ\psi)(\mathrm{P}),(\varphi\circ\psi)(\mathrm{Q}))\\&=d(\varphi(\psi(\mathrm{P})),\varphi(\psi(\mathrm{Q})))\\&=d(\psi(\mathrm{P}),\psi(\mathrm{Q}))=d(\mathrm{P},\mathrm{Q})\end{aligned}$$

となるので，合成変換 $\varphi\circ\psi$ も合同変換である．

（ii）$\varphi$ を合同変換とする．$\varphi(\mathrm{P})=\mathrm{P}'$，$\varphi(\mathrm{Q})=\mathrm{Q}'$ とおくと

$$\begin{aligned}d(\varphi^{-1}(\mathrm{P}'),\varphi^{-1}(\mathrm{Q}'))&=d(\mathrm{P},\mathrm{Q})=d(\varphi(\mathrm{P}),\varphi(\mathrm{Q}))\\&=d(\mathrm{P}',\mathrm{Q}')\end{aligned}$$

となるので，逆変換 $\varphi^{-1}$ も合同変換である．　**証明終**

つぎに，ユークリッド平面 $\mathbb{R}^2$ の合同変換の基本性質を述べる．

**命題 1.2**　$\varphi$ を $\mathbb{R}^2$ の合同変換とする．このとき次の（i）〜（iii）がなりたつ：

（i）点 P, Q, R が一直線上にあって，この順に並んでいるとき，$\varphi(\mathrm{P}), \varphi(\mathrm{Q}), \varphi(\mathrm{R})$ も一直線上にあって，この順に並んでいる．

（ii）$\varphi$ は線分を同じ長さの線分に写す．

（iii）$\varphi$ は直線を直線に写す．

▶**証明**　仮定により

$$d(\mathrm{P}, \mathrm{Q}) + d(\mathrm{Q}, \mathrm{R}) = d(\mathrm{P}, \mathrm{R})$$

がなりたつ．$\varphi$ が合同変換なので，この等式から次の等式がえられる：

$$d(\varphi(\mathrm{P}), \varphi(\mathrm{Q})) + d(\varphi(\mathrm{Q}), \varphi(\mathrm{R})) \\ = d(\varphi(\mathrm{P}), \varphi(\mathrm{R})).$$

これは，$\varphi(\mathrm{P}), \varphi(\mathrm{Q}), \varphi(\mathrm{R})$ が一直線上にあって，この順に並んでいることを示す［図 1-2］.

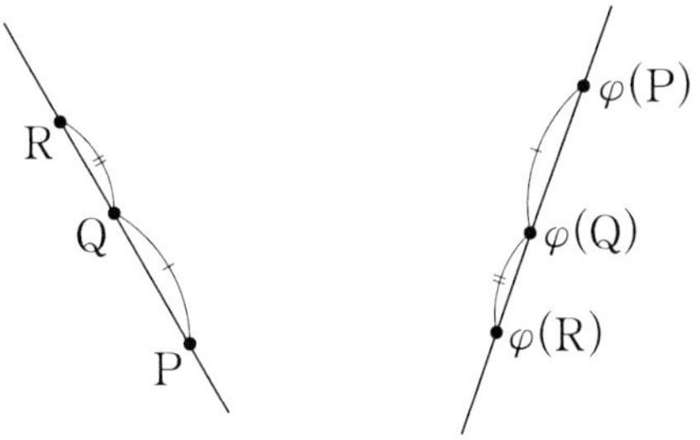


**図 1－2**

（ii）は（i）より導かれる．すなわち，P と R を固定して Q を動かせば，線分 PR が線分 $\varphi(\mathrm{P})\varphi(\mathrm{R})$ に写されることがわかる．

そして $\overline{\mathrm{PR}}$ を線分PRの長さとすると

$$\overline{\mathrm{PR}} = d(\mathrm{P}, \mathrm{R}) = d(\varphi(\mathrm{P}), \varphi(\mathrm{R})) = \overline{\varphi(\mathrm{P})\varphi(\mathrm{R})}$$

となっている.

（iii）PとQを（またはQとRを）固定し，Rを（または，Pを）動かすと，$\varphi$ は半直線 $\mathrm{Q}\infty$ を（または，半直線 $\infty\mathrm{Q}$ を）半直線 $\varphi(\mathrm{Q})\infty$ に（または，半直線 $\infty\varphi(\mathrm{Q})$ に）写すことがわかる※2.

これらのことと（ii）を合わせて，（iii）がえられる.　　**証明終**

> **命題 1.3**　$\varphi$ を $\mathbb{R}^2$ の合同変換とする. このとき次の（i）〜（iv）がなりたつ：
>
> （i）$\varphi$ は三角形を合同な三角形に写す.
>
> （ii）$\varphi$ は多角形を合同な多角形に写す.
>
> （iii）$\varphi$ は円を合同な（すなわち同じ半径をもつ）円に写す.
>
> （iv）（一般に）$\varphi$ は平面図形をそれに合同な平面図形に写す.

**▶証明**

（i）命題1.2の（ii）により，$\varphi$ は $\triangle\mathrm{ABC}$ を $\triangle\mathrm{A'B'C'}$ に写す. ここに，$\mathrm{A'} := \varphi(\mathrm{A})$，$\mathrm{B'} := \varphi(\mathrm{B})$，$\mathrm{C'} := \varphi(\mathrm{C})$. 実際，$\varphi$ が $\triangle\mathrm{ABC}$ の内部を $\triangle\mathrm{A'B'C'}$ の内部に写すことは，辺BC上に動点Pをとると，線分APが線分A′P′（$\mathrm{P'} := \varphi(\mathrm{P})$）に写されることよりわかる［図1-3］.

※2　$\infty$ は無限遠点を表します.

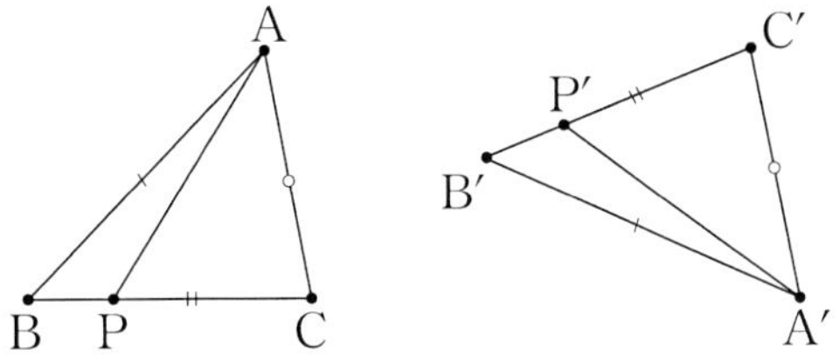


**図 1－3**

そして，同じく命題 1.2 の（ii）より

$$\overline{\mathrm{AB}} = \overline{\mathrm{A'B'}},\ \overline{\mathrm{BC}} = \overline{\mathrm{B'C'}},\ \overline{\mathrm{CA}} = \overline{\mathrm{C'A'}}$$

なので

$$\triangle \mathrm{ABC} \equiv \triangle \mathrm{A'B'C'}\ \text{（合同）}$$

である．

（ii）多角形を，いくつかの三角形に分割し，（ i ）を用いることで示される．

（iii）は命題 1.2 よりあきらかである．

（iv）については，平面図形の定義がはっきりしていないので，あいまいな表現だが，直線，円，楕円，放物線，双曲線など，高校で扱われているもの，およびそれらの一部と解釈されたい．このような，数式で定義される図形と合同変換 $\varphi$ で写された図形の合同性は，$\varphi$ を式で表現（次小節 §1.2 参照）することで示される．　**証明終**

## 1.2　平面の合同変換の式表示

ユークリッド平面 $\mathbb{R}^2$ の座標平面としての原点を O とする．$\mathbb{R}^2$ の合同変換 $\varphi$ を，ベクトルを用いた式で表現したい．そのために，$\mathbb{R}^2$ の点 $\mathrm{P} = (x, y)$ と，**ベクトル**

$$\boldsymbol{x} := \overrightarrow{\mathrm{OP}} = (x, y)$$

(始点がO，終点がPであるベクトル）と同一視する．(右辺の $(x, y)$ は，**数ベクトル**をあらわす．)

この同一視によって，$\mathbb{R}^2$ は2次元ベクトルの集合とみなされ，$\mathbb{R}^2$ の変換 $\varphi$ は，集合{2次元ベクトル}からそれ自身の上への一対一写像とみなすことができる：

$$\varphi : \{2\text{次元ベクトル}\} \longrightarrow \{2\text{次元ベクトル}\}$$
$$\overrightarrow{\mathrm{OP}} \longmapsto \overrightarrow{\mathrm{OP'}} = \overrightarrow{\mathrm{OO'}} + \overrightarrow{\mathrm{O'P'}}$$

$(\mathrm{O}' := \varphi(\mathrm{O}), \mathrm{P}' := \varphi(\mathrm{P}).)$ なお，始点がOでないベクトルに対しては，次の命題1.4に基づいて，次のように定義するのが適切である：

$$\varphi(\overrightarrow{\mathrm{PQ}}) := \overrightarrow{\mathrm{P'Q'}} + \overrightarrow{\mathrm{OO'}} \quad (\mathrm{P}' := \varphi(\mathrm{P}), \mathrm{Q}' := \varphi(\mathrm{Q}))$$

**命題 1.4**　$\varphi$ を $\mathbb{R}^2$ の合同変換とする．このとき，$\overrightarrow{\mathrm{PQ}} = \overrightarrow{\mathrm{RS}}$ ならば，$\overrightarrow{\mathrm{P'Q'}} = \overrightarrow{\mathrm{R'S'}}$ である．ここに，$\mathrm{P}' := \varphi(\mathrm{P})$，$\mathrm{Q}' := \varphi(\mathrm{Q})$，$\mathrm{R}' := \varphi(\mathrm{R})$，$\mathrm{S}' := \varphi(\mathrm{S})$ である．

この命題は，命題1.3の（ii）を平行四辺形に適用することで示される．実際，$\overrightarrow{\mathrm{PQ}} = \overrightarrow{\mathrm{RS}}$ とは，四角形PQSRが平行四辺形（または，それが一つの直線の上につぶれたもの）となることである［図1-4］.

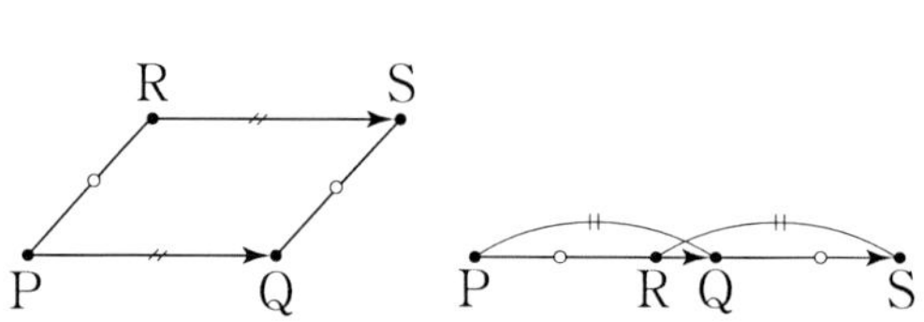


**図 1-4**

$\mathbb{R}^2$ の平行移動は，ベクトルを用いて

$$\tau_a : \boldsymbol{x} \longmapsto \boldsymbol{x} + \boldsymbol{a} \quad (\boldsymbol{x} \in \{2\text{次元ベクトル}\})$$

と表わされる．ここで $\boldsymbol{a}$ は定ベクトルである．

さて，$\varphi$ を $\mathbb{R}^2$ の合同変換とする．$\varphi$ は**ゼロベクトル** $\mathbf{0}=(0,0)$ をベクトル $\boldsymbol{a}$ に写すとする：$\varphi(\mathbf{0})=\boldsymbol{a}$．このとき，平行移動 $\tau_{-a}=(\tau_a)^{-1}$ と $\varphi$ の合成 $\tau_{-a}\circ\varphi$ は

$$(\tau_{-a}\circ\varphi)(\mathbf{0})=\tau_{-a}(\varphi(\mathbf{0}))=\boldsymbol{a}+(-\boldsymbol{a})=\mathbf{0}$$

をみたす，すなわち原点を原点に写す合同変換である，これを $\psi$ とおこう：

$$\tau_{-a}\circ\varphi=\psi.$$

この等式の両辺に，左から $\tau_a$ を合成させると

$$\tau_a\circ(\tau_{-a}\circ\varphi)=\tau_a\circ\psi \tag{1}$$

となるが，左辺は（一般に，写像の合成は，つねに**結合法則**をみたすので）

$$(\tau_a\circ\tau_{-a})\circ\varphi=\tau_{(-a)+a}\circ\varphi=\tau_0\circ\varphi$$

となる．ここで，$\tau_0$ は**恒等変換** $\iota$ に等しい：

$$\tau_0=\iota:\boldsymbol{x}\longmapsto\boldsymbol{x}\quad(\boldsymbol{x}\in\{2\text{ 次元ベクトル}\})$$

（恒等変換も（特別な）合同変換である．）それゆえ，(1) の左辺は $\iota\circ\varphi=\varphi$ となる．したがって，(1) より，合同変換 $\varphi$ は

$$\varphi=\tau_a\circ\psi \tag{2}$$

と書ける．ここで $\psi$ は，上述のごとく，$\psi(\mathbf{0})=\mathbf{0}$ をみたす合同変換である．

しかるに，次の命題 1.5 で示すように，そのような合同変換 $\psi$ は，必ず線形変換となる．

ここで，変換 $\psi$ が**線形変換**であるとは，任意のベクトル $x, y$ と任意の**スカラー**（実数のこと）$a$ に対し

$$\left.\begin{array}{c}\psi(\boldsymbol{x}+\boldsymbol{y})=\psi(\boldsymbol{x})+\psi(\boldsymbol{y})\\ \psi(a\boldsymbol{x})=a\psi(\boldsymbol{x})\end{array}\right\} \tag{3}$$

をみたすものである．（変換とかぎらない写像の場合でも，(3) の二式をみたすとき，**線形写像**とよぶ．）

**命題 1.5**　$\psi(\mathbf{0})=\mathbf{0}$ をみたす $\mathbb{R}^2$ の合同変換 $\psi$ は，線形変換である．

**▶証明**　このような $\mathbb{R}^2$ の合同変換 $\psi$ が，上の (3) の二式をみたすことを示せばよい．$\boldsymbol{x}':=\psi(\boldsymbol{x})$，$\boldsymbol{y}':=\psi(\boldsymbol{y})$ とおき，
$\boldsymbol{x}=\overrightarrow{\mathrm{OP}}, \boldsymbol{x}'=\overrightarrow{\mathrm{OP}'}$，$\boldsymbol{y}=\overrightarrow{\mathrm{PQ}}, \boldsymbol{y}'=\overrightarrow{\mathrm{P}'\mathrm{Q}'}$　$(\mathrm{P}'=\psi(\mathrm{P}), \mathrm{Q}'=\psi(\mathrm{Q}))$
とおくと

$$\psi(x+y)=\psi(\overrightarrow{\mathrm{OQ}})=\overrightarrow{\mathrm{OQ}'}=x'+y'=\psi(x)+\psi(y)$$

がえられる［図 1–5］.

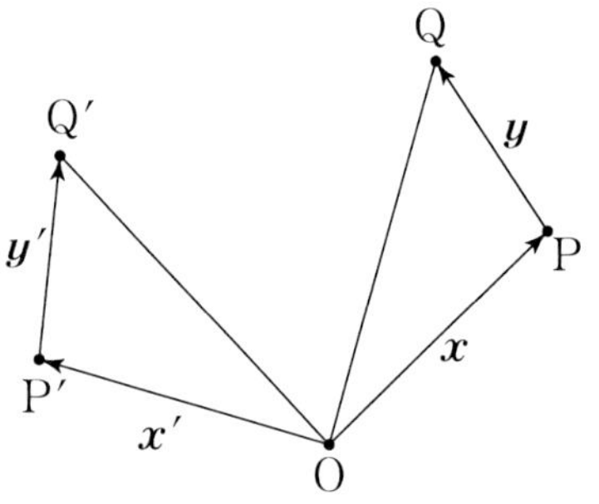


**図 1－5**

次に，$a>0$ とすれば，命題 1.2 より，$\psi(a\boldsymbol{x})$ と $a\psi(\boldsymbol{x})$ は，共に $\psi(\boldsymbol{x})$ と同じ向きで，長さが等しいので，同じベクトルである：$\psi(a\boldsymbol{x})=a\psi(\boldsymbol{x})$.

つぎに $a=0$ とすれば

$$\psi(0\boldsymbol{x})=\psi(\mathbf{0})=\mathbf{0}=0\psi(\boldsymbol{x})$$

最後に $a<0$ とすると，やはり命題 1.2 より，$\psi(a\boldsymbol{x})$ と $a\psi(\boldsymbol{x})$ は，共に $\psi(\boldsymbol{x})$ と逆向き，したがってそれらは同じ向きで，長さが等しい．ゆえに同じベクトルである：$\psi(a\boldsymbol{x})=a\psi(\boldsymbol{x})$.

かくて，$\psi$ が線形変換であることが示された．　**証明終**

しかるに，一般に線形写像（(3) の二式をみたす写像）$\psi$ は，**行列**であらわされる．それを見るために，ベクトル $\boldsymbol{x}=(x,y)$ を**列ベクトル** $\begin{pmatrix}x\\y\end{pmatrix}$ と同一視する．さらに，この列ベクトルを $(2\times1)$ - 行列ともみなす．いま，線形写像 $\psi$ が，**基本列ベクトル** $\boldsymbol{e}_1=\begin{pmatrix}1\\0\end{pmatrix}, \boldsymbol{e}_2=\begin{pmatrix}0\\1\end{pmatrix}$ をそれぞれ $\begin{pmatrix}a_1\\b_1\end{pmatrix}, \begin{pmatrix}a_2\\b_2\end{pmatrix}$ に写すとする．このとき

$$\begin{aligned}\psi(\boldsymbol{x})&=\psi(x\boldsymbol{e}_1+y\boldsymbol{e}_2)=x\psi(\boldsymbol{e}_1)+y\psi(\boldsymbol{e}_2)\\&=x\begin{pmatrix}a_1\\b_1\end{pmatrix}+y\begin{pmatrix}a_2\\b_2\end{pmatrix}=\begin{pmatrix}xa_1+ya_2\\xb_1+yb_2\end{pmatrix}\\&=\begin{pmatrix}a_1&a_2\\b_1&b_2\end{pmatrix}\begin{pmatrix}x\\y\end{pmatrix}=A\boldsymbol{x}\end{aligned}$$

すなわち

$$\psi(\boldsymbol{x})=A\boldsymbol{x}$$

がなりたつ．ここで

$$A=\begin{pmatrix}a_1&a_2\\b_1&b_2\end{pmatrix}$$

であり, $A\boldsymbol{x}$ は $(2\times2)$ - 行列 $A$ と $(2\times1)$ - 行列 $\boldsymbol{x}$ の積（行列の積）である．この意味で，線形写像 $\psi$ は行列 $A$ と**同一視**される．例えば，恒等変換 $\iota$ は，**（2 次）単位行列**

$$E=\begin{pmatrix}1&0\\0&1\end{pmatrix}$$

と同一視され，線形写像 $\psi_1$ と $\psi_2$ の合成 $\psi_1\circ\psi_2$ は，$\psi_1,\psi_2$ それぞれと同一視される行列 $A_1, A_2$ の積 $A_1A_2$ と同一視される．

逆に，$(2\times2)$ - 行列 $A$ に対し，写像

$$\psi:\boldsymbol{x}\longmapsto A\boldsymbol{x}$$

は，上の (3) の二式をみたし，線形写像であることが容易にわかる．

線形写像 $\psi$ がさらに線形変換，すなわち，上への一対一線形

写像であるための必要十分条件は，$\psi$ と同一視される行列 $A$ の**行列式**（determinant）

$$\det(A)=|A|=\begin{vmatrix} a_1 & a_2 \\ b_1 & b_2 \end{vmatrix}=a_1b_2-b_1a_2$$

がゼロでないことである．その理由は線形代数における次の主張にある：「$\det(A)\neq 0$ のとき，そのときのみ逆行列 $A^{-1}$ が存在する．」（$A^{-1}$ が $\psi^{-1}$ と同一視される．）

なお，線形写像である合同変換は**直交変換**とよばれ，同一視される行列は**直交行列**とよばれる．

以上の議論と，上の（2）により，次の命題の前半が示された：

**命題 1.6**　$\mathbb{R}^2$ の合同変換 $\varphi$ は，ある定ベクトル $\boldsymbol{a}$ と，ある直交行列 $A$ を用いて

$$\varphi : \boldsymbol{x} \longmapsto A\boldsymbol{x}+\boldsymbol{a} \tag{4}$$

とあらわされる．$\boldsymbol{a}$ と $A$ は $\varphi$ により唯一つ定まる．逆に，定ベクトル $\boldsymbol{a}$ と直交行列 $A$ によって，変換 $\varphi$ を（4）で定義すると，これは合同変換である．

この命題の，$\boldsymbol{a}$ と $A$ の唯一性は，（4）より $\varphi(\boldsymbol{0})=\boldsymbol{a}$ であり，$A$ は直交変換 $\tau_{-a}\circ\varphi$ と同一視されることにより，わかる．また，この命題の「逆に…」の部分は次でわかる：(4) より $\varphi=\tau_a\circ\psi$（$\tau_a$ は平行移動，$\psi$ は $A$ と同一視される直交変換）なので，$\varphi$ も合同変換となる．

合同変換の合成と逆変換の式は，次の命題であたえられる：

**命題 1.7**
（ｉ）$\mathbb{R}^2$ の合同変換 $\varphi: \varphi(\boldsymbol{x}) = A\boldsymbol{x} + \boldsymbol{a}$ と合同変換 $\psi: \psi(\boldsymbol{x}) = B\boldsymbol{x} + \boldsymbol{b}$ の合成 $\varphi \circ \psi$ は次であたえられる：

$$(\varphi \circ \psi)(\boldsymbol{x}) = (AB)\boldsymbol{x} + (\boldsymbol{a} + A\boldsymbol{b}).$$

（ii）$\mathbb{R}^2$ の合同変換 $\varphi: \varphi(\boldsymbol{x}) = A\boldsymbol{x} + \boldsymbol{a}$ の逆変換 $\varphi^{-1}$ は次であたえられる：

$$\varphi^{-1}(\boldsymbol{x}) = A^{-1}\boldsymbol{x} - A^{-1}\boldsymbol{a}.$$

▶**証明**　（ｉ）計算によって次のように示される：

$$\begin{aligned}(\varphi \circ \psi)(\boldsymbol{x}) &= \varphi(\psi(\boldsymbol{x})) = A(\psi(\boldsymbol{x})) + \boldsymbol{a} \\ &= A(B\boldsymbol{x} + \boldsymbol{b}) + \boldsymbol{a} = AB\boldsymbol{x} + (\boldsymbol{a} + A\boldsymbol{b}).\end{aligned}$$

（ii）$\varphi^{-1}(\boldsymbol{x}) = B\boldsymbol{x} + \boldsymbol{b}$ とおいて（ｉ）を $\varphi$ と $\psi := \varphi^{-1}$ に適用すれば

$$\boldsymbol{x} = \iota(\boldsymbol{x}) = (\varphi \circ \varphi^{-1})(\boldsymbol{x}) = AB\boldsymbol{x} + (\boldsymbol{a} + A\boldsymbol{b}).$$

この等式が任意のベクトル $\boldsymbol{x}$ でなりたつので（命題 1.6 の唯一性より，あるいは直接）

$$AB = E,\ \ \boldsymbol{a} + A\boldsymbol{b} = \boldsymbol{0}$$

がえられる．すなわち $B = A^{-1}$，$\boldsymbol{b} = -A^{-1}\boldsymbol{a}$ となる．ゆえに $\varphi^{-1}(\boldsymbol{x}) = A^{-1}\boldsymbol{x} - A^{-1}\boldsymbol{a}$.　　**証明終**

## 1.3　空間の合同変換とその式表示

§1.1 と §1.2 で述べた諸命題は，**$n$ 次元ユークリッド空間** $(\mathbb{R}^n, d)$ で同様になりたつことを説明しよう．ここで

$$\mathbb{R}^n = \mathbb{R} \times \mathbb{R} \times \cdots \times \mathbb{R} \quad (n \text{ 個の } \mathbb{R} \text{ の積})$$

は **$n$ 次元座標空間**であり，$d$ は $\mathbb{R}^n$ の 2 点 $\mathrm{P} = (x_1, x_2, \cdots, x_n)$，$\mathrm{Q} = (y_1, y_2, \cdots, y_n)$ に対し

$$d(\mathrm{P},\mathrm{Q}) := \sqrt{(x_1-y_1)^2+(x_2-y_2)^2+\cdots+(x_n-y_n)^2}$$

で定義される**距離**である.

なお, 記号の簡単化のため, $n$ 次元ユークリッド空間 $(\mathbb{R}^n, d)$ を, $n$ 次元ユークリッド空間 $\mathbb{R}^n$ と略記する.

$\mathbb{R}^n$ の**合同変換**とは, $\mathbb{R}^n$ の変換 $\varphi : \mathbb{R}^n \to \mathbb{R}^n$ であって, 距離を変えないもの, すなわち, $\mathbb{R}^n$ の任意の2点 P, Q に対して

$$d(\varphi(\mathrm{P}), \varphi(\mathrm{Q})) = d(\mathrm{P},\mathrm{Q})$$

となるものである.

3次元ユークリッド空間 $\mathbb{R}^3$ の合同変換の例として, 次のような変換が考えられる：各点を, 定方向に定距離移動させる**平行移動**（別名：**並進**), 定直線を軸として定角度回転させる**回転**, 定平面に関する**鏡映**［図1-6].

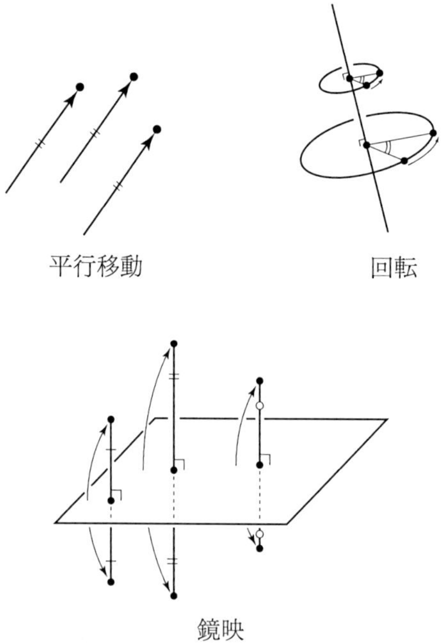


**図1-6**

そして，それらの**合成**も考えられる．

さて，$\mathbb{R}^n$ の合同変換に関して，§1.1 で述べた命題 1.1，命題 1.2 のそれぞれにおいて，「$\mathbb{R}^2$ を $\mathbb{R}^n$ に換えた命題」がなりたつ．その証明は，ほぼ，元の命題の証明と同じであるが，詳細は読者にゆだねる．

§1.1 の命題 1.3 の類似も $\mathbb{R}^n$ の合同変換についてなりたつのであるが，具体的に述べるため，$n=3$ として $\mathbb{R}^3$ の合同変換について述べる．証明は，元の命題 1.3 の証明と同様であるが，これも詳細は読者にゆだねる．

**命題 1.3′**　$\varphi$ を $\mathbb{R}^3$ の合同変換とする．このとき次の（i）～（iv）がなりたつ：

（i）$\varphi$ は四面体を合同な四面体に写す．

（ii）$\varphi$ は多面体を合同な多面体に写す．

（iii）$\varphi$ は球を合同な（すなわち同じ半径をもつ）球に写す．

（iv）$\varphi$ は平面を平面に写す．そして平面上の図形を，写された平面上の，合同な図形に写す．

次に，§1.2 と同様に，$\mathbb{R}^n$ の点 $\mathrm{P}=(x_1, x_2, \cdots, x_n)$ と，**ベクトル**

$$\boldsymbol{x} := \overrightarrow{\mathrm{OP}} = (x_1, x_2, \cdots, x_n)$$

(始点は原点 O, 終点は P であるベクトル) と**同一視**する．(ここで，右辺の $(x_1, x_2, \cdots, x_n)$ は，**数ベクトル**をあらわす．) それによって，$\mathbb{R}^n$ を $n$ 次元ベクトルの集合とみなす．

これについて，命題 1.4 において，$\mathbb{R}^2$ を $\mathbb{R}^n$ に換えた命題がなりたつ．証明も同様であるが，これも詳細は読者にゆだねる．

そこで，合同変換 $\varphi$ を，$n$ 次元ベクトルの集合上の（**広い意味の**）**変換**（自身の上への一対一写像）

$$\varphi:\{n\text{ 次元ベクトル}\} \longrightarrow \{n\text{ 次元ベクトル}\}$$

$$\overrightarrow{\mathrm{OP}} \longmapsto \overrightarrow{\mathrm{OP'}} = \overrightarrow{\mathrm{OO'}} + \overrightarrow{\mathrm{O'P'}}$$

$(\mathrm{O}' := \varphi(\mathrm{O}),\ \mathrm{P}' := \varphi(\mathrm{P}))$ と考える．

$\mathbb{R}^n$ の合同変換である**平行移動**は，$\boldsymbol{a}$ を $\mathbb{R}^n$ の定ベクトルとして

$$\tau_a : \boldsymbol{x} \longmapsto \boldsymbol{x}+\boldsymbol{a} \quad (\boldsymbol{x} \in \mathbb{R}^n) \tag{5}$$

であたえられる．次の二命題の証明も，読者にゆだねる．

**命題 1.5′**　$\psi(\mathbf{0}) = \mathbf{0}$（$\mathbf{0} = (0, 0, \cdots, 0)$ は**ゼロベクトル**）となる $\mathbb{R}^n$ の合同変換 $\psi$ は線形変換である．（線形変換である合同変換を**直交変換**とよぶ．）

**命題 1.6′**　$\mathbb{R}^n$ の合同変換 $\varphi$ は，ある定ベクトル $\boldsymbol{a}$ と，ある直交行列 $A$ を用いて

$$\varphi : \boldsymbol{x} \longmapsto A\boldsymbol{x}+\boldsymbol{a} \quad (\boldsymbol{x} \in \mathbb{R}^n) \tag{4$'$}$$

とあらわされる．$\boldsymbol{a}$ と $A$ は $\varphi$ により唯一つ定まる．逆に，定ベクトル $\boldsymbol{a}$ と直交行列 $A$ によって，変換を (4)′ で定義すると，これは $\mathbb{R}^n$ の合同変換である．

これらの命題で，$\mathbb{R}^n$ の**線形変換**（一般には，**線形写像**）$\psi$ とは，$\mathbb{R}^n$ のベクトルとスカラー（実数）に対し，(3) の二式と同様の二式をみたす変換（一般には，写像）$\psi$ のことである．また，線形変換（一般には，線形写像）$\psi$ は，$(n\times n)$ - 行列 $A$ を用いて

$$\psi(\boldsymbol{x}) = A\boldsymbol{x} \quad (\boldsymbol{x} \in \mathbb{R}^n) \tag{6}$$

と書ける．((5)，(4)′，(6) では，$\mathbb{R}^n$ を $n$ 次元ベクトルの集合と同一視している．)

ここで，$\boldsymbol{x}=(x_1, x_2, \cdots, x_n)$ を列ベクトル（$=(n\times 1)$ - 行列）$\begin{pmatrix} x_1 \\ x_2 \\ \vdots \\ x_n \end{pmatrix}$ と同一視する．また

$$A=\begin{pmatrix} a_{11} & a_{12} & \cdots & a_{1n} \\ a_{21} & a_{22} & \cdots & a_{2n} \\ \cdots & \cdots & \cdots & \cdots \\ a_{n1} & a_{n2} & \cdots & a_{nn} \end{pmatrix}$$

と書ける．ここに

$$\begin{pmatrix} a_{11} \\ a_{21} \\ \vdots \\ a_{n1} \end{pmatrix}:=\psi\left(\begin{pmatrix} 1 \\ 0 \\ \vdots \\ 0 \end{pmatrix}\right),\ \begin{pmatrix} a_{12} \\ a_{22} \\ \vdots \\ a_{n2} \end{pmatrix}:=\psi\left(\begin{pmatrix} 0 \\ 1 \\ 0 \\ \vdots \\ 0 \end{pmatrix}\right),\ \cdots,\ \begin{pmatrix} a_{1n} \\ a_{2n} \\ \vdots \\ a_{nn} \end{pmatrix}:=\psi\left(\begin{pmatrix} 0 \\ \vdots \\ \vdots \\ 0 \\ 1 \end{pmatrix}\right)$$

である．線形写像 $\psi$ と，(6) の関係にある行列 $A$ を**同一視**する．直交変換と同一視される行列を**直交行列**とよぶ．

線形写像 $\psi$ が**線形変換**（$\mathbb{R}^n$ から自身の上への一対一線形写像）であるための必要十分条件は，$\psi$ と同一視される行列 $A$ の**行列式** $\det(A)=|A|$ がゼロでないことである．このとき，そしてこのときのみ，逆行列 $A^{-1}$ が存在し，(線形変換となる) 逆変換 $\psi^{-1}$ と同一視される．

最後に，$\mathbb{R}^n$ の合同変換について，命題 1.7 と同様の命題（すなわち，$\mathbb{R}^2$ を $\mathbb{R}^n$ に換えた命題）がなりたち，証明も同様であるが，これも詳細は読者にゆだねる．

# 第2節　直交行列の諸性質

合同変換とは，平面または空間の変換，すなわち平面または空間からそれ自身の上への一対一写像であって，距離を変えないという性質を持つものである．

前節は，ユークリッド空間 $\mathbb{R}^n$ の任意の合同変換が，$\mathbb{R}^n$ を $n$ 次元ベクトルの集合とみなして，平行移動と直交変換の合成となることを説明した．ここで直交変換とは，合同変換であって同時に線形変換でもあるものである．ただし，線形変換（一般には線形写像）$\psi$ とは，任意のベクトル $\boldsymbol{x}, \boldsymbol{y}$ とスカラー（実数のこと）$a$ に対して

$$\psi(\boldsymbol{x}+\boldsymbol{y})=\psi(\boldsymbol{x})+\psi(\boldsymbol{y}),\ \psi(a\boldsymbol{x})+a\psi(\boldsymbol{x})$$

の2式をみたす変換（一般には写像）のことである．

一般に，線形写像 $\psi$ は，$n$ 次正方行列（すなわち $(n\times n)$ − 行列）$A$ と，つぎの関係で同一視できる：

$$\psi(\boldsymbol{x})=A\boldsymbol{x}\quad(\boldsymbol{x}\in\mathbb{R}^n) \tag{1}$$

この式の右辺は，(数) ベクトル $\boldsymbol{x}=(x_1, x_2, \cdots, x_n)$ を，$x_1, x_2, \cdots, x_n$ をタテに並べた列ベクトル（すなわち $(n\times 1)$ - 行列）と同一視して，行列としての積である．なお，(1) において，$\psi$ が線形変換となるための必要十分条件は，$A$ の行列式 $\det(A)=|A|$ がゼロでないことである．この場合，逆変換 $\psi^{-1}$ も線形変換で，逆行列 $A^{-1}$ と同一視される．$\psi$ が直交変換のときは，同一視される $n$ 次正方行列 $A$ は，直交行列とよばれる．

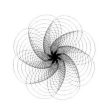

本節は，直交変換すなわち直交行列の諸性質について議論する．そして，それら諸性質をもちいて，2次直交行列の具体形をあたえる．

## 2.1 内積について

はじめに，ベクトルの内積について述べておく．2つのベクトル $\boldsymbol{x}=(x_1, x_2, \cdots, x_n)$ と $\boldsymbol{y}=(y_1, y_2, \cdots, y_n)$ の**内積** $\langle \boldsymbol{x}, \boldsymbol{y} \rangle$ とは，次式で定義される実数である：

$$\langle \boldsymbol{x}, \boldsymbol{y} \rangle := x_1y_1 + x_2y_2 + \cdots + x_ny_n \tag{2}$$

内積は，次の命題で述べる性質をもつ．命題の証明は (2) を用いた計算でできるが，詳細は読者にゆだねる．：

**命題 2.1**　$\boldsymbol{x}, \boldsymbol{y}, \boldsymbol{z}$ をベクトルとし，$a, b$ をスカラーとするとき，つぎの（i）〜(iv) がなりたつ：

（i）$\langle \boldsymbol{x}+\boldsymbol{y}, \boldsymbol{z} \rangle = \langle \boldsymbol{x}, \boldsymbol{z} \rangle + \langle \boldsymbol{y}, \boldsymbol{z} \rangle$,

$\langle \boldsymbol{x}, \boldsymbol{y}+\boldsymbol{z} \rangle = \langle \boldsymbol{x}, \boldsymbol{y} \rangle + \langle \boldsymbol{x}, \boldsymbol{z} \rangle$.

(ii) $\langle a\boldsymbol{x}, \boldsymbol{y} \rangle = a\langle \boldsymbol{x}, \boldsymbol{y} \rangle$, $\langle \boldsymbol{x}, b\boldsymbol{y} \rangle = b\langle \boldsymbol{x}, \boldsymbol{y} \rangle$.

(iii) $\langle \boldsymbol{x}, \boldsymbol{y} \rangle = \langle \boldsymbol{y}, \boldsymbol{x} \rangle$.

(iv) $\langle \boldsymbol{x}, \boldsymbol{x} \rangle$ は正数かゼロである．そして

「$\langle \boldsymbol{x}, \boldsymbol{x} \rangle = 0$」

$\Longleftrightarrow$「$\boldsymbol{x}=\boldsymbol{0}$（ゼロベクトル)」[※1].

((i) と (ii) を合わせて，内積の**双線形性**とよび，(iii) を**対称性**，(iv) を**正値性**とよぶ.)

※1　記号 $\Longleftrightarrow$ は，両側の条件が同値であること，すなわち，左側がなりたてば右側がなりたち，逆に右側がなりたてば左側がなりたつことを意味します．

つぎに，ベクトル $\boldsymbol{x}=(x_1, x_2, \cdots, x_n)$ の**長さ**（別名**ノルム**）$\|\boldsymbol{x}\|$ を次式で定義する：

$$\|\boldsymbol{x}\| := \sqrt{x_1^2+x_2^2+\cdots+x_n^2} \tag{3}$$

この定義から，つぎがただちにわかる：

$$「\|\boldsymbol{x}\|=0」\Longleftrightarrow「\boldsymbol{x}=\boldsymbol{0}」 \tag{4}$$

また，長さは内積を用いると，つぎのように書ける：

$$\|\boldsymbol{x}\|=\sqrt{\langle \boldsymbol{x}, \boldsymbol{x}\rangle} \tag{5}$$

$\mathbb{R}^n$ の 2 点 $\mathrm{P}=(x_1, x_2, \cdots, x_n)$ と $\mathrm{Q}=(y_1, y_2, \cdots, y_n)$ の間の距離

$$d(\mathrm{P}, \mathrm{Q})=\sqrt{(x_1-y_1)^2+(x_2-y_2)^2+\cdots+(x_n-y_n)^2}$$

は，(3) より，ベクトル $\boldsymbol{x}=\overrightarrow{\mathrm{OP}}=(x_1, x_2, \cdots, x_n)$（O は原点）と $\boldsymbol{y}=\overrightarrow{\mathrm{OQ}}=(y_1, y_2, \cdots, y_n)$ を用いて

$$d(\mathrm{P}, \mathrm{Q})=\|\boldsymbol{x}-\boldsymbol{y}\| \tag{6}$$

と書ける.

**命題 2.2**

$\boldsymbol{0}$ でないベクトル $\boldsymbol{x}=(x_1, x_2, \cdots, x_n)$ と $\boldsymbol{y}=(y_1, y_2, \cdots, y_n)$ の間の角 $\theta$（$0 \leq \theta \leq \pi$（ラジアン）$(=180^\circ)$）の $\cos\theta$ は次式であたえられる：

$$\cos\theta=\frac{\langle \boldsymbol{x}, \boldsymbol{y}\rangle}{\|\boldsymbol{x}\|\|\boldsymbol{y}\|}$$

▶**証明**　2 つのケースに分ける：

### ▶▶ ケース 1

「$\boldsymbol{y}=a\boldsymbol{x}$（$a$ はゼロでない実数）と書ける場合」

この場合は (5) より $\|\boldsymbol{y}\|=\sqrt{\langle a\boldsymbol{x}, a\boldsymbol{x}\rangle}=\sqrt{a^2\langle \boldsymbol{x}, \boldsymbol{x}\rangle}=|a|\|\boldsymbol{x}\|$ ゆえ

$$\frac{\langle \boldsymbol{x}, \boldsymbol{y}\rangle}{\|\boldsymbol{x}\|\|\boldsymbol{y}\|}=\frac{a\langle \boldsymbol{x}, \boldsymbol{x}\rangle}{\|\boldsymbol{x}\||a|\|\boldsymbol{x}\|}=\frac{a}{|a|}=\begin{cases} 1 & (a>0) \\ -1 & (a<0) \end{cases}$$

となり，これはそれぞれ，$\boldsymbol{x}$ と $\boldsymbol{y}$ の間の角 0 か $\pi$ の cos と一致する．

**▶▶ ケース 2**　「$\boldsymbol{y}=a\boldsymbol{x}\ \ (a\neq 0)$ と書けない場合」

$\mathbb{R}^n$ の中で，原点 O と $\mathrm{P}=(x_1, x_2, \cdots, x_n)$ と $\mathrm{Q}=(y_1, y_2, \cdots, y_n)$ の 3 点を含む平面（唯一つ定まる）を考える．この平面上において，△OPQ に関する余弦定理と (6) より，

$$\cos\theta=\frac{\|\boldsymbol{x}\|^2+\|\boldsymbol{y}\|^2-\|\boldsymbol{x}-\boldsymbol{y}\|^2}{2\|\boldsymbol{x}\|\|\boldsymbol{y}\|}$$

である．この式の右辺の分子は, (5) と命題 2.1 より

$$\begin{aligned}&\|\boldsymbol{x}\|^2+\|\boldsymbol{y}\|^2-\|\boldsymbol{x}-\boldsymbol{y}\|^2\\&=\langle\boldsymbol{x},\boldsymbol{x}\rangle+\langle\boldsymbol{y},\boldsymbol{y}\rangle-\langle\boldsymbol{x}-\boldsymbol{y},\boldsymbol{x}-\boldsymbol{y}\rangle\\&=\langle\boldsymbol{x},\boldsymbol{x}\rangle+\langle\boldsymbol{y},\boldsymbol{y}\rangle-\langle\boldsymbol{x},\boldsymbol{x}\rangle-\langle\boldsymbol{y},\boldsymbol{y}\rangle+\langle\boldsymbol{x},\boldsymbol{y}\rangle+\langle\boldsymbol{y},\boldsymbol{x}\rangle\\&=2\langle\boldsymbol{x},\boldsymbol{y}\rangle,\end{aligned}$$

すなわち

$$\|\boldsymbol{x}\|^2+\|\boldsymbol{y}\|^2-\|\boldsymbol{x}-\boldsymbol{y}\|^2=2\langle\boldsymbol{x},\boldsymbol{y}\rangle \tag{7}$$

となる．それゆえ

$$\cos\theta=\frac{2\langle\boldsymbol{x},\boldsymbol{y}\rangle}{2\|\boldsymbol{x}\|\|\boldsymbol{y}\|}=\frac{\langle\boldsymbol{x},\boldsymbol{y}\rangle}{\|\boldsymbol{x}\|\|\boldsymbol{y}\|}.$$

**証明終**

$\mathbf{0}$ でないベクトル $\boldsymbol{x}$ と $\boldsymbol{y}$ の間の角が $\frac{\pi}{2}$ （ラジアン）$(=90^\circ)$ のとき，$\boldsymbol{x}$ と $\boldsymbol{y}$ は**直交している**といい，記号で $\boldsymbol{x}\perp\boldsymbol{y}$ と書く．命題 2.2 より

> **系 2.3**　$\mathbf{0}$ でないベクトル $\boldsymbol{x}$ と $\boldsymbol{y}$ に対し
>
> $$「\boldsymbol{x}\perp\boldsymbol{y}」\Longleftrightarrow「\langle\boldsymbol{x},\boldsymbol{y}\rangle=0」$$

つぎに，行列 (matrix) $A$ に対し，その**転置行列** (transposed matrix) ${}^tA$ とは，$A$ の行と列を交換した行列のことである．たと

えば,

$$A=\begin{pmatrix} a & b & c \\ d & e & f \end{pmatrix},\quad {}^tA=\begin{pmatrix} a & d \\ b & e \\ c & f \end{pmatrix}$$

である．次の補題の証明は読者にゆだねる．

**補題 2.4**　行列の転置に関して，つぎの(i),(ii),(iii)がなりたつ：

(i) ${}^t({}^tA)=A$.

(ii) ${}^t(AB)={}^tB\,{}^tA$.

(iii) $A$ を正方行列とする．$A$ の逆行列 $A^{-1}$ が存在するならば，${}^tA$ の逆行列も存在して，それは ${}^t(A^{-1})$ に等しい，すなわち $({}^tA)^{-1}={}^t(A^{-1})$ である．

さて，ベクトル $\boldsymbol{x}, \boldsymbol{y}$ を $n$ 次元列ベクトル，すなわち，$(n\times 1)$-行列と考えると，内積が次式であたえられることが，内積の定義式 (2) よりわかる：

$$\langle \boldsymbol{x}, \boldsymbol{y}\rangle = {}^t\boldsymbol{x}\boldsymbol{y} \tag{8}$$

この式の右辺は $(1\times n)$-行列と $(n\times 1)$-行列の積で，$(1\times 1)$-行列であるが，これをその成分である数と同一視するのである．

**命題 2.5**　$\boldsymbol{x}, \boldsymbol{y}$ をベクトルとし，$A$ を $n$ 次正方行列とするとき，つぎの等式がなりたつ：

$$\langle \boldsymbol{x}, A\boldsymbol{y}\rangle = \langle {}^tA\boldsymbol{x}, \boldsymbol{y}\rangle \tag{9}$$

▶**証明**　(8) と補題 2.4 より

$$\begin{aligned}\langle \boldsymbol{x}, A\boldsymbol{y}\rangle &= {}^t\boldsymbol{x}(A\boldsymbol{y}) = ({}^t\boldsymbol{x}A)\boldsymbol{y} = ({}^t\boldsymbol{x}\,{}^t({}^tA))\boldsymbol{y} \\ &= {}^t({}^tA\boldsymbol{x})\boldsymbol{y} = \langle {}^tA\boldsymbol{x}, \boldsymbol{y}\rangle.\end{aligned}$$

**証明終**

## 2.2　直交行列の諸性質

次の定理の（イ）～（カ）′ は，いずれも直交行列を特長づける条件である.

**定理 2.6**　$A$ を $n$ 次正方行列とするとき，つぎの条件（ア）～（カ）′ は同値な条件である，すなわち，（ア）$\Longleftrightarrow$（イ）$\Longleftrightarrow \cdots \Longleftrightarrow$（カ）′ である：

（ア）$A$ は直交行列である.

（イ）$A$ はベクトルの長さを変えない，すなわち，$\|A\boldsymbol{x}\| = \|\boldsymbol{x}\|$ $(\boldsymbol{x} \in \mathbb{R}^n)$.

（ウ）$A$ は内積を変えない，すなわち，$\langle A\boldsymbol{x}, A\boldsymbol{y}\rangle = \langle \boldsymbol{x}, \boldsymbol{y}\rangle$ $(\boldsymbol{x}, \boldsymbol{y} \in \mathbb{R}^n)$.

（エ）${}^tAA = E$（単位行列）がなりたつ.

（オ）$A$ の $n$ 個の列ベクトルは，いずれも長さが 1 で，互いに直交している.

（カ）$A$ の逆行列 $A^{-1}$ が存在して，それは ${}^tA$ に等しい：$A^{-1} = {}^tA$.

（ア）′ ${}^tA$ は直交行列である.

（イ）′ ${}^tA$ はベクトルの長さを変えない.

（ウ）′ ${}^tA$ は内積を変えない.

（エ）′ $A{}^tA = E$ がなりたつ.

（オ）′ $A$ の $n$ 個の行ベクトルは，いずれも長さが 1 で，互いに直交している.

（カ）′ ${}^tA$ の逆行列 $({}^tA)^{-1}$ が存在して，それは $A$ に等しい：$({}^tA)^{-1} = A$.

▶**証明**　4ステップに分ける.

**第1ステップ**

（ア）$\Longleftrightarrow$（イ）$\Longleftrightarrow$（ウ）$\Longleftrightarrow$（エ）$\Longleftrightarrow$（オ）を示す. $\psi$ を正方行列 $A$ と (1) で同一視される線形写像とする.

（ア）$\Longrightarrow$（イ）　$\psi$ が直交変換, したがって ($\psi(\mathrm{O})=\mathrm{O}$ となる) 合同変換なので, 任意の2点 $\mathrm{P},\mathrm{Q}\in\mathbb{R}^n$ に対し $d(\psi(\mathrm{P}),\psi(\mathrm{Q}))=d(\mathrm{P},\mathrm{Q})$ がなりたっている. ベクトル $\overrightarrow{\mathrm{OP}}$ を $\boldsymbol{x}$, $\overrightarrow{\mathrm{OQ}}$ を $\boldsymbol{y}$ とおくと, $\psi(\boldsymbol{x})=\overrightarrow{\mathrm{O}\psi(\mathrm{P})}$, $\psi(\boldsymbol{y})=\overrightarrow{\mathrm{O}\psi(\mathrm{Q})}$ である. (6) より

$$\begin{aligned}\|\psi(\boldsymbol{x}-\boldsymbol{y})\|&=\|\psi(\boldsymbol{x})-\psi(\boldsymbol{y})\|\\&=d(\psi(\mathrm{P}),\psi(\mathrm{Q}))\\&=d(\mathrm{P},\mathrm{Q})=\|\boldsymbol{x}-\boldsymbol{y}\|\end{aligned}$$

がえられる. とくに $\boldsymbol{y}=\boldsymbol{0}$ とすると $\|\psi(\boldsymbol{x})\|=\|\boldsymbol{x}\|$ となる. すなわち, $\|A\boldsymbol{x}\|=\|\boldsymbol{x}\|$ $(\boldsymbol{x}\in\mathbb{R}^n)$.

（イ）$\Longrightarrow$（ア）　はじめに,（イ）の条件

$$\|\psi(\boldsymbol{x})\|=\|A\boldsymbol{x}\|=\|\boldsymbol{x}\|\quad(\boldsymbol{x}\in\mathbb{R}^n)$$

をみたす線形写像 $\psi$ が, 線形**変換**となることに注意する.

その理由は, この等式と (4) より, つぎの性質がただちにみちびかれるからである.

$$「A\boldsymbol{x}=\boldsymbol{0}\Longrightarrow\boldsymbol{x}=\boldsymbol{0}」$$

そして, 線形代数に, つぎの主張があるからである：

『$A$ を $n$ 次正方行列とするとき, つぎがなりたつ：「$A^{-1}$ が存在する」$\Longleftrightarrow$「$\det(A)\neq 0$」$\Longleftrightarrow$「$A\boldsymbol{x}=\boldsymbol{0}\Longrightarrow\boldsymbol{x}=\boldsymbol{0}$」』

つぎに, 条件式 $\|\psi(\boldsymbol{x})\|=\|\boldsymbol{x}\|$ $(\boldsymbol{x}\in\mathbb{R}^n)$ の $\boldsymbol{x}$ を $\boldsymbol{x}-\boldsymbol{y}$ に換えると, $\|\psi(\boldsymbol{x}-\boldsymbol{y})\|=\|\boldsymbol{x}-\boldsymbol{y}\|$ $(\boldsymbol{x},\boldsymbol{y}\in\mathbb{R}^n)$ となる. この式で, $\boldsymbol{x}=\overrightarrow{\mathrm{OP}}$, $\boldsymbol{y}=\overrightarrow{\mathrm{OQ}}$ とすると, 右辺は (6) より $d(\mathrm{P},\mathrm{Q})$ に等

しい．一方，左辺は $\|\psi(\boldsymbol{x})-\psi(\boldsymbol{y})\|$ であり，$\psi(\boldsymbol{x})$ は $\overrightarrow{\mathrm{O}\psi(\mathrm{P})}$ に等しく，$\psi(\boldsymbol{y})$ は $\overrightarrow{\mathrm{O}\psi(\mathrm{P})}$ に等しいので，再び(6)より，左辺は $d(\psi(\mathrm{P}),\psi(\mathrm{Q}))$ に等しい．ゆえに $d(\psi(\mathrm{P}),\psi(\mathrm{Q}))=d(\mathrm{P},\mathrm{Q})$．これは $\psi$ が直交変換，すなわち $A$ が直交行列であることを示している．

（イ）$\Longrightarrow$（ウ）　(7)より，$\boldsymbol{x},\boldsymbol{y}\in\mathbb{R}^n$ に対し

$$\langle A\boldsymbol{x},A\boldsymbol{y}\rangle=\frac{1}{2}(\|A\boldsymbol{x}\|^2+\|A\boldsymbol{y}\|^2-\|A(\boldsymbol{x}-\boldsymbol{y})\|^2)$$
$$=\frac{1}{2}(\|\boldsymbol{x}\|^2+\|\boldsymbol{y}\|^2-\|\boldsymbol{x}-\boldsymbol{y}\|^2)=\langle\boldsymbol{x},\boldsymbol{y}\rangle.$$

（ウ）$\Longrightarrow$（イ）　(5)より，$\boldsymbol{x}\in\mathbb{R}^n$ に対し

$$\|A\boldsymbol{x}\|=\sqrt{\langle A\boldsymbol{x},A\boldsymbol{x}\rangle}=\sqrt{\langle\boldsymbol{x},\boldsymbol{x}\rangle}=\|\boldsymbol{x}\|.$$

（ウ）$\Longrightarrow$（エ）　等式

$$\langle A\boldsymbol{x},A\boldsymbol{y}\rangle=\langle\boldsymbol{x},\boldsymbol{y}\rangle\quad(\boldsymbol{x},\boldsymbol{y}\in\mathbb{R}^n)$$

の左辺は，命題2.5より，$\langle {}^tAA\boldsymbol{x},\boldsymbol{y}\rangle$ に等しい．
ゆえに

$$\langle {}^tAA\boldsymbol{x},\boldsymbol{y}\rangle=\langle\boldsymbol{x},\boldsymbol{y}\rangle.$$

この等式を，左辺－右辺＝0の形にすると，命題2.1より

$$\langle {}^tAA\boldsymbol{x}-\boldsymbol{x},\boldsymbol{y}\rangle=0.$$

これが任意のベクトル $\boldsymbol{x}$, $\boldsymbol{y}$ でなりたつ．ここで，とくに，$\boldsymbol{y}={}^tAA\boldsymbol{x}-\boldsymbol{x}$ とすると，命題2.1より

$${}^tAA\boldsymbol{x}-\boldsymbol{x}=\boldsymbol{0}\text{，すなわち，}{}^tAA\boldsymbol{x}=\boldsymbol{x}$$

がえられる．これが任意のベクトル $\boldsymbol{x}$ でなりたつので，行列 ${}^tAA$ を $\mathbb{R}^n$ から $\mathbb{R}^n$ への線形写像とみるとき，それは恒等変換となり，行列としては単位行列 $E$ に等しい，すなわち，${}^tAA=E$．

（エ）$\Longrightarrow$（ウ）　任意のベクトル $\boldsymbol{x},\boldsymbol{y}\in\mathbb{R}^n$ に対し

$$\langle \boldsymbol{x}, \boldsymbol{y} \rangle = \langle E\boldsymbol{x}, \boldsymbol{y} \rangle = \langle {}^tAA\boldsymbol{x}, \boldsymbol{y} \rangle = \langle A\boldsymbol{x}, A\boldsymbol{y} \rangle.$$

（エ）$\Longleftrightarrow$（オ）　議論をわかりやすくするため，$n=3$ とする．（一般の $n$ の場合も同様である．）

$$A = \begin{pmatrix} a_{11} & a_{12} & a_{13} \\ a_{21} & a_{22} & a_{23} \\ a_{31} & a_{32} & a_{33} \end{pmatrix}, \quad {}^tA = \begin{pmatrix} a_{11} & a_{21} & a_{31} \\ a_{12} & a_{22} & a_{32} \\ a_{13} & a_{23} & a_{33} \end{pmatrix}$$

とおく．また, $A$ の列ベクトルを

$$\boldsymbol{a}_1 := \begin{pmatrix} a_{11} \\ a_{21} \\ a_{31} \end{pmatrix}, \quad \boldsymbol{a}_2 := \begin{pmatrix} a_{12} \\ a_{22} \\ a_{32} \end{pmatrix}, \quad \boldsymbol{a}_3 := \begin{pmatrix} a_{13} \\ a_{23} \\ a_{33} \end{pmatrix}$$

とおく．このとき，計算すると

$$\begin{aligned} {}^tAA &= \begin{pmatrix} a_{11} & a_{21} & a_{31} \\ a_{12} & a_{22} & a_{32} \\ a_{13} & a_{23} & a_{33} \end{pmatrix} \begin{pmatrix} a_{11} & a_{12} & a_{13} \\ a_{21} & a_{22} & a_{23} \\ a_{31} & a_{32} & a_{33} \end{pmatrix} \\ &= \begin{pmatrix} a_{11}^2 + a_{21}^2 + a_{31}^2 & a_{11}a_{12} + a_{21}a_{22} + a_{31}a_{32} & a_{11}a_{13} + a_{21}a_{23} + a_{31}a_{33} \\ a_{12}a_{11} + a_{22}a_{21} + a_{32}a_{31} & a_{12}^2 + a_{22}^2 + a_{32}^2 & a_{12}a_{13} + a_{22}a_{23} + a_{32}a_{33} \\ a_{13}a_{11} + a_{23}a_{21} + a_{33}a_{31} & a_{13}a_{12} + a_{23}a_{22} + a_{33}a_{32} & a_{13}^2 + a_{23}^2 + a_{33}^2 \end{pmatrix} \\ &= \begin{pmatrix} \langle \boldsymbol{a}_1, \boldsymbol{a}_1 \rangle & \langle \boldsymbol{a}_1, \boldsymbol{a}_2 \rangle & \langle \boldsymbol{a}_1, \boldsymbol{a}_3 \rangle \\ \langle \boldsymbol{a}_2, \boldsymbol{a}_1 \rangle & \langle \boldsymbol{a}_2, \boldsymbol{a}_2 \rangle & \langle \boldsymbol{a}_2, \boldsymbol{a}_3 \rangle \\ \langle \boldsymbol{a}_3, \boldsymbol{a}_1 \rangle & \langle \boldsymbol{a}_3, \boldsymbol{a}_2 \rangle & \langle \boldsymbol{a}_3, \boldsymbol{a}_3 \rangle \end{pmatrix} \end{aligned}$$

となる．一方，単位行列 $E$ は

$$E = \begin{pmatrix} 1 & 0 & 0 \\ 0 & 1 & 0 \\ 0 & 0 & 1 \end{pmatrix}$$

である．ゆえに

$${}^tAA = E \Longleftrightarrow \begin{cases} \|\boldsymbol{a}_1\| = 1, \ \|\boldsymbol{a}_2\| = 1, \ \|\boldsymbol{a}_3\| = 1, \\ \boldsymbol{a}_1 \perp \boldsymbol{a}_2, \boldsymbol{a}_1 \perp \boldsymbol{a}_3, \boldsymbol{a}_2 \perp \boldsymbol{a}_3. \end{cases}$$

以上で,（ア）$\Longleftrightarrow$（イ）$\Longleftrightarrow$（ウ）$\Longleftrightarrow$（エ）$\Longleftrightarrow$（オ）が示された．

**第 2 ステップ**

(ア)′, (イ)′, …(カ)′ は，それぞれ, (ア), (イ), …, (カ) において, $A$ を ${}^tA$ に換えたものである (${}^t({}^tA) = A$ に注意). したがって, 第 1 ステップより

(ア)′ $\Longleftrightarrow$ (イ)′ $\Longleftrightarrow$ (ウ)′ $\Longleftrightarrow$ (エ)′ $\Longleftrightarrow$ (オ)′

がえられる.

**第 3 ステップ**

(エ) $\Longleftrightarrow$ (カ) $\Longleftrightarrow$ (エ)′ を示す. (カ) $\Longrightarrow$ (エ), (カ) $\Longrightarrow$ (エ)′ は (逆行列の定義※2 から) あきらかである.

(エ) $\Longrightarrow$ (カ) を示そう.

$$ {}^tAA = E \tag{10} $$

この式の両辺の行列式を考えると

$$ \det({}^tAA) = \det(E) = 1 $$

となるが, 左辺は行列式の性質により

$$ \det({}^tAA) = \det({}^tA)\det(A) = (\det(A))^2 $$

となる. ゆえに $(\det(A))^2 = 1$ , すなわち

$$ \det(A) = \pm 1 \tag{11} $$

がえられる. とくに $\det(A)$ はゼロでなく, $A^{-1}$ が存在する. (10) の両辺に右から $A^{-1}$ をかけると

$$ {}^tAAA^{-1} = EA^{-1} = A^{-1} $$

となるが, 左辺は ${}^tA(AA^{-1}) = {}^tAE = {}^tA$ なので

$$ {}^tA = A^{-1} $$

となり, (カ) が示された. (エ)′ $\Longrightarrow$ (カ) も同様に示される.

※2　$A^{-1}$ は 2 式 $A^{-1}A = E$, $AA^{-1} = E$ をみたす (唯一の) 行列です.

**第4ステップ**

第3ステップにおいて，$A$ を ${}^tA$ に取り替えることにより，(エ)$'$ $\Longleftrightarrow$ (カ)$'$ $\Longleftrightarrow$ (エ) がえられる．

以上で，(ア) $\Longleftrightarrow$ (イ) $\Longleftrightarrow$ $\cdots$ $\Longleftrightarrow$ (カ)$'$ が示された．

**証明終**

**系 2.7**
(ｉ) 直交行列の積は直交行列である．
(ii) 直交行列の逆行列は直交行列である．

**▶証明**　(ｉ)，(ii) は，直交変換の定義「合同変換であって，線形変換でもある変換」から，わかることであるが，定理 2.6 の (ア) $\Longleftrightarrow$ (カ) を用いると，次のように示すことができる：$A, B$ を直交行列とする．補題 2.4 より

$$(AB)^{-1} = B^{-1}A^{-1} = {}^tB\,{}^tA = {}^t(AB),$$
$$(A^{-1})^{-1} = ({}^tA)^{-1} = {}^t(A^{-1}).$$

**証明終**

**系 2.8**　$A$ を直交行列とするとき，つぎの (ｉ)，(ii)，(iii) がなりたつ：
(ｉ) ゼロでないベクトル $\boldsymbol{x}$ と $\boldsymbol{y}$ の間の角は，$A\boldsymbol{x}$ と $A\boldsymbol{y}$ の間の角に等しい．
(ii) ゼロでないベクトル $\boldsymbol{x}$ と $\boldsymbol{y}$ が $\boldsymbol{x} \perp \boldsymbol{y}$ であれば $A\boldsymbol{x} \perp A\boldsymbol{y}$ である．
(iii) $\det(A) = \pm 1$ である．

**▶証明**　(ｉ) は命題 2.2 と定理 2.6 の (ア) $\Longleftrightarrow$ (イ) $\Longleftrightarrow$ (ウ) より，みちびかれる．(ii) は (ｉ) の特別な場合である．(iii) は (11) に書いてある．

**証明終**

## 2.3　2次直交行列の具体形

定理2.6を用いて，2次直交行列の具体形を求めよう．

$$A=\begin{pmatrix} a & b \\ c & d \end{pmatrix}$$

を2次直交行列とする．定理2.6の（ア）$\Longleftrightarrow$（オ）$\Longleftrightarrow$（オ）′ より，つぎの6個の等式をえる．

$$a^2+c^2=1,\ \ b^2+d^2=1,\ \ ab+cd=0$$
$$a^2+b^2=1,\ \ c^2+d^2=1,\ \ ac+bd=0$$

これらより，$b^2=c^2$，$a^2=d^2$ となり，

$$A=\begin{pmatrix} a & -c \\ c & a \end{pmatrix} \text{ または } A=\begin{pmatrix} a & c \\ c & -a \end{pmatrix}$$

となる．ただし，$a,c$ は $a^2+c^2=1$ をみたす．前者の $A$ は，$\det(A)=1$ をみたし，後者の $A$ は，$\det(A)=-1$ をみたす．

かくて，$a=\cos\theta$，$c=\sin\theta$ とおくことにより，つぎの定理の前半がえられた：

**定理 2.9**　2次直交行列 $A$ は，$\det(A)=1$，$\det(A)=-1$ にしたがい，それぞれ

（i）　$A=\begin{pmatrix} \cos\theta & -\sin\theta \\ \sin\theta & \cos\theta \end{pmatrix}$,

（ii）　$A=\begin{pmatrix} \cos\theta & \sin\theta \\ \sin\theta & -\cos\theta \end{pmatrix}$

と書ける．（i）の $A$ は，直交変換としては，原点O中心，角 $\theta$ の回転である．（ii）の $A$ は，直交変換としては，Oをとおる傾き $\tan\left(\dfrac{\theta}{2}\right)$ の直線に関する鏡映である．

**▶証明**　後半を示す．( i ) の $A$ の列ベクトルを

$$\boldsymbol{a}_1 := \begin{pmatrix} \cos\theta \\ \sin\theta \end{pmatrix},\quad \boldsymbol{a}_2 := \begin{pmatrix} -\sin\theta \\ \cos\theta \end{pmatrix}$$

とおく．$\boldsymbol{e}_1 = \begin{pmatrix} 1 \\ 0 \end{pmatrix}$，$\boldsymbol{e}_2 = \begin{pmatrix} 0 \\ 1 \end{pmatrix}$ を基本ベクトルとすると，$\boldsymbol{a}_1 = A\boldsymbol{e}_1$，$\boldsymbol{a}_2 = A\boldsymbol{e}_2$ であるが，$a_1, a_2$ はそれぞれ $e_1, e_2$ を角 $\theta$ 回転させたベクトルである [図 2-1]．

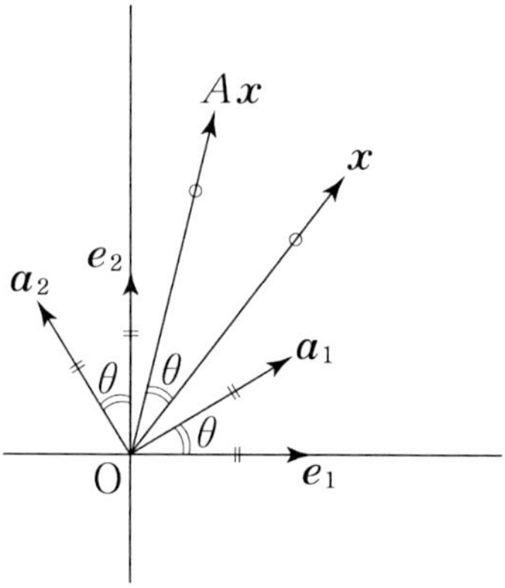


**図 2-1**

一般のベクトル $\boldsymbol{x} = \begin{pmatrix} x_1 \\ x_2 \end{pmatrix}$ は，$\boldsymbol{x} = x_1\boldsymbol{e}_1 + x_2\boldsymbol{e}_2$ と書けるので，$A\boldsymbol{x}$ は

$$\begin{aligned} A\boldsymbol{x} = A(x_1\boldsymbol{e}_1 + x_2\boldsymbol{e}_2) &= x_1A\boldsymbol{e}_1 + x_2A\boldsymbol{e}_2 \\ &= x_1\boldsymbol{a}_1 + x_2\boldsymbol{a}_2 \end{aligned}$$

と書ける．さて，$x_1\boldsymbol{a}_1, x_2\boldsymbol{a}_2$ は，それぞれ $x_1\boldsymbol{e}_1, x_2\boldsymbol{e}_2$ を角 $\theta$ 回転させたベクトルなので，それらの和ベクトル $A\boldsymbol{x}$ は，和ベクトル $\boldsymbol{x}$ を角 $\theta$ 回転させたベクトルである [図 2-1]．

かくて，$A$ は，直交変換としては，O 中心，角 $\theta$ の回転である．

同様の議論で，( ii ) の $A$ が，直交変換としては，O をとおり，

傾き $\tan\left(\frac{\theta}{2}\right)$ の直線に関する鏡映であることが示されるのであるが，詳細は読者にゆだねる．　**証明終**

次節は，上述の定理 2.6 と系 2.7, 2.8 を用いて 3 次直交変換の具体形を求めよう．

# 第３節　３次直交行列の具体形

距離を変えない変換を，合同変換（または等長変換）と言う．$n$ 次元ユークリッド空間 $\mathbb{R}^n$ をベクトルの集合とみなすとき，合同変換でもあり線形変換でもある変換を直交変換と言う．一方，線形変換（一般には，線形写像）$\psi$ は，$n$ 次正方行列 $A$ と，次の関係で同一視できる：

$$\psi(\boldsymbol{x}) = A\boldsymbol{x} \quad (\boldsymbol{x} \in \mathbb{R}^n) \tag{1}$$

（右辺は，ベクトル $\boldsymbol{x}$ を列ベクトル，すなわち，$(n\times 1)$ - 行列とみなして，行列としての積である．）

直交変換と同一視される $n$ 次正方行列を，直交行列と言う．

前節は，直交変換，すなわち，直交行列の性質をいろいろ述べた．その中から，本節で用いるものを再述しておく：

『$A$ を $n$ 次正方行列とするとき，次の条件（ア）〜（カ）は互いに同値である，すなわち,（ア）$\Longleftrightarrow \cdots \Longleftrightarrow$（カ）.

（ア）$A$ は直交行列である.

（イ）$A$ はベクトルの長さを変えない，すなわち，
$\|A\boldsymbol{x}\| = \|\boldsymbol{x}\| \quad (\boldsymbol{x} \in \mathbb{R}^n)$.

（ウ）$A$ は内積を変えない，すなわち，
$\langle A\boldsymbol{x}, A\boldsymbol{y}\rangle = \langle \boldsymbol{x}, \boldsymbol{y}\rangle \quad (\boldsymbol{x}, \boldsymbol{y} \in \mathbb{R}^n)$.

（エ）$A$ の $n$ 個の列ベクトルは，いずれも長さが１で，互いに直交している.

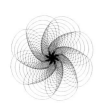

(オ) $A$ の $n$ 個の行ベクトルは，いずれも長さが1で，互いに直交している．

(カ) $A$ の逆行列 $A^{-1}$ が存在して，それは $A$ の転置行列 ${}^tA$ に等しい：$A^{-1}={}^tA$.』　(2)

『直交行列の積は直交行列である．直交行列の逆行列は直交行列である.』　(3)

『$A$ を直交行列とするとき，つぎの ( i ), ( ii ) がなりたつ：

( i ) ゼロではないベクトル $\boldsymbol{x}$ と $\boldsymbol{y}$ の間の角 ($0 \leqq$ 角 $\leqq \pi$ (ラジアン)) は，$A\boldsymbol{x}$ と $A\boldsymbol{y}$ の間の角に等しい．とくに，$\boldsymbol{x} \perp \boldsymbol{y}$ (直交) ならば $A\boldsymbol{x} \perp A\boldsymbol{y}$ である．

( ii ) $A$ の行列式 $\det(A)$ は $\pm 1$ に等しい.』　(4)

前節で，これらの性質を示す議論の中で，線形代数における，つぎの主張を用いた．本節もこの主張を用いるので，再掲 (ただし，前節の主張の対偶形で) しておく：

『$A$ を $n$ 次正方行列とするとき，つぎがなりたつ：
「$A^{-1}$ が存在しない」$\Longleftrightarrow$「$\det(A)=0$.」
$\Longleftrightarrow$「$A\boldsymbol{x}=\boldsymbol{0}$ (ゼロベクトル) をみたす，ゼロではないベクトル $\boldsymbol{x}$ が存在する.」』　(5)

さらに前節は，上述の直交行列の性質を用いて，2次直交行列の具体形をあたえた．それを再掲しておく：

**定理 2.9（再掲）**

2次直交行列 $A$ は，$\det(A)=1, \det(A)=-1$ にしたがい，それぞれ

（i）$A=\begin{pmatrix}\cos\theta & -\sin\theta \\ \sin\theta & \cos\theta\end{pmatrix}$,

（ii）$A=\begin{pmatrix}\cos\theta & \sin\theta \\ \sin\theta & -\cos\theta\end{pmatrix}$

と書ける．（i）の $A$ は，直交変換としては，原点 O 中心，角 $\theta$ の回転である．（ii）の $A$ は，直交変換としては，O をとおる傾き $\tan\left(\dfrac{\theta}{2}\right)$ の直線に関する鏡映である．

本節では，以上のことを用いて，3次直交行列の具体形を求める．

## 3.1　3次直交行列について

はじめに，つぎの命題を証明する．

**命題 3.1**　$A_0$ を3次直交行列とする．

（i）$A_0$ が $\det(A_0)=1, A_0\boldsymbol{e}_3=\boldsymbol{e}_3$ $\left(\boldsymbol{e}_3=\begin{pmatrix}0\\0\\1\end{pmatrix}\right)$ をみたすならば，

$A_0$ はつぎの形になる：

$$A_0=\begin{pmatrix}\cos\theta & -\sin\theta & 0 \\ \sin\theta & \cos\theta & 0 \\ 0 & 0 & 1\end{pmatrix} \tag{6}$$

（ii）$A_0$ が $\det(A_0)=-1, A_0\boldsymbol{e}_3=-\boldsymbol{e}_3$ をみたすならば，$A_0$ はつぎの形になる：

$$A_0=\begin{pmatrix}\cos\theta & -\sin\theta & 0\\ \sin\theta & \cos\theta & 0\\ 0 & 0 & -1\end{pmatrix} \tag{7}$$

▶**証明**　（i）$A_0$ の第1，第2，第3列ベクトルはそれぞれ $A_0\boldsymbol{e}_1, A_0\boldsymbol{e}_2, A_0\boldsymbol{e}_3$ である．ここで，

$$\boldsymbol{e}_1=\begin{pmatrix}1\\0\\0\end{pmatrix},\quad \boldsymbol{e}_2=\begin{pmatrix}0\\1\\0\end{pmatrix},\quad \boldsymbol{e}_3=\begin{pmatrix}0\\0\\1\end{pmatrix}$$

であり，これらは基本ベクトルとよばれる．さて，$A_0$ が $A_0\boldsymbol{e}_3=\boldsymbol{e}_3$ をみたすので，$A_0$ の第3列ベクトルは $\boldsymbol{e}_3$ である．このことと，(2)の（ア）$\Longleftrightarrow$（エ）$\Longleftrightarrow$（オ）より，$A_0$ はつぎの形となる：

$$A_0=\begin{pmatrix} \multicolumn{2}{c}{A_0'} & 0\\ & & 0\\ 0 & 0 & 1\end{pmatrix}$$

ここで $A_0'$ は2次直交行列である．さらに $\det(A_0)=\det(A_0')\cdot 1$ が，仮定により1なので，$\det(A_0')=1$ となる．それゆえ，定理2.9（再掲）より，$A_0$ は(6)の形となる．

（ii）は（i）と同様に証明され，$A_0$ は(7)の形になる．　**証明終**

上の命題3.1の(6)の $A_0$ は，直交変換としては，**ベクトル $\boldsymbol{e}_3$ を軸とする**，すなわち，$\boldsymbol{e}_3$ をとおる直線を軸とし，$\boldsymbol{e}_3$-方向を右ネジの進行方向とする，**角 $\theta$ の回転** $\rho_\theta^{e_3}$ である．（それは，$-\boldsymbol{e}_3$ を軸とする，角 $-\theta$ の回転でもある：$\rho_\theta^{e_3}=\rho_{-\theta}^{-e_3}$．）

このことは，(6)の行列 $A_0$ の形からわかることであるが，後の議論のために，つぎのように図によって説明しよう．$r$ を正数とし，原点O中心，半径 $r$ の球面 $S^2(\mathrm{O},r)$ を考える［図3-1］

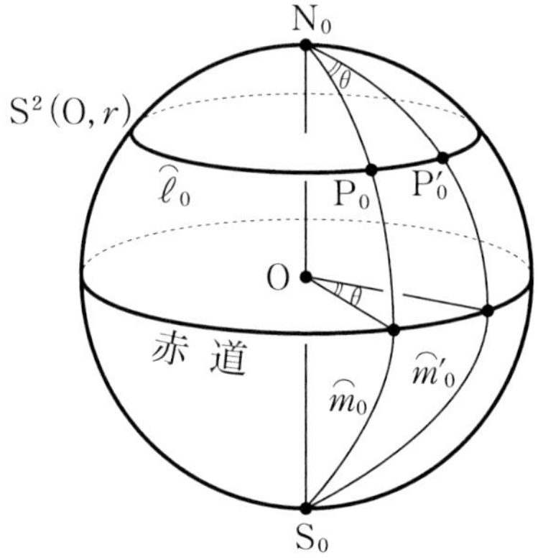


**図 3–1**

$A_0$ と (1) で同一視される直交変換を $\psi_0$ とする．合同変換としての $\psi_0$ は $\boldsymbol{e}_3$ をとおる直線上の各点を動かさない，すなわち，**不動点**としている．とくに，$S^2(O, r)$ の北極 $N_0$，南極 $S_0$ を動かさない．一方，$\psi_0$ は $S^2(O, r)$ をそれ自身に写す．また，直線 $S_0N_0$ を含む平面を，$S_0N_0$ を含む（他の）平面に写す．それゆえ，それらと $S^2(O, r)$ の共通部分である，大円を（他の）大円に写す．それゆえ,（地球で言うところの）経線を（他の）経線に写す．

一方，$\psi_0$ は，直線 $S_0N_0$ に O で垂直に交わっている平面 $\Pi_0$ をそれ自身に写し,（(6) の形から）$\Pi_0$ 上では角 $\theta$ の回転である．$\psi_0$ は，それゆえ，$\Pi_0$ と $S^2(O, r)$ との共通部分である大円，すなわち，赤道を赤道に写す．また，$\Pi_0$ に平行な平面を，それ自身に写す．それゆえ，緯度線をそれ自身に写す．緯度線と経線は直交している．(球面上の 2 曲線 $C_1$ と $C_2$ が点 P で交わっているとき, P での $C_1$ と $C_2$ の**交角**とは，それらの P での接線間の角と定義する.)

さて，$P_0$ を $S^2(O, r)$ 上の ($N_0, S_0$ 以外の) 任意の点とし，$P_0$ をとおる経線 (meridian) を $\widehat{m}_0$，緯度 (latitude) 線を $\widehat{\ell}_0$ とすると，

$P_0' := \psi_0(P_0)$ は，経線 $\widehat{m}_0'$ と緯度線 $\widehat{\ell}_0$ との交点である．ここで，$\widehat{m}_0'$ は経線 $\widehat{m}_0$ を角 $\theta$ 回転した経線である．[図3-1]．

これにより，$\psi_0$ は球面 $S^2(O, r)$ を $\overrightarrow{ON_0} = r\boldsymbol{e}_3$ を軸に，角 $\theta$ 回転させる変換であるとわかる．正数 $r$ は任意にとれるので，結局 $\psi_0$ は $\mathbb{R}^3$ の $\boldsymbol{e}_3$ を軸とする角 $\theta$ の回転である．

つぎに，命題3.1の(7)の $A_0$ は

$$A_0 = \begin{pmatrix} \cos\theta & -\sin\theta & 0 \\ \sin\theta & \cos\theta & 0 \\ 0 & 0 & 1 \end{pmatrix} \begin{pmatrix} 1 & 0 & 0 \\ 0 & 1 & 0 \\ 0 & 0 & -1 \end{pmatrix}$$
$$= \begin{pmatrix} 1 & 0 & 0 \\ 0 & 1 & 0 \\ 0 & 0 & -1 \end{pmatrix} \begin{pmatrix} \cos\theta & -\sin\theta & 0 \\ \sin\theta & \cos\theta & 0 \\ 0 & 0 & 1 \end{pmatrix}$$

と書ける．ここで $\begin{pmatrix} 1 & 0 & 0 \\ 0 & 1 & 0 \\ 0 & 0 & -1 \end{pmatrix}$ は，直交変換としては，O をとおり，$\boldsymbol{e}_3$ に垂直な平面 $\Pi_0$ に関する鏡映 $\mu_{\Pi_0}$ である．それゆえ，(7)の $A_0$ は，直交変換としては，$\rho_\theta^{e_3} \circ \mu_{\Pi_0} = \mu_{\Pi_0} \circ \rho_\theta^{e_3}$（可換）である．

この直交変換は，鏡映したのち回転，または，回転したのち鏡映，となる直交変換なので，**回転鏡映**とよばれる．(一般に変換の合成は可換ではないが，この場合は可換となっている．)

なお，(7)の $A_0$ は $\theta = 0$ のときは，直交変換としては，鏡映 $\mu_{\Pi_0}$ となり，$\theta = \pi$ のときは，$A_0 = -E$ となって，直交変換としては，$\boldsymbol{x} \longmapsto -\boldsymbol{x}$ $(\boldsymbol{x} \in \mathbb{R}^3)$ である．(球面 $S^2(O, r)$ の各点を，その**対心点** (antipodal point) に写す．)

**命題 3.2**　$A$ を3次直交行列とする．

（i）$\det(A)=1$ ならば，$A\boldsymbol{k}=\boldsymbol{k}$, $\|\boldsymbol{k}\|=1$ となるベクトル $\boldsymbol{k}$ が存在する．$A\neq E$（単位行列）のときは，$\boldsymbol{k}$ と $-\boldsymbol{k}$ が，この条件をみたす唯二つのベクトルである．

（ii）$\det(A)=-1$ ならば，$A\boldsymbol{k}=-\boldsymbol{k}$, $\|\boldsymbol{k}\|=1$ となるベクトル $\boldsymbol{k}$ が存在する．$A\neq\begin{pmatrix}1&0&0\\0&1&0\\0&0&-1\end{pmatrix}$ のときは，$\boldsymbol{k}$ と $-\boldsymbol{k}$ が，この条件をみたす唯二つのベクトルである．

▶**証明**　（i）$x$ を未知数とする，つぎの方程式（$A$ の**固有方程式**）を考える：$\det(A-xE)=0$．この方程式の解は，$A$ の**固有値**とよばれる．この方程式は，$\det(A)=1$ なので

$$-x^3+c_1x^2+c_2x+1=0 \tag{8}$$

$(c_1, c_2\in\mathbb{R})$ と書ける．3次関数 $y=-x^3+c_1x^2+c_2x+1$ のグラフは必ず $x$-軸と交わるので，方程式 (8) の実数解 $x_0$ が存在する：$\det(A-x_0E)=0$．それゆえ，(5) より，$\boldsymbol{0}$ でないベクトル $\boldsymbol{y}$（固有値 $x_0$ に対する**固有ベクトル**）で，$(A-x_0E)\boldsymbol{y}=\boldsymbol{0}$，すなわち，$A\boldsymbol{y}=x_0\boldsymbol{y}$ となるものが存在する．$\boldsymbol{y}$ の代りに，$\boldsymbol{k}=\boldsymbol{y}/\|\boldsymbol{y}\|$ をとると

$$A\boldsymbol{k}=x_0\boldsymbol{k},\quad \|\boldsymbol{k}\|=1 \tag{9}$$

となる．しかるに，(2) より

$$\begin{aligned}1&=\|\boldsymbol{k}\|^2=\langle\boldsymbol{k},\boldsymbol{k}\rangle=\langle A\boldsymbol{k},A\boldsymbol{k}\rangle\\&=\langle x_0\boldsymbol{k},x_0\boldsymbol{k}\rangle=x_0^2\langle\boldsymbol{k},\boldsymbol{k}\rangle=x_0^2\end{aligned}$$

となるので，

$$x_0=\pm1 \tag{10}$$

となる．

方程式 (8) の，他の2つの解は，つぎの (i-1)，(i-2) のいずれかである：

(i - 1) 複素数 $u_0+iv_0$ $(u_0, v_0 \in \mathbb{R}, v_0 \neq 0,\ i=\sqrt{-1})$ とその**共役複素数**（きょうやく） $u_0-iv_0$．（複素数が実係数の方程式の解であるとき，その共役複素数も解になる．）

(i - 2) 両方とも実数解 $x_1, x_2$．この場合は，上と同様の議論により，$x_1=\pm 1$，$x_2=\pm 1$ となる．

さて，方程式の解と係数の関係により，方程式 (8) の解 $x_0$ と他の 2 解の積は，$1(=\det(A))$ である．

(i - 1) の場合は，$x_0(u_0+iv_0)(u_0-iv_0)=1$，すなわち，$x_0(u_0^2+v_0^2)=1$ となるが，$u_0^2+v_0^2>0$ なので，(10) より，$x_0=1$，$u_0^2+v_0^2=1$ がえられる．

(i - 2) の場合は，$x_0x_1x_2=1$ なので，$x_0=x_1=x_2=1$ か，または（取り換えることにより）$x_0=1$，$x_1=x_2=-1$ となる．

(i - 1)，(i - 2) どちらの場合も，$x_0=1$ となるので，(9) より $A\boldsymbol{k}=\boldsymbol{k}, \|\boldsymbol{k}\|=1$ となるベクトル $\boldsymbol{k}$ が存在する．

この条件は，ベクトル $-\boldsymbol{k}$ もみたすが，$A \neq E$ のときは，これら以外に，この条件を満たすベクトルが存在しないことを示そう．

いま仮に，これら以外に，$A\boldsymbol{\ell}=\boldsymbol{\ell}, \|\boldsymbol{\ell}\|=1$ をみたすベクトル $\boldsymbol{\ell}$ が存在したとする．このとき，$\boldsymbol{y}=s\boldsymbol{k}+t\boldsymbol{\ell}$ $(s, t \in \mathbb{R})$ は，$A\boldsymbol{y}=\boldsymbol{y}$ をみたす．そのため，$\boldsymbol{\ell}$ を適当な $\boldsymbol{y}$ に取り換えることにより，$\boldsymbol{k} \perp \boldsymbol{\ell}$（直交）と仮定できる．

つぎに，（ベクトルの始点は，原点 O として）$\boldsymbol{k}, \boldsymbol{\ell}$ を含む平面に，O で垂直に交わる直線上に，$\|\boldsymbol{m}\|=1$ となるベクトル $\boldsymbol{m}$ を考えると，$\|A\boldsymbol{m}\|=1$ であり，$\boldsymbol{y}=s\boldsymbol{k}+t\boldsymbol{\ell}$ $(s, t \in \mathbb{R})$（平面上のベクトル）に対し

$$\langle A\boldsymbol{m}, \boldsymbol{y}\rangle=\langle A\boldsymbol{m}, A\boldsymbol{y}\rangle=\langle \boldsymbol{m}, \boldsymbol{y}\rangle=0$$

すなわち，$(A\boldsymbol{m})\perp \boldsymbol{y}$．すなわち $A\boldsymbol{m}$ は直線上のベクトルである．しかも，長さが1なので，結局 $A\boldsymbol{m}=\pm\boldsymbol{m}$ となる．
さて，$\boldsymbol{k},\boldsymbol{\ell},\boldsymbol{m}$，または $\boldsymbol{k},\boldsymbol{\ell},-\boldsymbol{m}$ を列ベクトルとする行列

$$D:=(\boldsymbol{k}\boldsymbol{\ell}\boldsymbol{m}),\ D':=(\boldsymbol{k}\boldsymbol{\ell}(-\boldsymbol{m}))$$

を考えると，これらは，(2) より，直交行列である．上に述べたことにより，

$$AD=(A\boldsymbol{k}A\boldsymbol{\ell}A\boldsymbol{m})=D \text{ か，または } AD=D'$$

がなりたつ．このうち，後者はおきない．なぜなら，後者の両辺の行列式をとると，(行列式の性質より)

$$\det(A)\det(D)=\det(D')=-\det(D)$$

となるが，左辺は $1\cdot\det(D)=\det(D)$ となる．ゆえに $\det(D)=-\det(D)$，$\det(D)=0$ となり，(4) に矛盾する．

かくて $AD=D$ となる．この式の両辺に右から $D^{-1}$ をかけると，$A=E$ がえられる．

これで命題 (ｉ) が示された．

命題 (ii) は，(ｉ) と同様に示されるが，それは読者にゆだねる．

**証明終**

さて，$A$ を，$A\neq E, \det(A)=1$ となる3次直交行列とし，$\boldsymbol{k}$ を，$A\boldsymbol{k}=\boldsymbol{k}, \|\boldsymbol{k}\|=1$ をみたすベクトル (命題3.2) とする．原点Oをとおり，$\boldsymbol{k}$ に垂直な平面を $\Pi$ とする．(ベクトルの始点は原点Oとして) $\Pi$ に含まれ，長さ1で互いに直交するベクトル $\boldsymbol{k}_1,\boldsymbol{k}_2$ を考え，これらと $\boldsymbol{k}$ を列ベクトルとする3次正方行列

$$K:=(\boldsymbol{k}_1\boldsymbol{k}_2\boldsymbol{k}) \tag{11}$$

を考える．これは (2) より，直交行列である．もし，$\det(K)=-1$ ならば，$\boldsymbol{k}_1$ と $\boldsymbol{k}_2$ を交換することにより，**あらかじめ**

$$\det(K)=1 \tag{12}$$

**と仮定してよい．**

さて，行列 $A' := K^{-1}AK$ を考えると，これも直交行列で，$\det(A') = \det(K^{-1})\det(A)\det(K) = \det(A) = 1$ である．さらに，

$$A'\boldsymbol{e}_3 = K^{-1}A(K\boldsymbol{e}_3) = K^{-1}A\boldsymbol{k} = K^{-1}\boldsymbol{k} = \boldsymbol{e}_3$$

である．ゆえに，命題3.1より $A' = A_0$（(6)の $A_0$）となる．すなわち $K^{-1}AK = A_0$．この式の両辺に，左右から，それぞれ $K, K^{-1}$ をかけることにより，$A = KA_0K^{-1}$ をえる：

$$A = KA_0K^{-1} = K\begin{pmatrix} \cos\theta & -\sin\theta & 0 \\ \sin\theta & \cos\theta & 0 \\ 0 & 0 & 1 \end{pmatrix}K^{-1} \tag{13}$$

この(13)は,『$A$ と同一視される直交変換 $\psi$ が, O を始点とするベクトル $\boldsymbol{k}$ を軸とする角 $\theta$ の回転である，すなわち，$\psi = \rho_\theta^k \,(= \rho_{-\theta}^{-k})$ である.』ことを示している．

このことは，つぎのように，図によって説明される．

$K$ と同一視される直交変換を $\eta$ とする．$\eta$ は, O 中心，半径 $r$（$r$ は正数）の球面 $S^2(O, r)$ をそれ自身に写す．そして $\eta$ は,（$\eta(r\boldsymbol{e}_3) = r\boldsymbol{k}$ なので）図3-1で $S^2(O, r)$ 上に描かれた，北極 $N_0$，南極 $S_0$，経線，赤道，緯度線を，それぞれ,（$r\boldsymbol{k}$ の終点Nを北極，その対心点Sを南極とする）北極N，南極S，経線，赤道，緯度線に写す［図3-2］

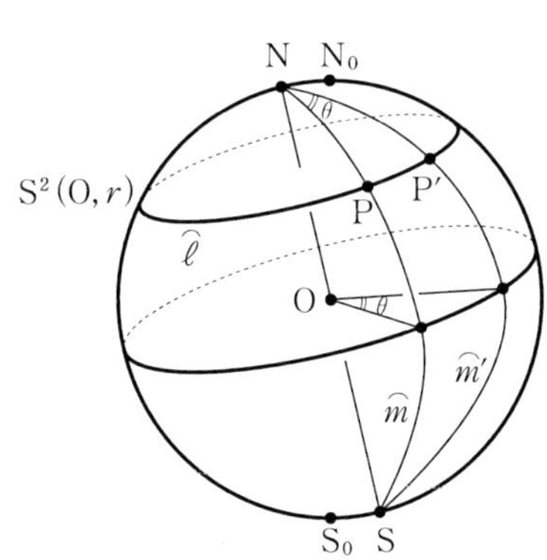


**図3-2**

さて，($\psi(r\boldsymbol{k})=r\boldsymbol{k}$ なので) 直交変換 $\psi$ は，N, S を不動点としている．P を $S^2(O,r)$ 上の (N, S 以外の) 任意の点とし，P は経線 $\widehat{m}:=\eta(\widehat{m}_0)$ と緯度線 $\widehat{\ell}:=\eta(\widehat{\ell}_0)$ の交点とする．$P':=\psi(P)$，$P_0:=\eta^{-1}(P)$ とおく．また，$A_0$ と同一視される直交変換を，前のように，$\psi_0$ とおく．このとき，(13) と図 3-1 と図 3-2 より

$$
\begin{aligned}
P' = \psi(P) &= (\eta\circ\psi_0\circ\eta^{-1})(P)\\
&= \eta(\psi_0(P_0)) = \eta(P'_0)
\end{aligned}
$$

は，経線 $\widehat{m}':=\eta(\widehat{m}'_0)$ と緯度線 $\widehat{\ell}$ の交点である [図 3-2].

ゆえに，$\psi$ は O を始点とするベクトル $r\boldsymbol{k}$ を軸とする，球面 $S^2(O,r)$ の角 $\theta$ の回転である．正数 $r$ を動かすことにより，結局 $\psi$ は $\mathbb{R}^3$ の O を始点とするベクトル $\boldsymbol{k}$ を軸とする角 $\theta$ の回転であることがわかる．

**注意**　上の議論で，$\det(K)=1$ を仮定した ((12))．$\det(K)=-1$ でも，同様の議論が可能だが，その場合は，$\eta$ が球面 $S^2(O,r)$ を逆向きに写すので，逆向きの図を描かねばならない．　**注意終**

つぎに，$A$ $\left(A\neq\begin{pmatrix}1&0&0\\0&1&0\\0&0&-1\end{pmatrix}\right)$ を，$\det(A)=-1$ となる 3 次直交行列とすると，同様の議論で ($A_0$ を (7) の $A_0$ として) $A$ は

$$
\begin{aligned}
A = KA_0K^{-1} &= K\begin{pmatrix}\cos\theta & -\sin\theta & 0\\ \sin\theta & \cos\theta & 0\\ 0 & 0 & -1\end{pmatrix}K^{-1} \qquad (14)\\
&= K\begin{pmatrix}\cos\theta & -\sin\theta & 0\\ \sin\theta & \cos\theta & 0\\ 0 & 0 & 1\end{pmatrix}K^{-1}\cdot K\begin{pmatrix}1&0&0\\0&1&0\\0&0&-1\end{pmatrix}K^{-1}\\
&= K\begin{pmatrix}1&0&0\\0&1&0\\0&0&-1\end{pmatrix}K^{-1}\cdot K\begin{pmatrix}\cos\theta & -\sin\theta & 0\\ \sin\theta & \cos\theta & 0\\ 0 & 0 & 1\end{pmatrix}K^{-1}
\end{aligned}
$$

と書ける.（ただし，$K=(\boldsymbol{k}_1\,\boldsymbol{k}_2\,\boldsymbol{k})$ の第3列ベクトル $\boldsymbol{k}$ は $A\boldsymbol{k}=-\boldsymbol{k}$, $\|\boldsymbol{k}\|=1$ をみたす.）これは直交変換として，O を始点とするベクトル $\boldsymbol{k}$ を軸とする角 $\theta$ の回転 $\rho_\theta^k$ と，O をとおり $\boldsymbol{k}$ に垂直な平面 $\Pi$ に関する鏡映 $\mu_\Pi$ の（可換な）合成

$$\mu_\Pi\circ\rho_\theta^k=\rho_\theta^k\circ\mu_\Pi\quad(\text{回転鏡映})$$

であることがわかる.

## 3.2　3次直交行列の具体形

上の議論において，直交行列 $K=(\boldsymbol{k}_1\,\boldsymbol{k}_2\,\boldsymbol{k})$ は，($\boldsymbol{k}_1, \boldsymbol{k}_2$ の取り方がいろいろあるために）いろいろ取りうる．もし，$K$ をひとつ具体的にあたえれば (13)，(14) によって，$A=KA_0K^{-1}$ は具体的に書けるはずである.

そこで，$\boldsymbol{k}\neq-\boldsymbol{e}_3$ **と仮定し**，$\boldsymbol{k}=(\ell,m,n)$，$\ell^2+m^2+n^2=1$，とおいて，$K$ を具体的に，つぎの $K_0$ とする：

$$K_0:=\begin{pmatrix}\frac{\ell^2}{1+n}-1 & \frac{\ell m}{1+n} & \ell\\ \frac{\ell m}{1+n} & \frac{m^2}{1+n}-1 & m\\ \ell & m & n\end{pmatrix}\tag{15}$$

$K_0$ の各列は，長さが1で互いに直交していることが計算するとわかる．それゆえ $K_0$ は直交行列である．あるいは，$K_0$ が**対称行列** (${}^tK_0=K_0$) で，$K_0^2=E$ となっているので，$K_0^{-1}=K_0={}^tK_0$ となり，$K_0$ が直交行列であることがわかる．また，計算によって，$\det(K_0)=1$ がたしかめられる.

この $K_0$ を用いると,

$$A=K_0A_0K_0^{-1},\quad B:=K_0\begin{pmatrix}1&0&0\\0&1&0\\0&0&-1\end{pmatrix}K_0^{-1}$$

は具体的に書けて，つぎの定理にまとめられる.

**定理 3.3**

$A$ を $A \neq E, A \neq \begin{pmatrix} 1 & 0 & 0 \\ 0 & 1 & 0 \\ 0 & 0 & -1 \end{pmatrix}$ となる3次直交行列とする.

$\boldsymbol{k} = (\ell, m, n)$ を，$\ell^2 + m^2 + n^2 = 1$ であり，

$$\begin{cases} A\boldsymbol{k} = \boldsymbol{k} & (\det(A) = 1 \text{ のとき}) \\ A\boldsymbol{k} = -\boldsymbol{k} & (\det(A) = -1 \text{ のとき}) \end{cases}$$

をみたすベクトルとする．このとき $A$ は，$\det(A) = 1$, $\det(A) = -1$ にしたがい，それぞれ，つぎの（ i ),（ii）と表示される.

（ i ）$A =$

$$\begin{pmatrix} \ell^2 + (1-\ell^2)\cos\theta & \ell m - \ell m\cos\theta - n\sin\theta & \ell n - \ell n\cos\theta + m\sin\theta \\ \ell m - \ell m\cos\theta + n\sin\theta & m^2 + (1-m^2)\cos\theta & mn - mn\cos\theta - \ell\sin\theta \\ \ell n - \ell n\cos\theta - m\sin\theta & mn - mn\cos\theta + \ell\sin\theta & n^2 + (1-n^2)\cos\theta \end{pmatrix} \tag{16}$$

（ii）$A =$

$$\begin{pmatrix} -\ell^2 + (1-\ell^2)\cos\theta & -\ell m - \ell m\cos\theta - n\sin\theta & -\ell n - \ell n\cos\theta + m\sin\theta \\ -\ell m - \ell m\cos\theta + n\sin\theta & -m^2 + (1-m^2)\cos\theta & -mn - mn\cos\theta - \ell\sin\theta \\ -\ell n - \ell n\cos\theta - m\sin\theta & -mn - mn\cos\theta + \ell\sin\theta & -n^2 + (1-n^2)\cos\theta \end{pmatrix} \tag{17}$$

（ i ）の $A$ は直交変換としては，O を始点とするベクトル $\boldsymbol{k}$ を軸とする角 $\theta$ の回転である．（ii）の $A$ は（ i ）の $A$ と

$$B = \begin{pmatrix} 1-2\ell^2 & -2\ell m & -2\ell n \\ -2\ell m & 1-2m^2 & -2mn \\ -2\ell n & -2mn & 1-2n^2 \end{pmatrix} \tag{18}$$

の（可換な）積であり，直交変換としては，O を始点とするベクトル $\boldsymbol{k}$ を軸とする角 $\theta$ の回転と，O をとおり $\boldsymbol{k}$ に垂直な平面 $\Pi$ に関する鏡映の（可換な）合成（回転鏡映）である.

**注意**　(15) の $K_0$ では，条件「$\boldsymbol{k} \neq -\boldsymbol{e}_3$」を必要としたが，この定理では不要である．　**注意終**

☞**コメント**　読者は (15) の $K_0$ がどうやって見つかったのか，不思議に思われたかもしれない．実は話が逆で，(16) の方が先にあって，後知恵で (15) が見つかったのである．(16) の方は ( (16) のように明示的ではないが) 高木貞治 [6] の 33 ページに書かれている．この本では，複素数球面 (リーマン球面) に作用する一次分数変換の性質を論じ，それを用いてケーリーの公式を導き，それによって (16) をあたえている．［**コメント終**］

次節と次々節は，このコメントに述べたことを解説する．

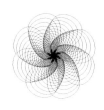

# 第 4 節　複素数球面と一次分数変換

本節は複素数球面（別名 リーマン球面）と，それに作用する一次分数変換の話をして，次節にケーリーの公式と 3 次直交変換の具体形（前節）を導く話をする．

## 4.1　複素数平面

複素数 $z=x+yi$ $(x,y\in\mathbb{R}, i=\sqrt{-1}, yi=iy)$ を，$\mathbb{R}^2$ の点 $(x,y)$ と同一視することにより，複素数全体の集合 $\mathbb{C}$ をユークリッド平面 $\mathbb{R}^2$ と同一視する．この同一視の下で，$\mathbb{C}$ を**複素数平面**とよぶ［図 4–1］．

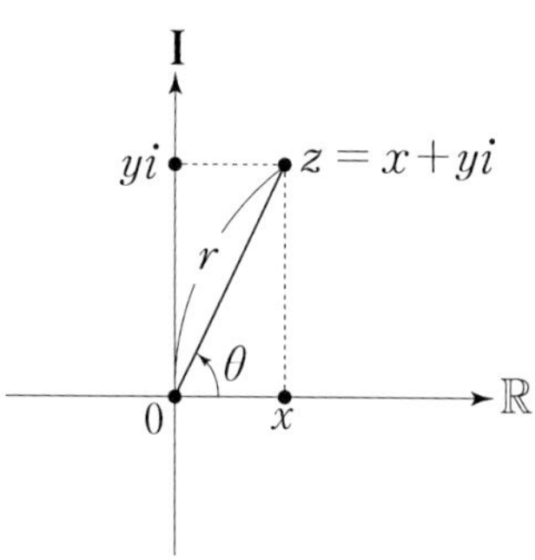


図 4–1

$\mathbb{C}$ においては，原点Oは数0（ゼロ）であり，**実軸**とよばれる $x$－軸上には実数が並んでいて，**虚軸**とよばれる $y$－軸上には純虚数 $yi$ $(y \in \mathbb{R})$ が並んでいる．

図4–1の $r := \sqrt{x^2+y^2}$ と $\theta$ は，それぞれ $z$ の**絶対値**，$z$ の**偏角** (argument) とよばれ，$r = |z|$, $\theta = \arg(z)$ と記される．（ただし，$z = 0$ のときは，$|0| = 0$ だが，$\arg(0)$ は**定義しない**.）この $r, \theta$ を用いると，$x = r\cos\theta, y = r\sin\theta$ なので，

$$z = x + iy = r(\cos\theta + i\sin\theta) \tag{1}$$

と書ける．これを複素数 $z$ の**極表示**とよぶ．

極表示を用いると複素数の積は，つぎのようになる．すなわち，(1) の $z$ と

$$z' = x' + iy' = r'(\cos\theta' + i\sin\theta')$$

の積は，(sin,cos の加法定理より）

$$zz' = rr'(\cos(\theta+\theta') + i\sin(\theta+\theta'))$$

となる．右辺は，$zz'$ の極表示なので，（極表示の唯一性より）つぎの命題の（ i ）がえられる．（ii）(iii) は（ i ）を用いればえられる．

**命題 4.1**

（ i ）$|zz'| = |z||z'|$,　$\arg(zz') = \arg(z) + \arg(z')$.

（ii）$z \neq 0$ のとき，$\left|\dfrac{1}{z}\right| = \dfrac{1}{|z|}$,　$\arg\left(\dfrac{1}{z}\right) = -\arg(z)$.

（iii）$z' \neq 0$ のとき，$|z/z'| = |z|/|z'|$,

$\arg(z/z') = \arg(z) - \arg(z')$.

複素数 $z = x + yi$ に対し，$\bar{z} = x - yi$ を $z$ の**共役**（きょうやく）**複素数**とよぶ．つぎの命題の証明は読者にゆだねる．

**命題 4.2**

$z, w$ を複素数とするとき，つぎの（i）～（iv）がなりたつ．

（i）$|\overline{z}|=|z|$, $\arg(\overline{z})=-\arg(z)$.

（ii）$z\overline{z}=|z|^2$.

（iii）$\overline{zw}=\overline{z}\cdot\overline{w}$

（iv）$\overline{z/w}=\overline{z}/\overline{w}$ $(w\neq 0)$.

さて，$z=x+yi$ が変数（複素変数）で

$$\alpha=a+bi=c(\cos\theta_0+i\sin\theta_0)\ (c>0)$$

を，ゼロでない定数とする．このとき，$\mathbb{C}$ から $\mathbb{C}$ への写像

$$z\longmapsto \alpha z$$

は命題 4.1 より，0 中心に角 $\theta_0$ 回転する変換と，0 中心に $c$ 倍相似拡大（$0<c<1$ なら縮小）する変換（**相似変換**）の（可換な）合成変換である．さらに，$\beta$ を（他の）定数とすると，$\mathbb{C}$ から $\mathbb{C}$ への写像

$$\varphi : z\longmapsto \alpha z+\beta \tag{2}$$

は，上述の変換と，平行移動の合成変換である．（複素数の加法は，複素数 $z$ とベクトル $\overrightarrow{0z}$ を同一視すると考えやすい．）したがって，(2) の変換 $\varphi$ は（$\mathbb{R}^2$ の変換とみなしたとき）直線を直線に写し，円を円に写している．

さらに，この変換は**等角写像**である．すなわち，各定点 $z_0$ からでる 2 直線が，$\varphi$ によって $w_0=\alpha z_0+\beta$ から出る 2 直線に写されるが，それらの $z_0, w_0$ での間の角が，**向きもこめて等しい**［図 4-2］.

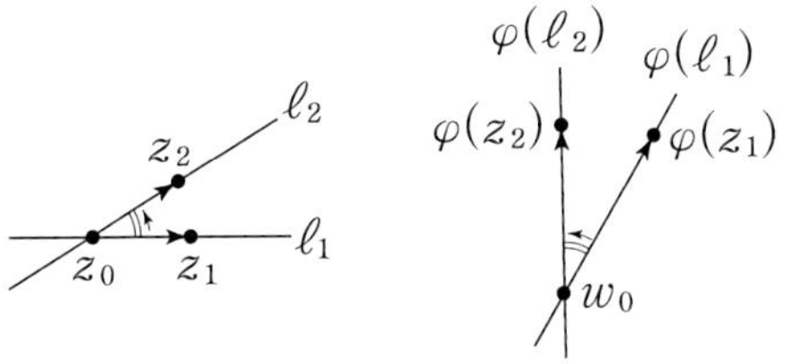


**図 4−2**

詳しく言えば，$z_0$をとおる直線$\ell_1, \ell_2$に向きをつけ，図4−2のように，それらの上に点$z_1, z_2$をとるとき，$\angle z_2 z_0 z_1 = \angle \varphi(z_2) w_0 \varphi(z_1)$となっている．（左辺は$\overrightarrow{z_0 z_1}$から$\overrightarrow{z_0 z_2}$への，向きのついた角．右辺も同様．）

さて，$\mathbb{C}$からゼロを除いた集合を$\mathbb{C}\backslash\{0\}$と記す[※1]．

$\mathbb{C}\backslash\{0\}$の変換

$$g : z \longmapsto w = -\frac{1}{z} \tag{3}$$

を考える．$z = x + yi$，$w = u + vi$と書くと

$$-\frac{1}{z} = \frac{-x}{x^2 + y^2} + \frac{y}{x^2 + y^2} i$$

なので，$g$は，$\mathbb{R}^2\backslash\{\mathrm{O}\}$（O は原点）における変換としては

$$u = \frac{-x}{x^2 + y^2},\ v = \frac{y}{x^2 + y^2} \tag{4}$$

$(x^2 + y^2 \neq 0)$である．逆変換$g^{-1}$は

$$g^{-1} : w \longmapsto z = -\frac{1}{w}$$

なので，$g^{-1}$は，変換$(u, v) \longmapsto (x, y)$としては

$$x = \frac{-u}{u^2 + v^2},\ y = \frac{v}{u^2 + v^2} \tag{4$'$}$$

と，$g$と同じ形の式で，書ける．

※1 差集合$A - B$を，本書では$A\backslash B$と記します．

**命題 4.3**

（i） $w=-1/z$ $(z\neq 0)$ のとき，

「$|z|\to+\infty$」 $\Longleftrightarrow$ 「$|w|\to 0$」，

「$|z|\to 0$」 $\Longleftrightarrow$ 「$|w|\to+\infty$」.

（ii） 変換（4）について，次の（ii-1）〜（ii-4）がなりたつ：

（ii-1） 0（＝O）をとおらない円を0を通らない円に写す.

（ii-2） 0をとおる円を，0をとおらない直線に写す.

（ii-3） 0をとおらない直線を，0をとおる円に写す.

（ii-4） 0をとおる直線を，0をとおる直線に写す.

（iii） 変換（4）は等角写像である.

**▶証明**

（i）はあきらかである.

（ii）円の方程式は一般に，$a, b, c, d$ を（$a\neq 0,\ b^2+c^2>ad$ となる）定数として

$$a(x^2+y^2)-2bx-2cy+d=0 \tag{5}$$

と書ける.（じっさい，(5)式を $a$ で割って変形すると

$$\left(x-\frac{b}{a}\right)^2+\left(y-\frac{c}{a}\right)^2=\frac{b^2+c^2-ad}{a^2}$$

となっている.）(5)に（4）’を代入して分母を払うと

$$d(u^2+v^2)+2bu-2cv+a=0 \tag{6}$$

となる．これは $(u, v)$－平面の円の方程式になる．ただし，「(5)の円が0＝Oをとおる」$\Longleftrightarrow$「$d=0$」$\Longleftrightarrow$「(6)は直線の方程式」.
また，「(6)の円が0をとおる」$\Longleftrightarrow$「$a=0$」$\Longleftrightarrow$「(5)は直線の方程式」．以上のことにより，（ii）がえられる.

（iii） $z=r(\cos\theta+i\sin\theta)$ を $z$ の極表示とすると，$w=-1/z$ の極

表示は $w=\dfrac{1}{r}\ (\cos(\pi-\theta)\ +i\sin(\pi-\theta))$ ゆえ，$w=-\dfrac{1}{r}\cos\theta+i\dfrac{1}{r}\sin\theta$ と書ける．そこで，変換 $g:z\longmapsto w=-1/z$ をふたつの変換

$$\mu:(x,y)\longmapsto(-x,y)$$
$$\nu:(r\cos\theta,r\sin\theta)\longmapsto\left(\frac{1}{r}\cos\theta,\frac{1}{r}\sin\theta\right)$$

の合成と考える．($g=\mu\cdot\nu$.)

前者の変換 $\mu$ は，$y$－軸に関する鏡映である．これは定点 $z_0$ をとおる二直線を，$-\bar{z}_0$（$\bar{z}_0$ は $z_0$ の共役複素数）をとおる二直線に写し，その間の角は，**逆向きに**等しい［図 4–3］．

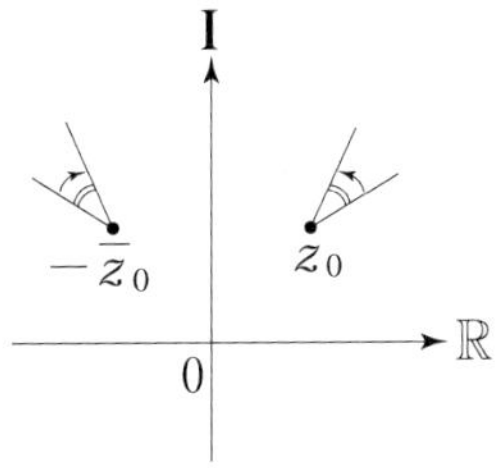


**図 4–3**

一方，後者の変換 $\nu$ は，$\nu:z\longmapsto1/\bar{z}$ $(z\neq0)$ とも書かれ，0 中心，半径 1 の円 $S^1(0,1)$ に関する**反転**とよばれる変換である．すなわち，0 と $z(\neq0)$ と $\nu(z)$ は，$0,z,\nu(z)$ か $0,\nu(z),z$ かどちらかの順で一直線上にあり，$|z||\nu(z)|=1\ =1^2$（$1^2$ の 1 は円の半径）をみたしている［図 4–4］．

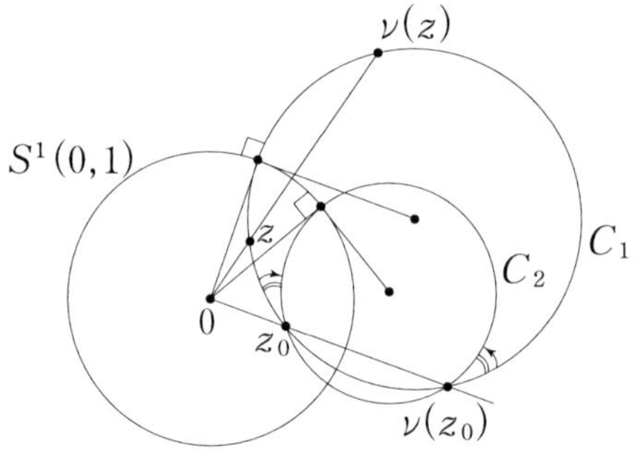


図 4–4

変換 $\nu$ は，定点 $z_0\,(\neq 0)$ と $\nu(z_0)=1/\overline{z}_0$ をとおり，$S^1(0,1)$ に直交する円をそれ自身に写す．(円に関する方巾(ほうべき)の定理による．) それゆえ，(間の角[※2] を問題とするときは，2 曲線の選び方は自由なので) $z_0, \nu(z_0)$ をとおり $S^1(0,1)$ に直交すると 2 円 $C_1, C_2$ を考えると，$\nu(z_0)$ での $C_1$ と $C_2$ の間の角は，$z_0$ での $C_1$ と $C_2$ の間の角に，逆向きに等しい [図 4–4]．

それゆえ，$g=\mu\circ\nu$ は等角写像である．　**証明終**

## 4.2　複素数球面 (リーマン球面)

複素数平面 $\mathbb{C}$ と，そのコピーの $\mathbb{C}$ を用意する．前者の $\mathbb{C}$ を $z$–平面，後者の $\mathbb{C}$ を $z'$ –平面とする．$z=x+yi$，$z'=x'+y'i$ の $(x,y)$ と $(x',y')$ は，それぞれを $\mathbb{R}^2$ とみなしたときの座標である．

さて，$z$ – 平面から 0 を除いた集合 $\mathbb{C}\backslash\{0\}$ の点 $z$ と，$z'$ – 平面から 0 を除いた集合 $\mathbb{C}\backslash\{0\}$ の点 $z'$ を，

※2　2 曲線が点 P で交わっているとき，**その間の角**とは，P での接線間の角と定義します．

$$z' = -\frac{1}{z} \tag{7}$$

**と言う関係でもって同一視する**．言い換えると，$z$－平面の $\mathbb{C}\setminus\{0\}$ と，$z'$－平面の $\mathbb{C}\setminus\{0\}$ を，この関係を用いて，**はり合わせる**のである．

こうして作られた集合 $\hat{\mathbb{C}}$ を，**複素数球面**（別名 **リーマン球面**）とよぶ．

これは，集合としては，$z$－平面に1点 $\{z'=0\}$ を付け加えたものである．しかるに「$z' \neq 0, |z'| \to 0$」$\Longleftrightarrow$「$|z| \to +\infty$」なので，この点を $z$－平面の**無限遠点**とよび，$\infty$ と書く．それゆえ，集合としては

$$\hat{\mathbb{C}} = \mathbb{C} \cup \{\infty\}$$

となっている．

(7) は (3) で $w$ を $z'$ に取り換えた式なので，$(x, y)$ と $(x', y')$ の関係（**座標変換**の式）は，(4)，(4')で，$u, v$ をそれぞれ $x', y'$ に取り換えた式となる．

なお，$z, z'$ も $\hat{\mathbb{C}}$ における**複素座標**とよび，(7) 式を**複素座標変換**の式とよぶ．

**注意**　一般に，いくつかの（場合によっては無限個の）局所座標系を座標変換ではり合わせたものを，**多様体**（manifold）とよぶ．$\hat{\mathbb{C}}$ は多様体の最初の例となっている．　**注意終**

さて，命題4.3によれば，$z$－平面の0をとおる直線は，$z'$－平面の0，すなわち $\infty$ をとおる直線でもある．次の命題は次節に用いられる．

**命題 4.4**　0をとおる，向きの付いた直線 $L_1$ と $L_2$ の，0における，間の角を $\theta$ とするとき，$L_1$ と $L_2$ の，$\infty$ における，間の角は $-\theta$ に等しい.

**▶証明**　命題 4.3 の証明((5),(6))からわかるように，$z$-平面での $L_1, L_2$ の方程式をそれぞれ

$$b_1x + c_1y = 0, \quad b_2x + c_2y = 0$$

とすると，$z'$-平面での $L_1, L_2$ の方程式は，それぞれ

$$b_1x' - c_1y' = 0, \quad b_2x' - c_2y' = 0$$

である．0における $L_1, L_2$ の傾きは，それぞれ

$$\tan\theta_1 := -\frac{b_1}{c_1}, \quad \tan\theta_2 := -\frac{b_2}{c_2}$$

である．そして，0における，間の角は，$\theta = \theta_2 - \theta_1$ である．一方，$\infty$ における，$L_1, L_2$ の傾きは，それぞれ

$$\frac{b_1}{c_1} = \tan(-\theta_1), \quad \frac{b_2}{c_2} = \tan(-\theta_2)$$

である．それゆえ，$\infty$ における，$L_1, L_2$ の間の角は

$$(-\theta_2) - (-\theta_1) = -(\theta_2 - \theta_1) = -\theta$$

となっている[図 4-5].　**証明終**

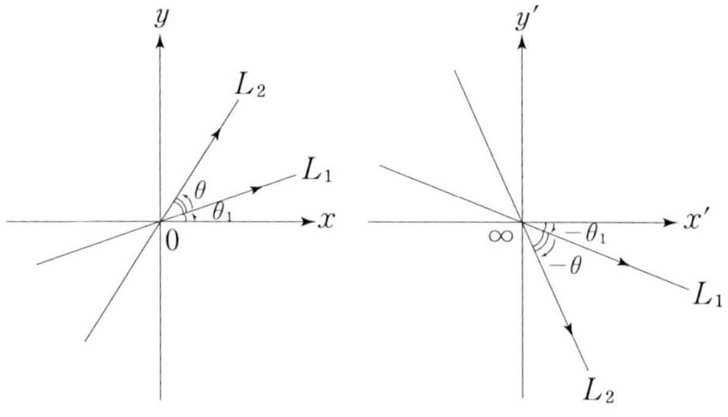


**図 4-5**

## 4.3　一次分数変換

$\alpha,\beta,\gamma,\delta$ を $\alpha\delta-\beta\gamma\neq 0$ となる複素数の定数とし，$z$ を変数（複素変数）とする一次有理式

$$w=\varphi(z)=\frac{\alpha z+\beta}{\gamma z+\delta}\quad(\alpha\delta-\beta\gamma\neq 0)\tag{8}$$

を考える．これを，つぎの約束でもって，複素数球面 $\hat{\mathbb{C}}$ からそれ自身への変換と考え，**一次分数変換**とよぶ．

（i）「$\gamma=0$ のとき」このときは $\delta\neq 0,\alpha\neq 0$ ゆえ，

$$w=\varphi(z)=\frac{\alpha}{\delta}z+\frac{\beta}{\delta}$$

と書ける．これは (2) で取り扱ったタイプの $\mathbb{C}$ 上の変換である．この変換を複素座標 $z'=-1/z$，$w'=-1/w$ を用いてあらわすと

$$w'=-1/w=\frac{-1}{\frac{\alpha}{\delta}z+\frac{\beta}{\delta}}=\frac{-1}{\frac{\alpha}{\delta}(-\frac{1}{z'})+\frac{\beta}{\delta}}$$

$$=\frac{-\delta z'}{\beta z'-\alpha}\tag{9}$$

となるので,「$z'=0$」$\Longleftrightarrow$「$w'=0$」となる．それゆえ，

$$\varphi(\infty):=\infty\tag{10}$$

と定義する．

（ii）「$\gamma\neq 0$ のとき」このときは，

$$w=\varphi(z)=\frac{\alpha}{\gamma}-\frac{\alpha\delta-\beta\gamma}{\gamma^2(z+\delta/\gamma)}\tag{11}$$

と式変形できる．ゆえに

$$w=\frac{\alpha}{\gamma}-\frac{(\alpha\delta-\beta\gamma)z'}{\gamma(\delta z'-\gamma)}\tag{12}$$

となり,「$z'=0$」$\Longleftrightarrow$「$w=\alpha/\gamma$」となる．ゆえに

$$\varphi(\infty):=\frac{\alpha}{\gamma}\tag{13}$$

と定義する．一方

$$w' = \frac{-\gamma z - \delta}{\alpha z + \beta} \tag{14}$$

なので,「$w' = 0$」$\Longleftrightarrow$「$z = -\dfrac{\delta}{\gamma}$」となる．ゆえに

$$\varphi\left(-\frac{\delta}{\gamma}\right) := \infty \tag{15}$$

と定義する．(とくに, (3) の $g$ については $g(\infty) := 0$,　$g(0) := \infty$.)

以上, (9), (10), (12), (13), (14), (15) によって，$\varphi$ は $\hat{\mathbb{C}}$ から自身への連続な写像と考えられる．

さらに, (8) を $z$ について解くと

$$z = \frac{\delta w - \beta}{-\gamma w + \alpha}$$

となるので，$\varphi$ の逆変換 $\varphi^{-1}$ も存在して，それも一次分数変換

$$\varphi^{-1}(z) = \frac{\delta z - \beta}{-\gamma z + \alpha} \tag{16}$$

である．したがって $\varphi$ は $\hat{\mathbb{C}}$ から自身への，**一対一双連続写像**である．

さらに，一次分数変換 (8) と，一次分数変換

$$\psi(z) = \frac{\alpha' z + \beta'}{\gamma' z + \delta'} \quad (\alpha'\delta' - \beta'\gamma' \neq 0) \tag{17}$$

の合成 $\varphi \circ \psi$ は

$$\begin{aligned}(\varphi \circ \psi)(z) &= \frac{\alpha\left(\dfrac{\alpha' z + \beta'}{\gamma' z + \delta'}\right) + \beta}{\gamma\left(\dfrac{\alpha' z + \beta'}{\gamma' z + \delta'}\right) + \delta} \\ &= \frac{(\alpha\alpha' + \beta\gamma')z + (\alpha\beta' + \beta\delta')}{(\gamma\alpha' + \delta\gamma')z + (\gamma\beta' + \delta\delta')} \end{aligned} \tag{18}$$

となり，これも一次分数変換である．

この右辺の式は，行列の積を連想させる．じっさい, (8) の係数を並べた，複素数を成分とする 2 次正方行列

$$A=\begin{pmatrix}\alpha & \beta \\ \gamma & \delta\end{pmatrix} \quad (\det(A)=\alpha\delta-\beta\gamma\neq 0)$$

を考えて, (8) の $\varphi$ を

$$\varphi=\varphi_A$$

と書けば, (18) より, つぎの命題の (i) がえられる. (ii) ～ (iv) の証明は読者にゆだねる.

**命題 4.5**

(i) $\varphi_A\circ\varphi_B=\varphi_{AB}$.

(ii) $E$ を単位行列とするとき, $\varphi_E$ は恒等変換である.

(iii) $(\varphi_A)^{-1}=\varphi_{A^{-1}}$.

(iv)「$\varphi_B=\varphi_A$」 $\Longleftrightarrow$ 「$B=\lambda A$ となるゼロではない複素数 $\lambda$ が存在する.」

**系 4.6**

$\det(A)=\alpha\delta-\beta\gamma=1$ となる行列

$$A=\begin{pmatrix}\alpha & \beta \\ \gamma & \delta\end{pmatrix}$$

に対し, $\det(B)=1$ で $\varphi_B=\varphi_A$ となる $B$ は, $A$ と $-A$ だけである.

▶**証明**　命題 4.5 の (iv) より, $B=\lambda A$ とすると,

$$1=\det(B)=\lambda^2\det(A)=\lambda^2$$

となるので, $\lambda=\pm 1$ となる.　**証明終**

**注意**

( i )(3) の一次分数変換 $g(z) = -1/z$ は,

$$A := \begin{pmatrix} 0 & -1 \\ 1 & 0 \end{pmatrix}$$

とおくと $\det(A) = 1$ であり, $g = \varphi_A = \varphi_{-A}$ となっている.

(ii) 複素数球面 $\hat{\mathbb{C}}$ を論じている多くの本では, 複素座標変換として, (7) の $z' = -1/z$ ではなく $z' = 1/z$ を採用している. 本書では, (3) の変換 $g$ が ( i ) で述べたようになっている ($g = \varphi_A, \det(A) = 1$) ので, 同じ形の複素座標変換 (7) を採用した.

**注意終**

さて, 命題 4.3 を鑑みて, $\hat{\mathbb{C}}$ **上の円**とは, $\mathbb{C}$ 上の円か直線を意味することにする.

**定理 4.7**　一次分数変換は, $\hat{\mathbb{C}}$ 上の円を $\hat{\mathbb{C}}$ 上の円に写す等角写像である.

**▶証明**

$$\varphi(z) = \frac{\alpha z + \beta}{\gamma z + \delta}, \quad \alpha\delta - \beta\gamma \neq 0 \tag{19}$$

を一次分数変換とする. $\gamma \neq 0$ の場合を考えよう. ($\gamma = 0$ の場合も同様である.) この場合, 変形 (11) によって, $\varphi$ はつぎのような合成変換になることがわかる：

$$\varphi = \varphi_1 \circ g \circ \varphi_2$$

ここで, $g$ は (3) の $g$ であり,

$$\varphi_1(z) := \frac{\alpha\delta - \beta\gamma}{\gamma^2} z + \frac{\alpha}{\gamma}, \quad \varphi_2(z) := z + \frac{\delta}{\gamma}$$

であって, $\varphi_1$ と $\varphi_2$ は (2) のタイプの変換である. したがって, 命題 4.3 と命題 4.3 の前の議論によって, 合成変換 $\varphi$ は $\hat{\mathbb{C}}$ 上の円を $\hat{\mathbb{C}}$ 上の円に写す変換であることがわかる.

つぎに，(2) のタイプの変換と $g$ は，$\hat{\mathbb{C}}$ 上の等角写像であることを示そう．そうすれば，$\varphi$ の等角性がわかる．

すでに，(2) のタイプの変換は $\mathbb{C}$ 上では等角写像であることは言及している (図 4–2 参照)．また変換 $g$ は，$\mathbb{C}\backslash\{0\}$ 上では等角写像であることは示してある (命題 4.3)．それゆえ，(2) のタイプの変換が $\infty$ のまわりで等角写像であることと，$g$ が 0 と $\infty$ のまわりで等角写像であることを示せばよい．

変換 $w=\alpha z+\beta$ $(\alpha\neq 0)$ を考えよう．この式を $w'=-1/w$, $z'=-1/z$ を用いて書きかえると

$$w'=\frac{-z'}{\beta z'-\alpha}$$

となる．$\beta=0$ の場合は，$w'=z'/\alpha$ と書け，$z'=0$ (すなわち $z=\infty$) のまわりで等角写像である．

$\beta\neq 0$ とする．このときは，上式は

$$w'=\frac{-\frac{1}{\beta}z'}{z'-\frac{\alpha}{\beta}}=-\frac{1}{\beta}+\frac{\alpha}{\beta^2}\left(\frac{-1}{z''}\right)=-\frac{1}{\beta}+\frac{\alpha}{\beta^2}g(z'')$$

と書ける．ここに $z'':=z'-(\alpha/\beta)$ である．「$z'=0\,(z=\infty)$」$\Longleftrightarrow$「$z''=-(\alpha/\beta)$ $(\neq 0)$」なので，変換 $w=\alpha z+\beta$ の $z=\infty$ のまわりでの等角性がわかる．

変換 $w=g(z)=-1/z$ については，$z=0$, $z=\infty$ のまわりで，それぞれ

$$g: z\longmapsto w'=z$$
$$g: z'\longmapsto w=z'$$

と表現されることから，$z=0$, $z=\infty$ のまわりでの，$g$ の等角性がわかる．かくて，一次分数変換 (19) が $\hat{\mathbb{C}}$ 上の等角写像であることが示された．

**証明終**

**注意**　$\hat{\mathbb{C}}$ が「球面」とよばれる理由は，次節にあきらかにされる．

**注意終**

# 第5節　ケーリーの公式

前節に導入した複素数球面 (別名　リーマン球面) $\hat{\mathbb{C}}$ と，$\hat{\mathbb{C}}$ に作用する一次分数変換について，ざっと復習しよう．複素数 $z=x+yi$ ($x, y\in\mathbb{R}, i=\sqrt{-1}, yi=iy$) と点 $(x, y)$ を同一視することにより，複素数全体の集合 $\mathbb{C}$ とユークリッド平面 $\mathbb{R}^2$ を同一視するとき，$\mathbb{C}$ を複素数平面とよぶ．複素数平面 $\mathbb{C}$ ($z$-平面) とそのコピー $\mathbb{C}$ ($z'$-平面) を考え，両者から 0 をぬいた $\mathbb{C}\backslash\{0\}$ と $\mathbb{C}\backslash\{0\}$ を

$$z'=-\frac{1}{z},\quad z=-\frac{1}{z'} \tag{1}$$

と言う関係で同一視 (はり合わせ) したものを $\hat{\mathbb{C}}$ と書き，複素数球面 (別名　リーマン球面) とよぶ．「$|z|\to+\infty$」$\Longleftrightarrow$「$|z'|\to 0$」なので，点 $\{z'=0\}$ を $\infty$ と記し，($z$-平面の) 無限遠点とよぶ．$\hat{\mathbb{C}}$ は，集合としては $\hat{\mathbb{C}}=\mathbb{C}\cup\{\infty\}$ であるが，$\hat{\mathbb{C}}$ はふたつの複素座標系 $z, z'$ を持っていて，その間の関係 (複素座標変換) が (1) であたえられる，と考えるのである．$z=x+yi$, $z'=x'+y'i$ の $(x, y)$ と $(x', y')$ の間の関係 (座標変換) は, (1) より

$$\left.\begin{aligned} x'&=\frac{-x}{x^2+y^2},\quad y'=\frac{y}{x^2+y^2} \\ x&=\frac{-x'}{(x')^2+(y')^2},\quad y=\frac{y'}{(x')^2+(y')^2} \end{aligned}\right\} \tag{2}$$

であたえられる．

$z$-平面上の円は, 0 をとおるときは，$z'$-平面上の 0 (すなわ

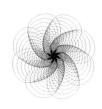

ち，点 $\infty$）をとおらない直線であり，0 をとおらないときは，$z'$ − 平面上の 0 をとおらない円である．また，$z$− 平面上の直線は，0 をとおるときは $z'$ − 平面上の 0 をとおる直線であり，0 をとおらないときは，$z'$ − 平面上の 0 をとおる円である．

前節で述べて証明した次の命題は，あとで用いられる．

**命題 4.3**（再掲）
0 をとおる，向きの付いた直線 $L_1$ と $L_2$ の，0 における，間の角を $\theta$ とするとき，$L_1$ と $L_2$ の，$\infty$ における，間の角は $-\theta$ に等しい．

つぎに，$\alpha, \beta, \gamma, \delta$ を $\alpha\delta - \beta\gamma \neq 0$ となる（複素数の）定数とし，$z$ を複素変数として，一次有理式

$$\varphi(z) = \frac{\alpha z + \beta}{\gamma z + \delta} \tag{3}$$

を考える．これを $\hat{\mathbb{C}}$ からそれ自身への写像 $\varphi : \hat{\mathbb{C}} \to \hat{\mathbb{C}},\ z \longmapsto w = \varphi(z)$，と考えるとき，これは一対一双連続写像になる．これを一次分数変換とよぶ．(3) の係数を並べた，複素数を成分とする 2 次正方行列

$$A = \begin{pmatrix} \alpha & \beta \\ \gamma & \delta \end{pmatrix}$$

を考え，(3) の $\varphi$ を $\varphi_A$ と書く：

$$\varphi = \varphi_A \tag{4}$$

このとき，つぎがなりたつ：

『(i) $\varphi_A \circ \varphi_B = \varphi_{AB}$.

(ii) $(\varphi_A)^{-1} = \varphi_{A^{-1}}$.

(iii) $\det(A) = 1, \det(B) = 1$ で $\varphi_A = \varphi_B$ ならば，$B = A$ か $B = -A$ である．』　(5)

さて，「$\hat{\mathbb{C}}$ 上の円」とは，$z$－平面上の円か直線を意味するものとする．

> **定理 4.7**（再掲）　一次分数変換 $\varphi:\hat{\mathbb{C}}\to\hat{\mathbb{C}}$ は $\hat{\mathbb{C}}$ 上の円を $\hat{\mathbb{C}}$ 上の円に写す．さらに，$\varphi$ は等角写像である．すなわち，向きのついた角を，同じ向きで同じ大きさの角に写す．

本節では，これらを用いて，ケーリーの公式と，行列式が1の3次直交行列の具体形をみちびく．

## 5.1　極射影

3次元ユークリッド空間 $\mathbb{R}^3$ の原点O中心，半径1の球面 $\mathrm{S}^2(\mathrm{O},1)$ を考える．これは，$\mathbb{R}^3$ の座標を $(v_1,v_2,v_3)$ とするとき

$$\mathrm{S}^2(\mathrm{O},1):=\{(v_1,v_2,v_3)\,|\,v_1^2+v_2^2+v_3^2=1\}$$

であたえられる．点 $\mathrm{N}_0=(0,0,1)$, $\mathrm{S}_0=(0,0,-1)$ をそれぞれ，$\mathrm{S}^2(\mathrm{O},1)$ の北極，南極とよぼう．

一方，平面 $\{v_3=0\}$ 上の点 $(v_1,v_2,0)$ を $\mathbb{R}^2$ の点 $(x,y)$ と，$x=v_1, y=v_2$ のとき同一視し，さらに $\mathbb{C}$ の点 $z=x+yi$ とも同一視する．これによって，平面 $\{v_3=0\}$ を複素平面 $\mathbb{C}$ と同一視する．

さて，南極 $\mathrm{S}_0$ 中心の**極射影**

$$\Lambda:\mathrm{S}^2(\mathrm{O},1)\longrightarrow\hat{\mathbb{C}}$$

をつぎで定義する．$\mathrm{S}^2(\mathrm{O},1)$ 上の点Pが $\mathrm{S}_0$ とことなるとき，直線 $S_0P$ が $\mathbb{C}$ と交わる点を $z$ とするとき

$$\Lambda(\mathrm{P}) := z$$

と定義する［図5–1］.

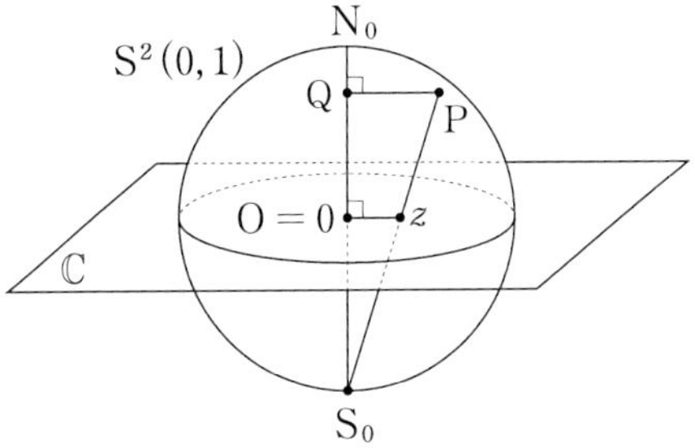


**図5-1**

また, $\Lambda(\mathrm{S}_0) := \infty$ と定義する.

$\Lambda$ が $\mathrm{S}^2(\mathrm{O},1)$ から $\hat{\mathbb{C}}$ の上への, 一対一写像であることは定義からあきらかである.

$\mathrm{P} = (v_1, v_2, v_3)$ $(\neq \mathrm{S}_0)$, $\Lambda(\mathrm{P}) = z = x + yi$ のとき, $(v_1, v_2, v_3)$ と $z$, すなわち, $(x, y)$ の関係をもとめよう. 図5–1において, Q を P から直線 $\mathrm{S}_0\mathrm{N}_0$ に下した垂線の足とするとき, $\triangle\mathrm{S}_0\mathrm{QP}$ と $\triangle\mathrm{S}_0 0z$ は相似なので, 比例関係により, $1/(1+v_3) = x/v_1 = y/v_2$. ゆえに

$$x = \frac{v_1}{1+v_3}, \quad y = \frac{v_2}{1+v_3} \tag{6}$$

したがって

$$z = x + yi = \frac{v_1}{1+v_3} + \frac{v_2}{1+v_3} i \tag{7}$$

(図5–1は, $v_3 > 0$ の場合の図であるが, (6), (7) は $-1 < v_3 \leqq 0$ でもなりたつ.)

一方, (6) より

$$x^2 + y^2 = \frac{v_1^2 + v_2^2}{(1+v_3)^2} = \frac{1 - v_3^2}{(1+v_3)^2} = \frac{1 - v_3}{1+v_3} \tag{8}$$

である．これを $v_3$ について解き，(6) に代入することにとり，つぎがえられる：

$$v_1 = \frac{2x}{1+x^2+y^2},\quad v_2 = \frac{2y}{1+x^2+y^2},$$
$$v_3 = \frac{1-x^2-y^2}{1+x^2+y^2} \tag{9}$$

(6), (7) は写像 $\Lambda$ をあらわす式で，(9) は逆写像 $\Lambda^{-1}$ をあらわす式である．(2) の，$\infty$ の回りの座標 $(x', y')$ と $(v_1, v_2, v_3)$ の関係は (2), (6), (9) を用いてえられるが，それは読者にゆだねる．

以上により，$\Lambda, \Lambda^{-1}$ は共に連続写像である．すなわち，$\Lambda$ は双連続写像である．

**命題 5.1**

（ i ）$\Lambda$ は $S^2(O,1)$ 上の円を $\hat{\mathbb{C}}$ 上の円に写し，$\Lambda^{-1}$ は $\hat{\mathbb{C}}$ 上の円を $S^2(O,1)$ 上の円に写す．

（ii）$\Lambda$ は等角写像である．

▶**証明**　（ i ）$S^2(O,1)$ 上の円とは，$S^2(O,1)$ と $\mathbb{R}^3$ 内の平面の共通部分のことである．平面の方程式を

$$a_1 v_1 + a_2 v_2 + a_3 v_3 + a_0 = 0 \ \ (a_1^2 + a_2^2 + a_3^2 > a_0^2) \tag{10}$$

とする．この式に (9) を代入し分母を払い整理すると

$$(a_0 - a_3)(x^2+y^2) + 2a_1 x + 2a_2 y + (a_0 + a_3) = 0 \tag{11}$$

となる．これは $(x, y)$ －平面上の円の方程式である．ただし，「(11) が直線の方程式になる」$\Longleftrightarrow$「$a_0 = a_3$」$\Longleftrightarrow$「平面 (10) が $S_0 = (0, 0, -1)$ をとおる」．

逆に，$\hat{\mathbb{C}}$ 上の円

$$b_3(x^2+y^2) + 2b_1 x + 2b_2 y + b_0 = 0 \quad (b_1^2 + b_2^2 > b_0 b_3) \tag{12}$$

があたえられたとき，(6), (8) を (12) に代入し分母を払い整理する

と

$$2b_1v_1+2b_2v_2+(b_0-b_3)v_3+(b_0+b_3)=0 \tag{13}$$

となる．これは $\mathbb{R}^3$ 内の平面の方程式である．

(ii) 南極 $S_0$ で $S^2(O,1)$ に接する平面 $\Pi_\infty:=\{v_3=-1\}$ を考える．これは $\mathbb{C}=\{v_3=0\}$ に平行な平面である．3ケースに場合分けして示す．

### ▶▶ ケース1

「$P\neq N_0, P\neq S_0$ の場合」 $z=\Lambda(\mathrm{P})$ とおく．Pをとおる $S^2(O,1)$ 上の2本の曲線 $C_1, C_2$ のPでの接線が $\Pi_\infty$ と交わる点を，それぞれA, Bとする．接線PA, PBと $\mathbb{C}$ の交点をそれぞれ $\alpha, \beta$ とする．このとき，$\mathbb{C}$ 上の直線 $z\alpha, z\beta$ はそれぞれ $z=\Lambda(\mathrm{P})$ をとおる $\mathbb{C}$ 上の曲線 $\Lambda(C_1), \Lambda(C_2)$ の，点 $z$ での接線になっている［図5-2］．（図5-2では，接線のみ描かれ，曲線は描かれていない．）

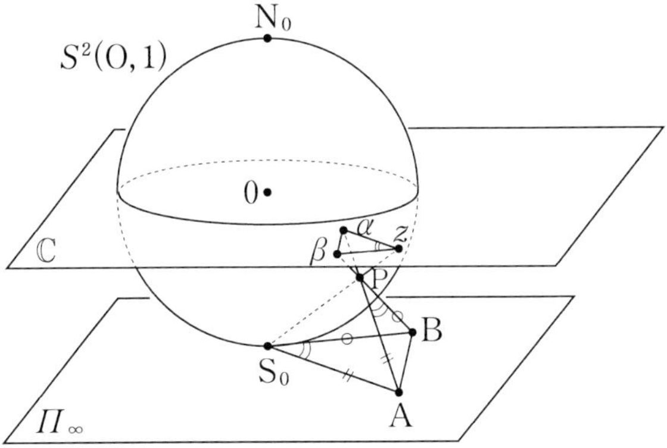


**図5-2**

さて，示したいことは，向きもこめた等号

$$\angle\mathrm{BPA}=\angle\beta z\alpha$$

である．このことは，両辺の角が共に $\angle \mathrm{BS_0A}$ に向きもこめて等しいことを示すことによって示される．

等号 $\angle \mathrm{BPA} = \angle \mathrm{BS_0A}$ の方は $\mathrm{AP}, \mathrm{AS_0}$ が $\mathrm{S}^2(0,1)$ の接線ゆえ $\mathrm{AP} = \mathrm{AS_0}$．同様に，$\mathrm{BP} = \mathrm{BS_0}$，したがって $\triangle \mathrm{APB} \equiv \triangle \mathrm{AS_0B}$（合同）よりわかる．

等号 $\angle \beta z \alpha = \angle \mathrm{BS_0A}$ の方は，$\alpha z \mathbin{/\mkern-5mu/} \mathrm{AS_0}$（平行）などにより，$\triangle \alpha z \beta$ と $\triangle \mathrm{AS_0B}$ が相似（P が相似の中心）となることよりわかる．

### ケース2

「$\mathrm{P} = \mathrm{N_0}$ の場合」$\Lambda(\mathrm{N_0}) = 0$ である．$\mathrm{N_0}$ と $\mathrm{S_0}$ をとおる大円 $C_1, C_2$ が $\mathbb{C}$ と交わる点をそれぞれ $\alpha, \beta$ とする．このとき，$\Lambda(C_1)$ は直線 $0\alpha$ であり，$\Lambda(C_2)$ は直線 $0\beta$ である．[図 5–3]．

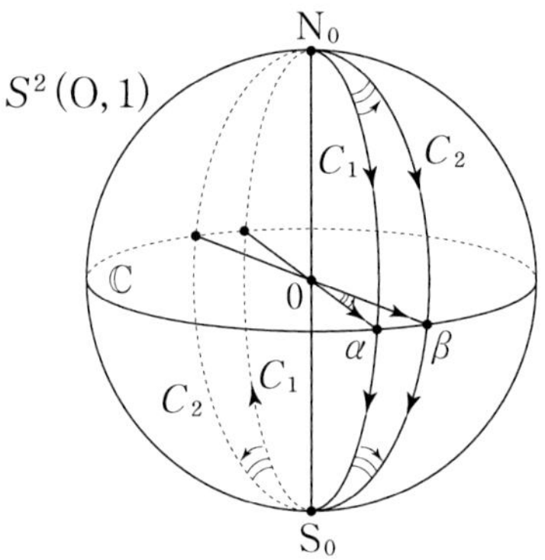


**図 5-3**

図 5–3 からわかるように，向きの付いた大円 $C_1$ と $C_2$ の，$\mathrm{N_0}$ における，間の角は，向きの付いた直線 $0\alpha, 0\beta$ の，0 における，間の角に等しい．

### ケース3

「$\mathrm{P} = \mathrm{S_0}$ の場合」$\Lambda(\mathrm{S_0}) = \infty$ である．図 5–3 からわかるよ

うに，向きの付いた大円 $C_1, C_2$ の，$\mathrm{S}_0$ における，間の角は，$C_1$ と $C_2$ の，$\mathrm{N}_0$ における，間の角に，マイナス符号を付けたものである．一方，命題4.3（再掲）により，向きの付いた直線 $0\alpha$ と $0\beta$ の，$\infty$ における，間の角は，$0\alpha$ と $0\beta$ の $0$ における，間の角にマイナス符号を付けたものである．

以上で写像 $\Lambda$ の等角性が示された．　**証明終**

☞**コメント**

(i) 向きの付いた大円 $C_1$ と $C_2$ の間の角が，$\mathrm{N}_0$ と $\mathrm{S}_0$ では逆向きになる．それは，$C_1$ と $C_2$ を，$\mathrm{N}_0$ の上空から見おろし，つぎに，$\mathrm{S}_0$ の下方から見上げることによってわかる．

(ii) 本書では，球面を球の外からながめて見える面を「球面のおもての面」と考える．天体観察者は，球の内部から見える面を，球面のおもての面と考えるに違いない．北極 $\mathrm{N}_0$ 中心の極射影を用いるときは，そのように考えねばならない．

(iii) 等角写像 $\Lambda$ の存在が，$\hat{\mathbb{C}}$ を「球面」とよぶゆえんである．

［**コメント終**］

つぎの命題の証明は (6) を用いてできるが，詳細は読者にゆだねる．

**命題 5.2**

$\mathrm{P}=(v_1,v_2,v_3)$ を $\mathrm{P}\neq\mathrm{N}_0$, $\mathrm{P}\neq\mathrm{S}_0$ である $\mathrm{S}^2(\mathrm{O},1)$ 上の点とし，$z:=\Lambda(\mathrm{P})$ とおく．このとき，$\mathrm{S}^2(\mathrm{O},1)$ における P の対心点 $\mathrm{P}^*=(-v_1,-v_2,-v_3)$ の $\Lambda$ による像は，$\Lambda(\mathrm{P}^*)=-\dfrac{1}{\overline{z}}$ （$\overline{z}$ は $z$ の共役複素数）である．（$z,0,-1/\overline{z}$ は，一直線上にあり，この順に並んでいる．）

## 5.2　ケーリーの公式

$A$ を $A\neq E,\det(A)=1$ となる3次直交行列とし，$\rho$ を $A$ と，関係

$$\rho(\boldsymbol{x})=A\boldsymbol{x}\quad(\boldsymbol{x}\in\mathbb{R}^3) \tag{14}$$

で同一視される直交変換とする．このとき $\rho$ は，長さ1のあるベクトル $\boldsymbol{k}:=(\ell,m,n)=\overrightarrow{\mathrm{ON}}$ （$\ell^2+m^2+n^2=1$）を軸とする，角 $\theta$ の回転である（第3節参照）．ここで，$\mathrm{N}=(\ell,m,n)$ は $\mathrm{S}^2(\mathrm{O},1)$ 上の点である．

いま，$N\neq N_0, N\neq S_0$ と仮定する．$S:=(-\ell,-m,-n)$ を N の対心点とする．

N を新しい北極，S を新しい南極とし，経線，緯度線を $\mathrm{S}^2(\mathrm{O},1)$ 上に描く．

つぎに，極射影 $\Lambda$ によって $\mathrm{S}^2(\mathrm{O},1)$ 上に描かれたものを $\hat{\mathbb{C}}$ 上に写す．このとき，写された $\hat{\mathbb{C}}$ 上の図は，命題5.1, 5.2により，つぎのようになる：

$$\alpha:=\Lambda(N),\quad \alpha^*=\Lambda(S)=-\frac{1}{\overline{\alpha}}$$

とおくと，経線は $\alpha$ と $\alpha^*$ を端点とする円弧に写され，緯度線は円

弧に直交する円（点 $\alpha$ と $\alpha^*$ に関するアポロニウスの円）に写される［図5-4］.

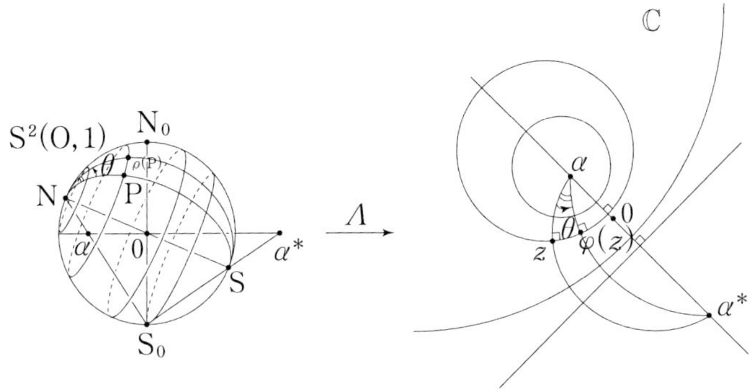


**図5-4**

このとき $\hat{\mathbb{C}}$ 上の変換

$$\varphi := \Lambda \circ \rho \circ \Lambda^{-1} \tag{15}$$

は（以下に説明するように）一次分数変換となり，それを $\ell, m, n$ と角 $\theta$ を用いてあらわしたものが，後に述べるケーリーの公式である.

図5-4において，P は $S^2(O,1)$ 上の（$P \neq N$，$P \neq S$ となる）任意の点であり，$z$ は $z := \Lambda(P)$ である.

いま，一次分数変換

$$\psi : z \longmapsto \psi(z) := \frac{z-\alpha}{z-\alpha^*}$$

を考える．$\psi(\alpha)=0$，$\psi(\alpha^*)=\infty$ なので，図5-4の右図は，$\psi$ によって，つぎの図5-5に写される.

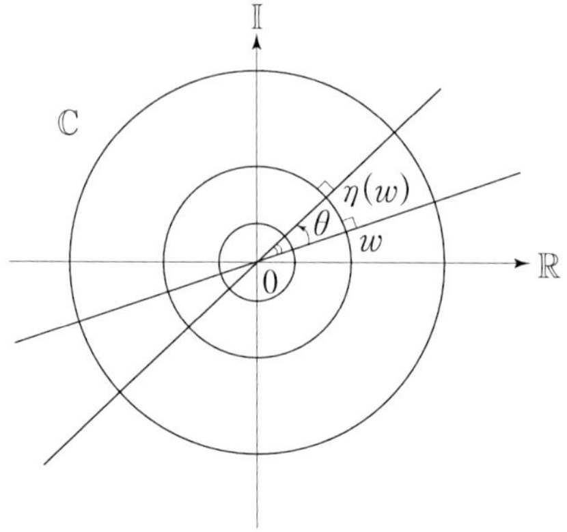


図 5-5

図5-5における $w$ と $\eta$ は

$$w := \psi(z),\quad \eta := \psi\circ\varphi\circ\psi^{-1}$$

である．

さて，図5-5より，あきらかに $\eta$ は一次分数変換

$$\eta : w \longmapsto \eta(w) = (\cos\theta + i\sin\theta)w$$

である．ゆえに合成変換

$$\varphi = \psi^{-1}\circ\eta\circ\psi \tag{16}$$

も一次分数変換である．

いま，(16) の式を

$$\psi\circ\varphi = \eta\circ\psi$$

と書き，両辺の一次分数変換を複素数 $z$ に作用させると次のようになる：

$$\begin{aligned}\frac{\varphi(z)-\alpha}{\varphi(z)-\alpha^*} &= (\cos\theta + i\sin\theta)\frac{z-\alpha}{z-\alpha^*}\\ &= \frac{\varepsilon}{\overline{\varepsilon}}\left(\frac{z-\alpha}{z-\alpha^*}\right).\end{aligned}$$

ここに，$\varepsilon := \cos\left(\dfrac{\theta}{2}\right) + i\sin\left(\dfrac{\theta}{2}\right)$，$\overline{\varepsilon} = \cos\left(\dfrac{\theta}{2}\right) - i\sin\left(\dfrac{\theta}{2}\right)$ であ

る．ゆえに

$$\bar{\varepsilon}\,\frac{\varphi(z)-\alpha}{\varphi(z)-\alpha^*}=\varepsilon\,\frac{z-\alpha}{z-\alpha^*} \tag{17}$$

一方，(7) より

$$\alpha=\Lambda(\mathrm{N})=\frac{\ell+im}{1+n},\quad \alpha^*=\Lambda(\mathrm{S})=\frac{-\ell-im}{1-n}$$

である．これらを (17) に代入すると

$$\begin{aligned}\bar{\varepsilon}\,&\frac{(1+n)\varphi(z)-(\ell+im)}{(1-n)\varphi(z)+(\ell+im)}\cdot\frac{1-n}{1+n}\\ &=\varepsilon\,\frac{(1+n)z-(\ell+im)}{(1-n)z+(\ell+im)}\cdot\frac{1-n}{1+n}\end{aligned}$$

となる．ゆえに

$$\bar{\varepsilon}\,\frac{(1+n)\varphi(z)-(\ell+im)}{(1-n)\varphi(z)+(\ell+im)}=\varepsilon\,\frac{(1+n)z-(\ell+im)}{(1-n)z+(\ell+im)}$$

これを $\varphi(z)$ について解くと

$$\varphi(z)=\frac{(\frac{\varepsilon+\bar{\varepsilon}}{2}+\frac{\varepsilon-\bar{\varepsilon}}{2}n)z+(\frac{-\varepsilon+\bar{\varepsilon}}{2})(\ell+im)}{(\frac{-\varepsilon+\bar{\varepsilon}}{2})(\ell-im)z+(\frac{\varepsilon+\bar{\varepsilon}}{2}-\frac{\varepsilon-\bar{\varepsilon}}{2}n)}$$

となるが，$\dfrac{\varepsilon+\bar{\varepsilon}}{2}=\cos\left(\dfrac{\theta}{2}\right)$，$\dfrac{\varepsilon-\bar{\varepsilon}}{2}=i\sin\left(\dfrac{\theta}{2}\right)$ なので，結局，つぎがえられる：

**定理 5.3（ケーリー（Cayley）の公式）**
$\mathbb{R}^3$ の原点Oを始点とするベクトル $\boldsymbol{k}=(\ell,m,n)\,(\ell^2+m^2+n^2=1)$ を軸とする角 $\theta$ の回転を $\rho$ とすると，$\varphi:=\Lambda\circ\rho\circ\Lambda^{-1}$ は一次分数変換となり，次のように書かれる：

$$\varphi(z)=\frac{(\cos(\frac{\theta}{2})+in\sin(\frac{\theta}{2}))z+(m\sin(\frac{\theta}{2})-i\ell\sin(\frac{\theta}{2}))}{(-m\sin(\frac{\theta}{2})-i\ell\sin(\frac{\theta}{2}))z+(\cos(\frac{\theta}{2})-in\sin(\frac{\theta}{2}))} \tag{18}$$

**注意**　この小節の初めに，$\mathrm{N} \neq \mathrm{N}_0, \mathrm{N} \neq \mathrm{S}_0$ を仮定し，議論の途中でそのことを用いたが，この公式では，その仮定は不要になっている．　**注意終**

さて，

$$\begin{aligned} a &:= \cos\left(\frac{\theta}{2}\right), \quad b := n\sin\left(\frac{\theta}{2}\right), \\ c &:= -m\sin\left(\frac{\theta}{2}\right), \quad d := -\ell\sin\left(\frac{\theta}{2}\right) \end{aligned} \tag{19}$$

とおくと，$a^2+b^2+c^2+d^2=1$ となり，(18) は次のように書かれる：

$$\varphi(z) = \frac{(a+bi)z+(-c+di)}{(c+di)z+(a-bi)} \tag{20}$$

この式の係数を並べた行列

$$U := \begin{pmatrix} a+bi & -c+di \\ c+di & a-bi \end{pmatrix} \ (\det(U) = a^2+b^2+c^2+d^2=1) \tag{21}$$

は**2次特殊ユニタリー行列**（special unitary matrix）とよばれる．このUを用いると，(4) より，(20) の $\varphi$ は

$$\varphi = \varphi_U = \varphi_{-U}$$

と書ける．（$-U$ も2次特殊ユニタリー行列である．）

**注意**　$\theta$ を $\theta+2\pi$ にかえると，$\dfrac{\theta}{2}$ は $\dfrac{\theta}{2}+\pi$ にかわり，(19) の $a,b,c,d$ はそれぞれ，$-a,-b,-c,-d$ にかわる．　**注意終**

逆に，2次特殊ユニタリー行列 $U\,(\neq E)$ が (21) であたえられたとき，角 $\theta$ と $\ell,m,n$ を (19) を用いて定めると，$\varphi_U$ は (18) であたえられる．

**注意**
（i）$U$ に対し，$\{\theta, \ell, m, n\}$ と $\{-\theta, -\ell, -m, -n\}$ の2組のみが定まる．
（ii）
$$U_0 := \begin{pmatrix} 0 & 1 \\ -1 & 0 \end{pmatrix}$$
は2次特殊ユニタリー行列であり，$\varphi_{U_0}(z) = \varphi_{-U_0}(z) = -\dfrac{1}{z}$ であって，$\theta = \pi, \ell = 0, m = \pm 1, n = 0$ となっている．　**注意終**

つぎに，2次特殊ユニタリー行列 $U\ (\neq \pm E)$ が (21) であたえられたとき，

$$\rho = \Lambda^{-1} \circ \varphi_U \circ \Lambda \tag{22}$$

((15) 参照) と，(14) で同一視される ( $\det(A) = 1$ である) 3次直交行列 $A$ の各成分を，$a, b, c, d$ であらわしてみよう．

$A$ の第1，第2，第3列ベクトルは，それぞれ，$\rho(\boldsymbol{e}_1), \rho(\boldsymbol{e}_2), \rho(\boldsymbol{e}_3)$ である．ここに

$$\boldsymbol{e}_1 = \begin{pmatrix} 1 \\ 0 \\ 0 \end{pmatrix}, \quad \boldsymbol{e}_2 = \begin{pmatrix} 0 \\ 1 \\ 0 \end{pmatrix}, \quad \boldsymbol{e}_3 = \begin{pmatrix} 0 \\ 0 \\ 1 \end{pmatrix}$$

である．(22) を用いて，これらを計算でもとめる．

$$\Lambda((1,0,0)) = 1, \quad \Lambda((0,1,0)) = i, \quad \Lambda((0,0,1)) = 0$$

である．それゆえ，$\varphi_U(1), \varphi_U(i), \varphi_U(0)$ をもとめ，(9) を用いて $\Lambda^{-1}(\varphi_U(1)), \Lambda^{-1}(\varphi_U(i)), \Lambda^{-1}(\varphi_U(0))$ をもとめることにより，つぎがえられる：

$$A = \begin{pmatrix} a^2 - b^2 - c^2 + d^2 & 2(cd - ab) & -2(ac + bd) \\ 2(ab + cd) & a^2 - b^2 + c^2 - d^2 & 2(ad - bc) \\ 2(ac - bd) & -2(ad + bc) & a^2 + b^2 - c^2 - d^2 \end{pmatrix} \tag{23}$$

**注意**　この $A$ を $A_U$ と書くと $A_U = A_{-U}$ であり，$A_{U_1}A_{U_2} = A_{U_1U_2}$，$(A_U)^{-1} = A_{U^{-1}}$ がなりたつ．　**注意終**

そして，$a, b, c, d$ を (19) を用いて，$\theta$ と $\ell, m, n$ ($\ell^2+m^2+n^2=1$) であらわすことにより，最終的につぎがえられる：

$$A=\begin{pmatrix} \ell^2+(1-\ell^2)\cos\theta & \ell m-\ell m\cos\theta-n\sin\theta & \ell n-\ell n\cos\theta+m\sin\theta \\ \ell m-\ell m\cos\theta+n\sin\theta & m^2+(1-m^2)\cos\theta & mn-mn\cos\theta-\ell\sin\theta \\ \ell n-\ell n\cos\theta-m\sin\theta & mn-mn\cos\theta+\ell\sin\theta & n^2+(1-n^2)\cos\theta \end{pmatrix} \tag{24}$$

これが，第 3 節，定理 3.3 の ( i ) である．

**☞コメント**

上の議論のアナロジーを，双曲平面 (別名　非ユークリッド平面) のポアンカレモデル

$$\mathbb{D} := \{z\in\mathbb{C} \mid |z|<1\}$$

と，ロバチェフスキー平面とよばれる回転双曲面

$$\mathbb{L}^2 := \{(v_1, v_2, v_3)\in\mathbb{R}^3 \mid -v_1^2-v_2^2+v_3^2=1,\ v_3>0\}$$

で作ることができるが，詳細は興味を持つ読者にゆだねる．

［**コメント終**］

(24) の応用をひとつあたえよう．

ベクトル

$$\boldsymbol{v}=(v_1, v_2, v_3),\quad (v_1^2+v_2^2+v_3^2=1)$$
$$\boldsymbol{w}=(w_1, w_2, w_3),\quad (w_1^2+w_2^2+w_3^2=1)$$

が，$\boldsymbol{v}\neq-\boldsymbol{w}$ (すなわち，終点が対心点でない) をみたすとする．これらのベクトルの終点を結ぶ $\mathbb{R}^3$ 内の線分の中点を終点とするベクトルは

$$\boldsymbol{M}_0=\left(\frac{v_1+w_1}{2},\ \frac{v_2+w_2}{2},\ \frac{v_3+w_3}{2}\right)$$

である．ゆえに，ベクトル $\boldsymbol{v}, \boldsymbol{w}$ の終点の，$S^2(O, 1)$ **における中点**を終点とするベクトル $\boldsymbol{M}$ は，$\boldsymbol{M}_0$ をその長さでわったベクトルで

ある：

$$\boldsymbol{M} := \boldsymbol{M}_0/\|\boldsymbol{M}_0\|$$
$$= \left(\frac{v_1+w_1}{\sqrt{2(1+\langle \boldsymbol{v}, \boldsymbol{w}\rangle)}}, \frac{v_2+w_2}{\sqrt{2(1+\langle \boldsymbol{v}, \boldsymbol{w}\rangle)}}, \frac{v_3+w_3}{\sqrt{2(1+\langle \boldsymbol{v}, \boldsymbol{w}\rangle)}}\right)$$

$(\langle \boldsymbol{v}, \boldsymbol{w}\rangle = v_1w_1 + v_2w_2 + v_3w_3$ は内積$)$.

このベクトルを軸とする $\pi$－回転 $A_\pi^{\boldsymbol{M}}$ は，$(A_\pi^{\boldsymbol{M}})^2 = E$ をみたし，$\boldsymbol{v}$ を $\boldsymbol{w}$ に，$\boldsymbol{w}$ を $\boldsymbol{v}$ に写す.

(24) を用いて $A_\pi^{\boldsymbol{M}}$ をあらわすと

$$A_\pi^{\boldsymbol{M}} = \begin{pmatrix} \dfrac{(v_1+w_1)^2}{1+\langle \boldsymbol{v}, \boldsymbol{w}\rangle} - 1 & \dfrac{(v_1+w_1)(v_2+w_2)}{1+\langle \boldsymbol{v}, \boldsymbol{w}\rangle} & \dfrac{(v_1+w_1)(v_3+w_3)}{1+\langle \boldsymbol{v}, \boldsymbol{w}\rangle} \\ \dfrac{(v_1+w_1)(v_2+w_2)}{1+\langle \boldsymbol{v}, \boldsymbol{w}\rangle} & \dfrac{(v_2+w_2)^2}{1+\langle \boldsymbol{v}, \boldsymbol{w}\rangle} - 1 & \dfrac{(v_2+w_2)(v_3+w_3)}{1+\langle \boldsymbol{v}, \boldsymbol{w}\rangle} \\ \dfrac{(v_1+w_1)(v_3+w_3)}{1+\langle \boldsymbol{v}, \boldsymbol{w}\rangle} & \dfrac{(v_2+w_2)(v_3+w_3)}{1+\langle \boldsymbol{v}, \boldsymbol{w}\rangle} & \dfrac{(v_3+w_3)^2}{1+\langle \boldsymbol{v}, \boldsymbol{w}\rangle} - 1 \end{pmatrix} \tag{25}$$

となる.

とくに，$\boldsymbol{v} = (0, 0, 1)$，$\boldsymbol{w} = \boldsymbol{k} = (\ell, m, n)$　$(\ell^2 + m^2 + n^2 = 1)$ $(\boldsymbol{k} \neq (0, 0, -1))$ の場合に適用すると

$$A_\pi^{\boldsymbol{M}} = \begin{pmatrix} \dfrac{\ell^2}{1+n} - 1 & \dfrac{\ell n}{1+n} & \ell \\ \dfrac{\ell m}{1+n} & \dfrac{m^2}{1+n} - 1 & m \\ \ell & m & n \end{pmatrix}$$

となる．これが第3節，(15) の $K_0$ である.

終点が $S^2(O, 1)$ 上で**球面正三角形**を作っている3ベクトル $\boldsymbol{u}, \boldsymbol{v}, \boldsymbol{w}$ に対し，その球面正三角形の中心（重心）を終点とするベクトル $\boldsymbol{c}$ を軸とする $(2\pi/3)$－回転 $A_{2\pi/3}^{\boldsymbol{c}}$，$(4\pi/3)$－回転 $A_{4\pi/3}^{\boldsymbol{c}}$ を具体的に書くことは，読者にゆだねる.

# 第6節　ケーリーの公式の応用

前節の話の後半部分を，ざっと復習しよう．ただし，一次分数変換にふれない形に書きあらためる．

複素数を成分とする2次正方行列 $U$ が，つぎの形をしているとき，$U$ を2次特殊ユニタリー行列とよぶ：

$$U=\begin{pmatrix}\alpha & -\overline{\gamma} \\ \gamma & \overline{\alpha}\end{pmatrix},\ \det(U)=\alpha\overline{\alpha}+\gamma\overline{\gamma}=1.$$

($\overline{\alpha},\overline{\gamma}$ は，それぞれ $\alpha,\gamma$ の共役複素数.) 2次特殊ユニタリー行列全体の集合を

$$\mathrm{SU}(2)$$

と書き，**2次特殊ユニタリー群**とよぶ*※1.

このとき，つぎがなりたつ：

『(i)「$U_1, U_2\in\mathrm{SU}(2)$」$\Longrightarrow$「$U_1U_2\in\mathrm{SU}(2)$」.

(ii) $E\in\mathrm{SU}(2)$. ($E$ は2次単位行列.)

(iii)「$U\in\mathrm{SU}(2)$」$\Longrightarrow$「$U^{-1}\in\mathrm{SU}(2)$」.

(iv)「$U\in\mathrm{SU}(2)$」$\Longrightarrow$「$-U\in\mathrm{SU}(2)$」』　　(1)

一方，3次直交行列 $A$ で，$\det(A)=1$ となるもの全体の集合を

$$\mathrm{SO}(3)$$

と書き，**3次特殊直交群**，または**3次回転群**とよぶ.

---

*※1 「群」の定義は次節にあたえます.

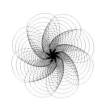

SO(3)にぞくする行列に対しても，上の(1)の（i）～（iii）と同様のことがなりたつ．($\det(-A)=-\det(A)$なので，(iv)の類似はなりたたない．)

さて，SU(2)の各元

$$U=\begin{pmatrix} a+bi & -c+di \\ c+di & a-bi \end{pmatrix}, \quad a,b,c,d\in\mathbb{R},\ \ a^2+b^2+c^2+d^2=1 \tag{2}$$

に対し，SO(3)の元 $A_U$ をつぎのように定義する：

$$A_U := \begin{pmatrix} a^2-b^2-c^2+d^2 & 2(cd-ab) & -2(ac+bd) \\ 2(ab+cd) & a^2-b^2+c^2-d^2 & 2(ad-bc) \\ 2(ac-bd) & -2(ad+bc) & a^2+b^2-c^2-d^2 \end{pmatrix} \tag{3}$$

このとき，つぎがなりたつ：

『（i）$A_{U_1U_2}=A_{U_1}A_{U_2}$.

（ii）$A_E=E$.（右辺の $E$ は3次単位行列）

（iii）$A_{U^{-1}}=(A_U)^{-1}$.

（iv）$A_{-U}=A_U$.』　(4)

一方，各 $A\in\mathrm{SO}(3)$ $(A\neq E)$ は（直交変換としては）長さ1の（原点Oを始点とする）ベクトル

$$\boldsymbol{k}=(\ell,m,n)\ \ (\ell^2+m^2+n^2=1)$$

を軸とする角 $\theta$ $(\neq 0)$ の回転である．そのため，$A$ を**3次回転行列**とよぶ．そして（本書だけの記号だが）

$$A=A_\theta^{\boldsymbol{k}}\ \ (=A_{-\theta}^{-\boldsymbol{k}}) \tag{5}$$

と書こう．($(\boldsymbol{k},\theta)$, $(-\boldsymbol{k},-\theta)$ は，$A$ により決まる．)

つぎの定理は，前節のケーリーの公式の別形である：

**定理（ケーリーの公式の別形）**
写像 $U \in \mathrm{SU}(2) \longmapsto A_U \in \mathrm{SO}(3)$ は，**上への** 2 対 1 写像（$A_{-U} = A_U$）である．あたえられた $A = A_\theta^k \in \mathrm{SO}(3)$ に対し，$A_U = A_\theta^k$ となる $\mathrm{SU}(2)$ の元

$$U = \begin{pmatrix} a+bi & -c+di \\ c+di & a-bi \end{pmatrix} \ (a^2+b^2+c^2+d^2=1)$$

は，つぎであたえられる：$\boldsymbol{k} = (\ell, m, n)$ $(\ell^2+m^2+n^2=1)$ のとき，

$$\begin{aligned} a &:= \cos\left(\frac{\theta}{2}\right), \quad b := n\sin\left(\frac{\theta}{2}\right), \\ c &:= -m\sin\left(\frac{\theta}{2}\right), \quad d := -\ell\sin\left(\frac{\theta}{2}\right). \end{aligned} \tag{6}$$

（$-U$ の方は，(6) で $\dfrac{\theta}{2}$ を $\dfrac{\theta+2\pi}{2} = \dfrac{\theta}{2}+\pi$ にかえることであたえられる．）

この定理の (6) を (3) に代入することにより，$A_\theta^{\mathrm{k}}$（$\boldsymbol{k} = (\ell, m, n)$，$\ell^2+m^2+n^2=1$）の具体形がえられる：

$$A_\theta^k = \begin{pmatrix} \ell^2+(1-\ell^2)\cos\theta & \ell m-\ell m\cos\theta-n\sin\theta & \ell n-\ell n\cos\theta+m\sin\theta \\ \ell m-\ell m\cos\theta+n\sin\theta & m^2+(1-m^2)\cos\theta & mn-mn\cos\theta-\ell\sin\theta \\ \ell n-\ell n\cos\theta-m\sin\theta & mn-mn\cos\theta+\ell\sin\theta & n^2+(1-n^2)\cos\theta \end{pmatrix} \tag{7}$$

**注意**　(7) で $\theta = 0$ とおくと $A_0^k = E$ となる．それゆえ，$A_\theta^k \neq E$ ならば，$\theta \neq 0$ である．　**注意終**

(7) は，ケーリーの公式の応用であるが，この節では，ケーリーの公式の，他の応用を述べる．

## 6.1　回転の合成

3 次回転行列

$$A_1 = A_{\theta_1}^{k_1},\quad \boldsymbol{k}_1 = (\ell_1, m_1, n_1),\quad \ell_1^2 + m_1^2 + n_1^2 = 1,$$
$$A_2 = A_{\theta_2}^{k_2},\quad \boldsymbol{k}_2 = (\ell_2, m_2, n_2),\quad \ell_2^2 + m_2^2 + n_2^2 = 1$$

(ただし，$A_1 \neq E$，$A_2 \neq E$，$A_2 \neq A_1^{-1}$) の合成

$$A = A_1 A_2$$

も，ある $\boldsymbol{k} = (\ell, m, n)$ $(\ell^2 + m^2 + n^2 = 1)$ とある角 $\theta$ を用いて

$$A = A_\theta^k$$

と書けるはずである．この $\ell, m, n$ と $\theta$ を，$\ell_1, m_1, n_1, \theta_1$ と $\ell_2, m_2, n_2, \theta_2$ であらわしたい．

それはつぎのようにすればよい．(4) より

$$A_1 = A_{U_1}, A_2 = A_{U_2}, A = A_U = A_1 A_2 = A_{U_1 U_2}$$

なので，$U = U_1 U_2$ としてよい．

$$U_1 = \begin{pmatrix} a_1 + b_1 i & -c_1 + d_1 i \\ c_1 + d_1 i & a_1 - b_1 i \end{pmatrix} \quad (a_1^2 + b_1^2 + c_1^2 + d_1^2 = 1)$$

$$U_2 = \begin{pmatrix} a_2 + b_2 i & -c_2 + d_2 i \\ c_2 + d_2 i & a_2 - b_2 i \end{pmatrix} \quad (a_2^2 + b_2^2 + c_2^2 + d_2^2 = 1)$$

$$U = \begin{pmatrix} a + bi & -c + di \\ c + di & a - bi \end{pmatrix} \quad (a^2 + b^2 + c^2 + d^2 = 1)$$

とおけば，$U = U_1 U_2$ より，つぎの4等式がえられる．

$$\begin{aligned} a &= a_1 a_2 - b_1 b_2 - c_1 c_2 - d_1 d_2, \\ b &= a_1 b_2 + b_1 a_2 - c_1 d_2 + d_1 c_2, \\ c &= a_1 c_2 + b_1 d_2 + c_1 a_2 - d_1 b_2, \\ d &= a_1 d_2 - b_1 c_2 + c_1 b_2 + d_1 a_2, \end{aligned} \tag{8}$$

これらに，(6) を代入すると，つぎがえられる：

**定理 6.1（回転の合成）**

$A_1(\neq E)$ を $\boldsymbol{k}_1=(\ell_1, m_1, n_1)$ $(\ell_1^2+m_1^2+n_1^2=1)$ を軸とする角 $\theta_1$ の回転とし，$A_2(\neq E)$ を $\boldsymbol{k}_2=(\ell_2, m_2, n_2)$ $(\ell_2^2+m_2^2+n_2^2=1)$ を軸とする角 $\theta_2$ の回転とし，$A_2\neq A_1^{-1}$ とする．このとき，$A=A_1A_2$ は $\boldsymbol{k}=(\ell, m, n)$ $(\ell^2+m^2+n^2=1)$ を軸とする角 $\theta$ の回転である．ここに，$\theta, \ell, m, n$ はつぎの関係式で決定される数である．

$$\cos\left(\frac{\theta}{2}\right)=\cos\left(\frac{\theta_1}{2}\right)\cos\left(\frac{\theta_2}{2}\right)-\langle\boldsymbol{k}_1, \boldsymbol{k}_2\rangle\sin\left(\frac{\theta_1}{2}\right)\sin\left(\frac{\theta_2}{2}\right),$$

$$n\sin\left(\frac{\theta}{2}\right)=n_1\sin\left(\frac{\theta_1}{2}\right)\cos\left(\frac{\theta_2}{2}\right)+n_2\cos\left(\frac{\theta_1}{2}\right)\sin\left(\frac{\theta_2}{2}\right)$$
$$+(\ell_1m_2-m_1\ell_2)\sin\left(\frac{\theta_1}{2}\right)\sin\left(\frac{\theta_2}{2}\right),$$

$$m\sin\left(\frac{\theta}{2}\right)=m_1\sin\left(\frac{\theta_1}{2}\right)\cos\left(\frac{\theta_2}{2}\right)+m_2\cos\left(\frac{\theta_1}{2}\right)\sin\left(\frac{\theta_2}{2}\right)$$
$$+(n_1\ell_2-\ell_1n_2)\sin\left(\frac{\theta_1}{2}\right)\sin\left(\frac{\theta_2}{2}\right),$$

$$\ell\sin\left(\frac{\theta}{2}\right)=\ell_1\sin\left(\frac{\theta_1}{2}\right)\cos\left(\frac{\theta_2}{2}\right)+\ell_2\cos\left(\frac{\theta_1}{2}\right)\sin\left(\frac{\theta_2}{2}\right)$$
$$+(m_1n_2-n_1m_2)\sin\left(\frac{\theta_1}{2}\right)\sin\left(\frac{\theta_2}{2}\right).$$

（$\langle\boldsymbol{k}_1, \boldsymbol{k}_2\rangle=\ell_1\ell_2+m_1m_2+n_1n_2$ は $\boldsymbol{k}_1$ と $\boldsymbol{k}_2$ の内積.）　　(9)

## 6.2　オイラー角

はじめに，のちに用いる，つぎの命題を証明しておく：

> **命題 6.2**　$\boldsymbol{k}_1, \boldsymbol{k}_2$ を長さ1の3次元ベクトルとし，$B \in \mathrm{SO}(3)$ が $B(\boldsymbol{k}_1) = \boldsymbol{k}_2$ をみたすとする．このとき，任意の角 $\theta$ に対し $BA_\theta^{k_1}B^{-1} = A_\theta^{k_2}$ がなりたつ．

▶ **証明**　$(BA_\theta^{k_1}B^{-1})(\boldsymbol{k}_2) = \boldsymbol{k}_2$ ゆえ，ある角 $\theta'$ が存在して $BA_\theta^{k_1}B^{-1} = A_{\theta'}^{k_2}$ となっている．$\theta' = \theta$ を示そう．P を，$\boldsymbol{k}_2$ に O で直交する平面と，原点 O 中心，半径1の球面 $S^2(\mathrm{O}, 1)$ の共通部分である大円上の任意の点とし，$\mathrm{P}' := B^{-1}(\mathrm{P})$, $\mathrm{Q}' := A_\theta^{k_1}(\mathrm{P}')$, $\mathrm{Q} := B(\mathrm{Q}')$ とおけば，$B$ は図 6–1 の左図を右図に写す［図 6–1］．

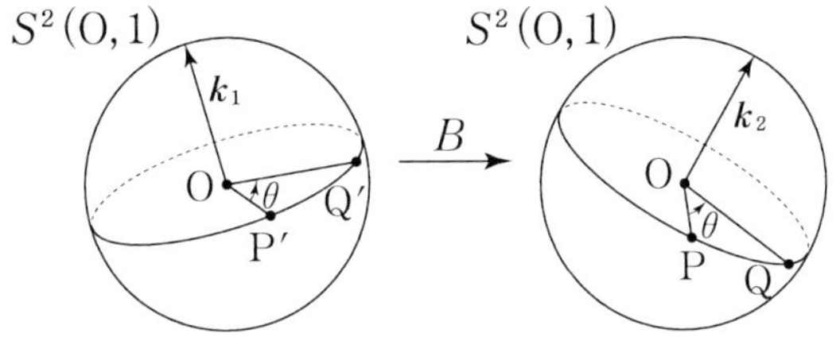


**図 6–1**

それゆえ $\mathrm{Q} = BA_\theta^{k_1}B^{-1}(\mathrm{P})$ は $A_\theta^{k_2}(\mathrm{P})$ に等しい．ゆえに $\theta' = \theta$ である．　**証明終**

さて，$\boldsymbol{e}_1 := (1, 0, 0)$，$\boldsymbol{e}_2 := (0, 1, 0)$，$\boldsymbol{e}_3 := (0, 0, 1)$ とおく．（これらは基本ベクトルとよばれる．）

**定理 6.3（オイラー角）**
3 次回転行列 $A_\theta^k$ ($\boldsymbol{k}=(\ell,m,n)$, $\ell^2+m^2+n^2=1$) に対し，角 $\theta_1,\theta_2,\theta_3$ ($0\leqslant\theta_1,\ \theta_3<2\pi,\ 0\leqslant\theta_2\leqslant\pi$) が存在して

$$A_\theta^k=A_{\theta_1}^{e_3}A_{\theta_2}^{e_2}A_{\theta_3}^{e_3} \tag{10}$$

と書ける．ここに $\theta_2$ は $A_\theta^k$ より，唯一に定まる角である．そして，$0<\theta_2<\pi$ のときは，$\theta_1,\theta_3$ も $A_\theta^k$ により唯一に定まる角である．($\theta_1,\theta_2,\theta_3$ を 3 次回転行列 $A_\theta^k$ の**オイラー (Euler) 角**とよぶ.)

**▶証明**　いま，$A_\theta^k$ が (10) の右辺のように書かれたと仮定する．定理 6.1 を用いて，$A_{\theta_4}^{k_4}:=A_{\theta_1}^{e_3}A_{\theta_2}^{e_2}$ と $A_{\theta_4}^{k_4}A_{\theta_3}^{e_3}$ を計算すると，つぎの 4 等式がえられる：

$$\cos\left(\frac{\theta}{2}\right)=\cos(\alpha)\cos\left(\frac{\theta_2}{2}\right) \tag{11.1}$$

$$n\sin\left(\frac{\theta}{2}\right)=\sin(\alpha)\cos\left(\frac{\theta_2}{2}\right) \tag{11.2}$$

$$m\sin\left(\frac{\theta}{2}\right)=\cos(\beta)\sin\left(\frac{\theta_2}{2}\right) \tag{11.3}$$

$$\ell\sin\left(\frac{\theta}{2}\right)=\sin(\beta)\sin\left(\frac{\theta_2}{2}\right) \tag{11.4}$$

ここに，$\alpha:=\dfrac{\theta_1+\theta_3}{2}$，$\beta:=\dfrac{\theta_3-\theta_1}{2}$ である．逆に，これら 4 等式 (11.1) ～(11.4) がなりたてば, (10) がなりたつ．

さて，$0\leqslant\dfrac{\theta_2}{2}\leqslant\dfrac{\pi}{2}$ なので, (11.1) の二乗と (11.2) の二乗を加えることにより

$$\cos\left(\frac{\theta_2}{2}\right)=\sqrt{\cos^2\left(\frac{\theta}{2}\right)+n^2\sin^2\left(\frac{\theta}{2}\right)}$$

がえられ，$\frac{\theta_2}{2}$，したがって $\theta_2\,(0 \leqq \theta_2 \leqq \pi)$ が唯一に定まる．

つぎに，$0<\theta_2<\pi$，すなわち，$0<\frac{\theta_2}{2}<\frac{\pi}{2}$ とする．このとき，$\cos\left(\frac{\theta_2}{2}\right) \neq 0$, $\sin\left(\frac{\theta_2}{2}\right) \neq 0$ である．したがって，(11.1) ～(11.4) により，$\cos(\alpha), \sin(\alpha), \cos(\beta), \sin(\beta)$ が定まり，

$$\theta_1 = \alpha - \beta,\quad \theta_3 = \alpha + \beta$$

なので，加法定理によって，$\cos(\theta_1), \sin(\theta_1)$，$\cos(\theta_3), \sin(\theta_3)$ が定まるので，

$$\theta_1\ (0 \leqq \theta_1 < 2\pi),\quad \theta_3\ (0 \leqq \theta_3 < 2\pi)$$

が唯一に定まる．

なお，(11.1) ～(11.4) によれば，

$$「\theta_2 = 0」 \Longleftrightarrow 「m = 0, \ell = 0, n = \pm 1」$$

である．この場合，$\alpha = \pm\frac{\theta}{2}$ だが，$\beta$ は不定である．

また，

$$「\theta_2 = \pi」 \Longleftrightarrow 「n = 0, \theta = \pm\pi」$$

である．この場合，$\cos(\beta) = \pm m$, $\sin(\beta) = \pm\ell$ だが，$\alpha$ は不定である．

いずれの場合でも，(11.1) ～(11.4) をみたす $\alpha, \beta$，したがって，$\theta_1 = \alpha - \beta$，$\theta_3 = \alpha + \beta$ は存在する．　**証明終**

**系 6.4**　3 次回転行列 $A_\theta^k$ に対し，角 $\theta_1, \theta_2, \theta_3$ $(0 \leqq \theta_1, \theta_3 < 2\pi,\ 0 \leqq \theta_2 \leqq \pi)$ が存在して，$A_\theta^k$ は

$$A_\theta^k = A_{\theta_1}^{e_3} A_{-\pi/2}^{e_1} A_{\theta_2}^{e_3} A_{\pi/2}^{e_1} A_{\theta_3}^{e_3}$$

と書ける．

▶**証明**　定理 6.3 より，

$$A_{\theta_2}^{e_2} = A_{-\pi/2}^{e_1} A_{\theta_2}^{e_3} A_{\pi/2}^{e_1}$$

を言えばよい．あきらかに $A^{e_1}_{-\pi/2}(\boldsymbol{e}_3)=\boldsymbol{e}_2$ がなりたつので，命題 6.2 より

$$A^{e_2}_{\theta_2}=A^{e_1}_{-\pi/2}A^{e_3}_{\theta_2}(A^{e_1}_{-\pi/2})^{-1}=A^{e_1}_{-\pi/2}A^{e_3}_{\theta_2}A^{e_1}_{\pi/2}.$$

**証明終**

**注意**　系 6.4 は，群 SO(3) が，$A^{e_1}_{\pi/2}$ と $A^{e_3}_{\theta}$ $(0\leqq\theta<2\pi)$ で**生成される**ことを示している．　**注意終**

## 6.3　球面二等辺三角形

P, Q を球面 $S^2(\mathrm{O},1)$ 上の，対心点でない，ことなる 2 点とする．P, Q をとおる大円は，P, Q により，ふたつの円弧に分けられるが，そのうちの長さの短い方（劣弧）を $\overset{\frown}{\mathrm{PQ}}$ と書き，その長さを $d(\mathrm{P},\mathrm{Q})$ と書こう．P, Q をとおる大円を赤道とするとき，N をその北極とする．

$$\boldsymbol{k}:=\overrightarrow{\mathrm{OP}}=(\ell,m,n),\quad \ell^2+m^2+n^2=1,$$
$$\boldsymbol{k}':=\overrightarrow{\mathrm{OQ}}=(\ell',m',n'),\quad (\ell')^2+(m')^2+(n')^2=1$$

とおく．

**補題 6.5**

(ⅰ) 経線 $\overset{\frown}{\mathrm{NP}}$ と $\overset{\frown}{\mathrm{NQ}}$ の間の角は，$d(\mathrm{P},\mathrm{Q})$ に等しい．

(ⅱ) $\cos(d(\mathrm{P},\mathrm{Q}))=\langle\boldsymbol{k},\boldsymbol{k}'\rangle=\ell\ell'+mm'+nn'.$

▶**証明**　$S^2(\mathrm{O},1)$ の半径が 1 なので，(ⅰ) は図 6-2 より，あきらかである [図 6-2]．

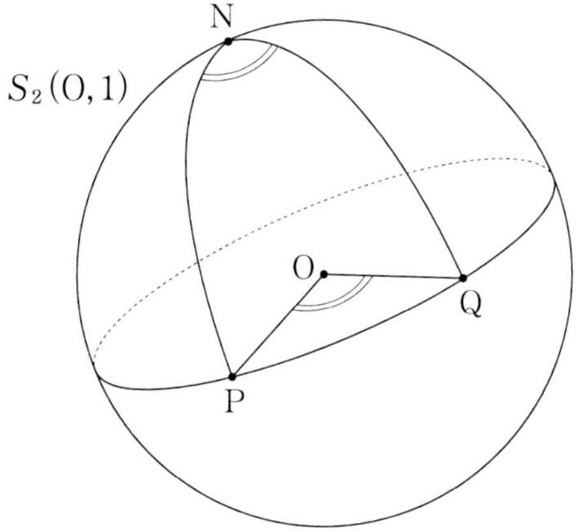


図 6–2

(ii) $\cos(d(\mathrm{P},\mathrm{Q}))=\dfrac{\langle \boldsymbol{k},\boldsymbol{k}'\rangle}{\|\boldsymbol{k}\|\|\boldsymbol{k}'\|}=\langle \boldsymbol{k},\boldsymbol{k}'\rangle.$ **証明終**

さて, A, B, C を $S^2(\mathrm{O},1)$ 上のことなる 3 点とし, 互いに対心点でないとする. $S^2(\mathrm{O},1)$ 上の**球面三角形** $\triangle$ABC とは, $\overset{\frown}{\mathrm{AB}}$, $\overset{\frown}{\mathrm{BC}}$, $\overset{\frown}{\mathrm{CA}}$ を「辺」とする「三角形」のことである. $\overset{\frown}{\mathrm{AB}}$ と $\overset{\frown}{\mathrm{AC}}$ の間の角を $\angle$A または単に A と記そう. B, C も同様である. また

$$a:=d(\mathrm{B},\mathrm{C}),\quad b:=d(\mathrm{C},\mathrm{A}),\quad c:=d(\mathrm{A},\mathrm{B})$$

とおく. つぎの公式は, たとえば, (証明も含めて) 砂田利一 [5] の P.157 ～ P.159 にある.

**定理 6.6**　半径1の球面上の球面三角形 △ABC において，つぎの（i），（ii）がなりたつ：

（i）（A についての**余弦公式**（**余弦定理**））

$$\cos(A)=\frac{\cos(a)-\cos(b)\cos(c)}{\sin(b)\sin(c)} \tag{12}$$

（ii）（**正弦公式**（**正弦定理**））

$$\frac{\sin(A)}{\sin(a)}=\frac{\sin(B)}{\sin(b)}=\frac{\sin(C)}{\sin(c)} \tag{13}$$

**注意**　半径 $R$ の球面上の余弦公式，正弦公式は，上の(12)，(13)の $a,b,c$ をそれぞれ，$a/R, b/R, c/R$ でおきかえたものとなる．cos，sin の**巾級数展開**（べききゅうすうてんかい）が

$$\cos\left(\frac{a}{R}\right)=1-\frac{1}{2!}\left(\frac{a}{R}\right)^2+\frac{1}{4!}\left(\frac{a}{R}\right)^4-\frac{1}{6!}\left(\frac{a}{R}\right)^6+\cdots,$$

$$\sin\left(\frac{a}{R}\right)=\frac{a}{R}-\frac{1}{3!}\left(\frac{a}{R}\right)^3+\frac{1}{5!}\left(\frac{a}{R}\right)^5-\cdots$$

なので，（たとえば地球のように）$R$ が $a,b,c$ に比べて十分大きい場合，近似的に

$$\cos\left(\frac{a}{R}\right)=1-\frac{1}{2}\left(\frac{a}{R}\right)^2,\ \sin\left(\frac{a}{R}\right)=\frac{a}{R}$$

等としてよい．これらを公式に代入すると，（$R$ が消えて）ユークリッド平面上の三角形の余弦公式，正弦公式がえられる．　**注意終**

さて，いま特に，$S^2(\mathrm{O},1)$ 上に，$d(\mathrm{P},\mathrm{P}_1)=d(\mathrm{P},\mathrm{P}_2)$ である，球面「二等辺」三角形 $\triangle \mathrm{PP_1P_2}$ を考えよう．N を，$\mathrm{P}_1$ と $\mathrm{P}_2$ をとおる大円を赤道とするときの北極とし，$\mathrm{P}_0$ を $\widehat{\mathrm{P_1P_2}}$ の中点とする．このとき，P はあきらかに，経線 $\widehat{\mathrm{NP_0}}$ 上か $\widehat{\mathrm{NP_0^*}}$ 上にある．（$\mathrm{P}_0^*$ は $\mathrm{P}_0$ の対心点．）

いま，$P_1, P_2$ は固定し，P が動いていると考える．球面二等辺三角形 $\triangle PP_1P_2$ の頂点 P の頂角 $<P$ を $\theta$ とおく：

$$\theta := <P$$

$\theta$ は，$P = P_0$（つぶれた「三角形」$\widehat{P_1P_2}$）のときに $\pi$ に等しく，P が $\widehat{NP_0}$ 上を N の方向に向って動くとき単調に減少し，$P = N$ で最小値 $d(P_1, P_2)$（補題 6.5）をとる［図 6-3］．

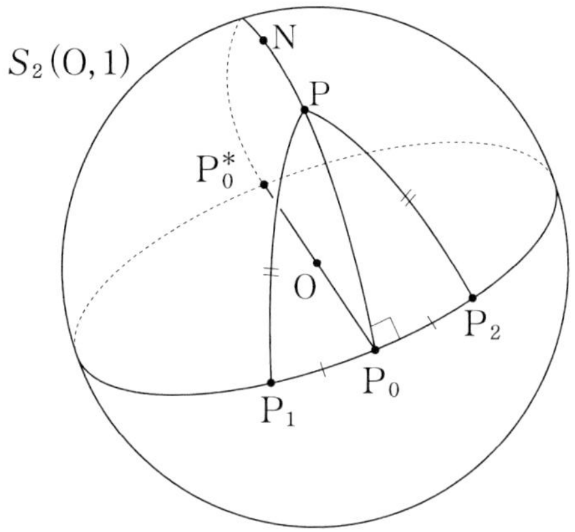


**図 6–3**

N をとおりすぎると，$\theta$ は今度は単調に増加し，$P = P_0^*$（拡がりすぎた「三角形」，$P_1, P_2$ をとおる大円）のとき，$\theta = \pi$ となる．

それゆえ，$\theta$ の動く範囲は

$$d(P_1, P_2) \leqq \theta < \pi \tag{14}$$

である．

$\mathbb{R}^3$ の座標をもちいて

$$\begin{aligned}
&\mathrm{P}=(\ell,\ m,\ n) &&(\ell^2+m^2+n^2=1),\\
&\mathrm{P}_1=(\ell_1, m_1, n_1) &&(\ell_1^2+m_1^2+n_1^2=1),\\
&\mathrm{P}_2=(\ell_2, m_2, n_2) &&(\ell_2^2+m_2^2+n_2^2=1),\\
&\mathrm{P}_0=(\ell_0, m_0, n_0) &&(\ell_0^2+m_0^2+n_0^2=1)
\end{aligned}$$

とおく．$\mathrm{P}_0$ は $\widehat{\mathrm{P}_1\mathrm{P}_2}$ の中点なので，$d:=1+\ell_1\ell_2+m_1m_2+n_1n_2$ とおくと，$\ell_0, m_0, n_0$ はつぎであたえられる．

$$\ell_0=\frac{\ell_1+\ell_2}{\sqrt{2d}},\quad m_0=\frac{m_1+m_2}{\sqrt{2d}},\quad n_0=\frac{n_1+n_2}{\sqrt{2d}} \tag{15}$$

さらに，$\boldsymbol{k}:=\overrightarrow{\mathrm{OP}}, \boldsymbol{k}_1:=\overrightarrow{\mathrm{OP}_1}, \boldsymbol{k}_2:=\overrightarrow{\mathrm{OP}_2}$ とおく．$d(\mathrm{P},\mathrm{P}_1)=d(\mathrm{P},\mathrm{P}_2)$ なので，補題6.5より

$$\begin{aligned}
&\ell_1\ell+m_1m+n_1n=\langle\boldsymbol{k},\boldsymbol{k}_1\rangle=\langle\boldsymbol{k},\boldsymbol{k}_2\rangle\\
&=\ell_2\ell+m_2m+n_2n
\end{aligned}\tag{16}$$

である．さて，目的は，$\ell, m, n$ と頂角 $\theta$ の関係を記述することである．

**定理 6.7**　以上の記号の下で，つぎの(ｉ)～(ｖ)がなりたつ：

(ｉ) $\cos\theta=\dfrac{(\ell_1\ell_2+m_1m_2+n_1n_2)-(\ell_1\ell+m_1m+n_1n)^2}{1-(\ell_1\ell+m_1m+n_1n)^2}.$

(ｉ)′ $(\ell_1\ell+m_1m+n_1n)^2=\dfrac{(\ell_1\ell_2+m_1m_2+n_1n_2)-\cos\theta}{1-\cos\theta}.$

(ii) $\ell_1\ell+m_1m+n_1n=\ell_2\ell+m_2m+n_2n.$

(iii) $(\ell_1+\ell_2)m-(m_1+m_2)\ell=\dfrac{\cos(\theta/2)}{\sin(\theta/2)}(n_1-n_2).$

(iv) $(n_1+n_2)\ell-(\ell_1+\ell_2)n=\dfrac{\cos(\theta/2)}{\sin(\theta/2)}(m_1-m_2).$

(ｖ) $(m_1+m_2)n-(n_1+n_2)m=\dfrac{\cos(\theta/2)}{\sin(\theta/2)}(\ell_1-\ell_2).$

▶**証明**　(ⅰ)は，$\triangle PP_1P_2$ の頂点 P についての余弦公式 ((12)) と (16) よりえられる．(ⅰ)′ は (ⅰ) の書きかえで，(ⅱ) は (16) に他ならない．

(ⅲ)〜(ⅴ)を示そう．まず

$$A_\theta^{\boldsymbol{k}}(\boldsymbol{k}_1) = \boldsymbol{k}_2$$

に注意する．これと命題 6.2 より，任意の角 $\theta'$ に対し

$$A_{\theta'}^{\boldsymbol{k}_2} = A_\theta^{\boldsymbol{k}} A_{\theta'}^{\boldsymbol{k}_1} (A_\theta^{\boldsymbol{k}})^{-1}$$

がなりたつ．この式を書きかえて

$$A_{\theta'}^{\boldsymbol{k}_2} A_\theta^{\boldsymbol{k}} = A_\theta^{\boldsymbol{k}} A_{\theta'}^{\boldsymbol{k}_1}$$

とおく．この両辺を定理 6.1 ((9)) の右辺のように計算し＝とおけば，($\theta'$ は消えて) 等式 (ⅱ)〜(ⅴ) がえられる．　**証明終**

**注意**　この定理の (ⅰ) より，$\cos\theta$ は，$\ell, m, n$ より計算される．逆に，$\theta$ が ((14) の範囲で) あたえられたとき，((15) より) たとえば，$n_1 + n_2 \neq 0$ としてよい．このときは (ⅳ) と (ⅴ) より，$\ell$ と $m$ を $n$ の式で書き，(ⅰ)′ に代入して $n$ をもとめ，つぎに $\ell$ と $m$ を求めればよい．　**注意終**

# 第 2 章
# 変換の群

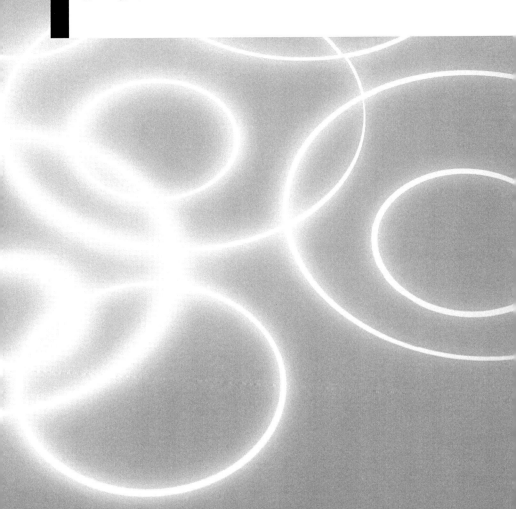

# 第７節　群の定義と基本性質

本節は，群の定義とその基本性質を述べて，次節以降の準備とする．

## 7.1　群の定義と基本性質

**定義 7.1**　集合 $G$ の任意の**元**（要素）$a, b$ に対し，**$a$ と $b$ の積**とよばれる $G$ の元 $ab$ が対応していて，つぎの性質（公理）(ｉ)，(ii)，(iii) をみたすとき，$G$ を**群（group）**とよぶ：

(ｉ) $a, b, c \in G$ のとき，$(ab)c = a(bc)$．（この元を $abc$ と書く．）

(ii) つぎの性質をもつ**単位元**とよばれる元 $e$ が $G$ に存在する：
$G$ の任意の元 $a$ に対し $ae = a,\ ea = a$.

(iii) $G$ の各元 $a$ に対し，つぎの性質をもつ **$a$ の逆元**とよばれる元 $a^{-1}$（$a$ インバースとよむ）が $G$ に存在する：

$$aa^{-1} = e, \quad a^{-1}a = e.$$

上の定義 7.1 の (ｉ) は，**結合律**とよばれる公理である．

群 $G$ が，とくに，つぎの性質（**可換律**）をみたすとき，$G$ を**可換群**または**アーベル群**とよぶ：

『$G$ の任意の元 $a, b$ に対し $ab = ba$ .』

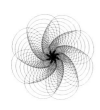

**命題 7.2**　$G$ を群とするとき，つぎの (i), (ii) がなりたつ：
(i) $G$ の単位元は唯一である.
(ii) 各元 $a \in G$ に対し，$a$ の逆元は唯一である.

▶**証明**
(i) $e'$ を，もうひとつの単位元とすると，定義より

$$e' = e'e = e.$$

(ii) $a'$ を，もうひとつの $a$ の逆元とすると，定義より

$$a' = a'e = a'(aa^{-1}) = (a'a)a^{-1} = ea^{-1} = a^{-1}.$$

**証明終**

群の最も典型的例は，$\mathbb{R}$ **上 $n$ 次一般線形群** (**general linear group**) とよばれる群 $\mathrm{GL}(n, \mathbb{R})$ である．それは

$$\mathrm{GL}(n, \mathbb{R}) := \{A \mid A \text{ は実数を成分とする } n \text{ 次正方行列で，} \det(A) \neq 0\}$$

($\det(A)$ は $A$ の行列式) と定義される．これは「行列の積」に関して群をなす．なぜなら，行列式の性質

$$\text{「} n \text{ 次正方行列 } A, B \text{ に対し } \det(AB) = \det(A)\det(B) \text{」} \quad (1)$$

により，「$A, B \in \mathrm{GL}(n, \mathbb{R})$」⇒「$AB \in \mathrm{GL}(n, \mathbb{R})$」であり，結合律はなりたち，単位行列 $E$ が $\mathrm{GL}(n, \mathbb{R})$ の単位元であり，$A$ の逆行列 $A^{-1}$ が $\mathrm{GL}(n, \mathbb{R})$ における $A$ の逆元となるからである.

全く同様に，$\mathbb{C}$ **上 $n$ 次一般線形群**

$$\mathrm{GL}(n, \mathbb{C})$$

も定義される，これも，最も典型的な群の例である.

なお，$\mathrm{GL}(1, \mathbb{R})$ (または $\mathrm{GL}(1, \mathbb{C})$) は，$\mathbb{R} \backslash \{0\}$ (または $\mathbb{C} \backslash \{0\}$) と同一視され，「数の積」の下でアーベル群となっている.

一方，$\mathbb{R}$（または$\mathbb{C}$）自身は，「数の足し算」の下でアーベル群になっている．また，ベクトルの集合$\mathbb{R}^n$（または$\mathbb{C}^n$）は「ベクトルの加法」の下でアーベル群になっている．この場合，ゼロベクトル$\mathbf{0}$が単位元であり，$-\boldsymbol{x}$がベクトル$\boldsymbol{x}$の逆元である．

足し算が用いられているアーベル群を**加群**とよぶ．

つぎの命題の証明は，読者にゆだねる：

**命題 7.3**　$G_1, G_2$が群のとき，積集合$G_1 \times G_2$も，つぎの「積」の定義の下で群である：$a_1, b_1 \in G_1$，$a_2, b_2 \in G_2$のとき

$$(a_1, a_2)(b_1, b_2) := (a_1 b_1, a_2 b_2).$$

**注意**　同様に，$G_1, G_2, \cdots, G_n$が群ならば，積集合$G_1 \times G_2 \times \cdots \times G_n$も群になる．とくに$G_1 = G_2 = \cdots = G_n = G$ならば，群$G_1 \times G_2 \times \cdots \times G_n$を$G^n$と書く．加群$\mathbb{R}^n$（または$\mathbb{C}^n$）は，そのようになっている．　**注意終**

**定義 7.4**　群$G$の部分集合$H$が$G$の**部分群**（**subgroup**）であるとは，$G$ **の積の下で**，$H$が群になることである．

**命題 7.5**　$H$を群$G$の部分群とするとき，つぎの（i），（ii）がなりたつ：

（i）$G$の単位元$e$は$H$にぞくし，$H$の単位元になる．

（ii）$a \in H$に対し，$G$における$a$の逆元$a^{-1}$は$H$の元となり，$a^{-1}$は$H$における$a$の逆元となる．

▶**証明**　（i）$e' \in H$を$H$の単位元とする．

$a \in H$ とすると，

$$ea = a = e'a.$$

この等式の両辺に右から $a^{-1}$ をかけると，($G$ において)

$$左辺 = (ea)a^{-1} = e(aa^{-1}) = ee = e,$$

$$右辺 = (e'a)a^{-1} = e'(aa^{-1}) = e'e = e'.$$

ゆえに $e = e'$．ゆえに $e \in H$ で，$e$ は $H$ の単位元である．

(ii) $a'$ を $H$ における $a$ の逆元とすると，(i) より

$$a'a = e.$$

この等式の両辺に右から $a^{-1}$ をかけると，($G$ において)

$$左辺 = (a'a)a^{-1} = a'(aa^{-1}) = a'e = a',$$

$$右辺 = ea^{-1} = a^{-1}.$$

ゆえに $a' = a^{-1}$．ゆえに $a^{-1} \in H$ で，$a^{-1}$ は $a$ の $H$ における逆元である．　**証明終**

**注意**　命題7.5の (i) は「trival」なことではない．ここでは定義しないが，群と並んで代数学における重要概念である環 (ring) $R$ の単位元が，必ずしもその部分環 $S$ に入っていなくて，$S$ の単位元が $R$ の単位元と別のものであることが起こる．　**注意終**

**命題 7.6**　群 $G$ の部分集合 $H$ が $G$ の部分群であるための必要十分条件は，つぎの条件 (i)，(ii) がみたされることである：

(i)「$a, b \in H$」$\Longrightarrow$「$ab \in H$」．

(ii)「$a \in H$」$\Longrightarrow$「$a^{-1} \in H$」．

▶**証明**　(i) は定義より，(ii) は命題7.5より，これらは $H$ が部分群であるための必要条件である．これらが十分条件であることを示そう．$H$ が (i)，(ii) をみたすとする．(i) より，$H$

において「積」が定義されている．結合律は $G$ で成り立っているので，$H$ でも成り立つ．$a \in H$ ならば，(ii) より $a^{-1} \in H$．ゆえに $e = aa^{-1} \in H$．これが $H$ における単位元である．また，$a^{-1} \in H$ ゆえ，これが $H$ における $a$ の逆元である．

かくて，$H$ は $G$ の部分群である．　**証明終**

つぎの系の証明は読者にゆだねる．

**系 7.7**　つぎの条件は，群 $G$ の部分集合 $H$ が $G$ の部分群であるための必要十分条件である：

条件：「$a, b \in H$」$\Longrightarrow$「$ab^{-1} \in H$」.

部分群の例をいくつかあげよう．これらが部分群であることは，直接か命題 7.6 か，または系 7.7 を用いて示される：

(ア) 群 $G$ 自身は $G$ の部分群と考えられる．また，単位元ただひとつからなる部分集合 $\{e\}$ も $G$ の部分群である．

(イ) もし $L$ が $H$ の部分群で，$H$ が $G$ の部分群ならば，$L$ は $G$ の部分群である．

(ウ) $H$, $K$ が群 $G$ の部分群であるとき，共通集合 $H \cap K$ は，$H$ の部分群であり，$K$ の部分群でもある．

(エ) $\mathrm{GL}(n, \mathbb{R})$ は $\mathrm{GL}(n, \mathbb{C})$ の部分群である．

(オ) 加群 $\mathbb{R}$ は加群 $\mathbb{C}$ の部分群である．整数全体の集合 $\mathbb{Z}$ は加群であり，有理数全体の集合 $\mathbb{Q}$ も加群で，$\mathbb{Z}$ は $\mathbb{Q}$ の部分群，$\mathbb{Q}$ は $\mathbb{R}$ の部分群である．こうして部分群の列

$$\{0\} \subset \mathbb{Z} \subset \mathbb{Q} \subset \mathbb{R} \subset \mathbb{C}$$

がえられる．同様に，数の積に関する部分群の列

$$\{1\} \subset \{1, -1\} \subset \mathbb{Q} \backslash \{0\} \subset \mathbb{R} \backslash \{0\} \subset \mathbb{C} \backslash \{0\}$$

がえられる．

一方，**単位円**とよばれる $\mathbb{C}$ の部分集合

$$S^1(0, 1) := \{z \in \mathbb{C} \mid |z| = 1\}$$

も $\mathbb{C} \backslash \{0\}$ の部分群になっている．

（カ）$\mathrm{SL}(n, \mathbb{R}) := \{A \in \mathrm{GL}(n, \mathbb{R}) \mid \det(A) = 1\}$，
$\mathrm{SL}(n, \mathbb{C}) := \{A \in \mathrm{GL}(n, \mathbb{C}) \mid \det(A) = 1\}$ は，（(1) より）それぞれ $\mathrm{GL}(n, \mathbb{R})$，$\mathrm{GL}(n, \mathbb{C})$ の部分群となる．それぞれ $\mathbb{R}$ **上**，$\mathbb{C}$ **上**，$n$ **次特殊線形群**（**special linear group**）とよばれる．

（キ）実数を成分とする $n$ 次正方行列 $A$ が直交行列（orthogonal matrix）であるとは，任意の $n$ 次元ベクトル $\boldsymbol{x}, \boldsymbol{y}$ に対し

$$\langle A\boldsymbol{x}, A\boldsymbol{y} \rangle = \langle \boldsymbol{x}, \boldsymbol{y} \rangle$$

をみたすものである（第 2 節参照）．ここで $\langle\ ,\ \rangle$ はベクトルの内積である．この条件は，（$A$ の逆行列が存在して）

$$A^{-1} = {}^tA \quad (A \text{ の転置行列})$$

と同値になる．さて，

$$\mathrm{O}(n) := \{A \mid A \text{ は } n \text{ 次直交行列}\}$$

は，$\mathrm{GL}(n, \mathbb{R})$ の部分群である．これを $n$ **次直交群**（**orthogonal group**）とよぶ，また

$$\mathrm{SO}(n) := \mathrm{O}(n) \cap \mathrm{SL}(n, \mathbb{R})$$

は，$\mathrm{O}(n)$ と $\mathrm{SL}(n, \mathbb{R})$ の両方の部分群である．これを $n$ **次特殊直交群**（**special orthogonal group**）とよぶ．

つぎの命題も，命題 7.6 か系 7.7 よりみちびかれるが，その証明は読者にゆだねる：

**命題 7.8**　$a$ と $H$ を，それぞれ，群 $G$ の元と部分群とする．このとき，$G$ の部分集合

$$aHa^{-1} := \{aba^{-1} \mid b \in H\}$$

は，$G$ の部分群である．

この命題の $aHa^{-1}$ を，**$G$ における $H$ の共役部分群**とよぶ．一般には，$aHa^{-1} \neq H$ である．

**定義 7.9**　群 $G$ の任意の元 $a$ に対し

$$aHa^{-1} = H$$

となる性質をもつ部分群 $H$ を $G$ の**正規部分群（normal subgroup）**とよぶ．

$G$ 自身は $G$ の正規部分群である．また単位元のみよりなる $\{e\}$ も $G$ の正規部分群である．しかし，他の部分群は正規でないのが普通である．ただし，$G$ がアーベル群ならば，$G$ の部分群は，すべて正規部分群である．

**定義 7.10**　群 $G$ から群 $G'$ への写像 $\Phi: G \longrightarrow G'$ が**準同型写像（homomorphism）**であるとは，$G$ の任意の元 $a, b$ に対し

$$\Phi(ab) = \Phi(a)\Phi(b) \tag{2}$$

をみたすことである．とくに，$\Phi$ が上への一対一写像のとき，$\Phi$ を**同型写像（isomorphism）**とよぶ．

**命題 7.11**

(i) 準同型写像の合成写像は，準同型写像である．

(ii) 同型写像の逆写像は，同型写像である．

▶**証明**　(i)の証明は読者にゆだねる.
(ii) $\Phi: G \longrightarrow G'$ を同型写像とする. (2)において, $a' := \Phi(a)$, $b' := \Phi(b)$ とおくと ($a = \Phi^{-1}(a')$, $b = \Phi^{-1}(b')$ ゆえ) (2)は

$$\Phi(\Phi^{-1}(a')\Phi^{-1}(b')) = a'b'$$

と書ける. ゆえに

$$\Phi^{-1}(a')\Phi^{-1}(b') = \Phi^{-1}(a'b')$$

となる. $\Phi$ が上への一対一写像なので, この等式は**任意の** $G'$ の元 $a', b'$ についてなりたつ. ゆえに $\Phi^{-1}$ は同型写像である.

**証明終**

群 $G$ から群 $G'$ への同型写像があるとき, 群 $G$ と群 $G'$ は**同型である**と言い, $G \cong G'$ と書く. 同型な群は「同じ代数構造を持つ」と考えられる.

さて, 準同型写像に関して, つぎの重要な定理がなりたつ:

**定理 7.12**　$\Phi: G \longrightarrow G'$ を群 $G$ から群 $G'$ への準同型写像とする. このとき, つぎの(i)～(iv)がなりたつ:
(i) $\Phi$ の**像集合** $\Phi(G) := \{\Phi(a) \mid a \in G\}$ は $G'$ の部分群である.
(ii) $e$ を $G$ の単位元とすると, $e' := \Phi(e)$ は $G'$ の単位元である.
(iii) $a \in G$ のとき, $\Phi(a)^{-1} = \Phi(a^{-1})$.
(iv) $\mathrm{Ker}(\Phi) := \Phi^{-1}(e') := \{a \in G \mid \Phi(a) = e'\}$ ($\{e'\}$ の逆像) は $G$ の正規部分群である. これを $\Phi$ **の核** (**kernel**) とよぶ.

▶**証明**　(i) (2)より $\Phi(a)\Phi(b) = \Phi(ab) \in \Phi(G)$. 結合律は,

$G'$ でみたされるので，$\Phi(G)$ でもみたされる．

$$\Phi(a)\Phi(e)=\Phi(ae)=\Phi(a),$$
$$\Phi(e)\Phi(a)=\Phi(ea)=\Phi(a)$$

ゆえ，$\Phi(e)$ は $\Phi(G)$ の単位元である．また，

$$\Phi(a)\Phi(a^{-1})=\Phi(aa^{-1})=\Phi(e),$$
$$\Phi(a^{-1})\Phi(a)=\Phi(a^{-1}a)=\Phi(e)$$

ゆえ，$\Phi(a^{-1})$ は $\Phi(G)$ における $\Phi(a)$ の逆元である．

ゆえに，$\Phi(G)$ は $G'$ の部分群である．

この（i）と命題 7.5 より，（ii）と（iii）がえられる．

（iv）を示そう．$a, b\in \mathrm{Ker}(G)$ ならば，

$$\begin{aligned}\Phi(ab^{-1})&=\Phi(a)\Phi(b^{-1})=\Phi(a)\Phi(b)^{-1}\\&=e'(e')^{-1}=e'e'=e'.\end{aligned}$$

ゆえに $ab^{-1}\in \mathrm{Ker}(\Phi)$ となり，系 7.7 より $\mathrm{Ker}(\Phi)$ は $G$ の部分群である．また，$a\in G$, $b\in \mathrm{Ker}(\Phi)$ とすると

$$\begin{aligned}\Phi(aba^{-1})&=\Phi(a)\Phi(b)\Phi(a^{-1})\\&=\Phi(a)e'\Phi(a)^{-1}=\Phi(a)\Phi(a)^{-1}=e'.\end{aligned}$$

ゆえに $a\,\mathrm{Ker}(\Phi)a^{-1}\subset \mathrm{Ker}(\Phi)$ である．一方，$b$ は $b=a(a^{-1}ba)a^{-1}$ と書け，上と同様の議論で $a^{-1}ba\in \mathrm{Ker}(\Phi)$ となるので，$\mathrm{Ker}(\Phi)\subset a\,\mathrm{Ker}(\Phi)a^{-1}$ となり，結局

$$a\,\mathrm{Ker}(\Phi)a^{-1}=\mathrm{Ker}(\Phi)$$

となる．これで（iv）が示された．　**証明終**

準同型写像のひとつの例として，行列にその行列式を対応させる写像

$$\det: A\longmapsto \det(A)$$

がある（(1) 参照）．ここでは，つぎの 3 ケースが考えられるが，いずれも同じ記号 det を用いることにする：

$$\det:\mathrm{GL}(n,\mathbb{C})\longrightarrow \mathbb{C}\backslash\{0\}, \tag{3.1}$$

$$\det : \mathrm{GL}(n, \mathbb{R}) \longrightarrow \mathbb{R} \backslash \{0\}, \tag{3.2}$$

$$\det : \mathrm{O}(n) \longrightarrow \mathbb{R} \backslash \{0\}. \tag{3.3}$$

**命題 7.13**

(i) (3.1) の det は，$\det(\mathrm{GL}(n, \mathbb{C})) = \mathbb{C} \backslash \{0\}$, すなわち，上への準同型写像であり，$\mathrm{Ker}(\det) = \mathrm{SL}(n, \mathbb{C})$ である．

(ii) (3.2) の det は，$\det(\mathrm{GL}(n, \mathbb{R})) = \mathbb{R} \backslash \{0\}$, すなわち，上への準同型写像であり，$\mathrm{Ker}(\det) = \mathrm{SL}(n, \mathbb{R})$ である．

(iii) (3.3) の det は，$\det(\mathrm{O}(n)) = \{1, -1\}$ であり，$\mathrm{Ker}(\det) = \mathrm{SO}(n)$ である．

▶**証明**　(i) $\alpha \in \mathbb{C} \backslash \{0\}$ に対し，対角線以外はゼロである行列

$$A := \begin{pmatrix} \alpha & & & \\ & 1 & & \\ & & \ddots & \\ & & & 1 \end{pmatrix}$$

を考えると，$\det(A) = \alpha$ である．$\mathrm{Ker}(\det) = \mathrm{SL}(n, \mathbb{C})$ は，定義よりあきらかである．

(ii) の証明は, (i) の証明と同様である．

(iii) $A \in \mathrm{O}(n)$ とすると，行列式の性質から

$$\begin{aligned} 1 = \det(E) &= \det({}^t\!AA) \\ &= \det({}^t\!A)\det(A) = \det(A)^2 \end{aligned}$$

となり，$\det(A) = \pm 1$ となる．とくに

$$A := \begin{pmatrix} -1 & & & \\ & 1 & & \\ & & \ddots & \\ & & & 1 \end{pmatrix}$$

は，$A \in \mathrm{O}(n)$ であり，$\det(A) = -1$ である．$\mathrm{Ker}(\det) = \mathrm{SO}(n)$

は，定義よりあきらかである．　**証明終**

## 7.2　ユニタリー群と特殊ユニタリー群

この小節で，ユニタリー群と特殊ユニタリー群を定義する．

$n$ 次元**複素ベクトル**，すなわち，複素数を成分とする $n$ 次元（数）ベクトル全体の集合 $\mathbb{C}^n$ の 2 元 $\boldsymbol{z}=(z_1, \cdots, z_n)$ と $\boldsymbol{w}=(w_1, \cdots, w_n)$ に対し，**エルミート積**とよばれる複素数

$$\langle \boldsymbol{z}, \boldsymbol{w} \rangle := z_1 \overline{w} + \cdots + z_n \overline{w}_n$$

を考える．（$\overline{w}_1$ は $w_1$ の共役複素数，等，である．）

**注意**　$\boldsymbol{z}, \boldsymbol{w}$ が**実ベクトル**$(\boldsymbol{z}, \boldsymbol{w} \in \mathbb{R}^n)$の ときは，$\langle \boldsymbol{z}, \boldsymbol{w} \rangle$ は内積と一致する．　**注意終**

エルミート積は，つぎの性質をもつが，その証明は読者にゆだねる．

**命題 7.14**

（i）$\langle \boldsymbol{z}_1 + \boldsymbol{z}_2, \boldsymbol{w} \rangle = \langle \boldsymbol{z}_1, \boldsymbol{w} \rangle + \langle \boldsymbol{z}_2, \boldsymbol{w} \rangle$,

$\langle \boldsymbol{z}, \boldsymbol{w}_1 + \boldsymbol{w}_2 \rangle = \langle \boldsymbol{z}, \boldsymbol{w}_1 \rangle + \langle \boldsymbol{z}, \boldsymbol{w}_2 \rangle$.

（ii）$\langle \alpha \boldsymbol{z}, \boldsymbol{w} \rangle = \alpha \langle \boldsymbol{z}, \boldsymbol{w} \rangle \quad (\alpha \in \mathbb{C})$，$\langle \boldsymbol{z}, \beta \boldsymbol{w} \rangle = \overline{\beta} \langle \boldsymbol{z}, \boldsymbol{w} \rangle \quad (\beta \in \mathbb{C})$,

（iii）$\langle \boldsymbol{w}, \boldsymbol{z} \rangle = \overline{\langle \boldsymbol{z}, \boldsymbol{w} \rangle}$

（iv）$(\boldsymbol{z}, \boldsymbol{z})$ は負でない実数であり，

「$\langle \boldsymbol{z}, \boldsymbol{z} \rangle = 0$」$\Longleftrightarrow$「$\boldsymbol{z} = \boldsymbol{0}$（ゼロベクトル）」．

$\langle \boldsymbol{z}, \boldsymbol{w} \rangle = 0$ のとき，$\boldsymbol{z}$ と $\boldsymbol{w}$ は**直交している**と言い，記号で $\boldsymbol{z} \perp \boldsymbol{w}$ と書く．また，複素ベクトル $\boldsymbol{z}=(z_1, \cdots, z_n)$ の**長さ**（別名：**ノル**

**ム**）$\|z\|$ を次式で定義する：

$$\|z\| := \sqrt{\langle z, z\rangle} = \sqrt{|z_1|^2 + \cdots + |z_n|^2}\ .$$

それゆえ，「$\|z\| = 0$」$\Longleftrightarrow$「$z = \mathbf{0}$」である．

さて，複素数を成分とする $n$ 次正方行列 $A$ に対し，

$$A^* := {}^t(\overline{A}) = \overline{({}^tA)}$$

（$\overline{A}$ は $A$ の各成分をその共役複素数に換えた行列）を，$A$ の**共役転置行列**とよぶ．

つぎの命題は，**実行列**と内積について成り立つ命題（第 2 節参照）と同様に証明できるが，それは読者にゆだねる．

**命題 7.15**　$A$ を $n$ 次正方複素行列，$z, w \in \mathbb{C}^n$ とするとき，つぎの等式がなりたつ：

$$\langle z, Aw\rangle = \langle A^* z, w\rangle$$

**定義 7.16**　$n$ 次正方複素行列 $A$ が，**ユニタリー行列**（**unitary matrix**）であるとは，任意の $z, w \in \mathbb{C}^n$ に対して，つぎの等式がなりたつことである：

$$\langle Az, Aw\rangle = \langle z, w\rangle.$$

つぎの，定理 7.17，系 7.18，系 7.19 は，直交行列の場合（第 2 節参照）と同様にできるが，それも読者にゆだねる．

**定理 7.17**　$A$ を $n$ 次正方複素行列とするとき，次の条件（ア）～（カ）は互いに同値な条件である：

（ア）$A$ はユニタリー行列である．

（イ）${}^{*}AA=E$.

（ウ）$AA^{*}=E$.

（エ）$A^{-1}$ が存在して，$A^{-1}=A^{*}$.

（オ）$A$ の各列ベクトルは，長さが 1 で，互いに直交している．

（カ）$A$ の各行ベクトルは，長さが 1 で，互いに直交している．

**系 7.18**

（ i ）ユニタリー行列の積は，ユニタリー行列である．

（ii）ユニタリー行列の逆行列は，ユニタリー行列である．

**系 7.19**　$A$ を $n$ 次ユニタリー行列とすると，$|\det(A)|=1$ である．

系 7.18 より

$$\mathrm{U}(n):=\{A\in \mathrm{GL}(n,\mathbb{C})\mid A \text{ はユニタリー行列}\},$$

$$\mathrm{SU}(n):=\mathrm{U}(n)\cap \mathrm{SL}(n,\mathbb{C})$$

は共に $\mathrm{GL}(n,\mathbb{C})$ の部分群となる．これらを，それぞれ，$n$ 次**ユニタリー群**，$n$ **次特殊ユニタリー群**とよぶ．

つぎの命題は，命題 7.13 の証明と同様の方法で証明できるが，それも読者にゆだねる：

**命題 7.20**

準同型写像 $\det : U(n) \longrightarrow \mathbb{C}\setminus\{0\}$ は，

$\det(U(n)) = S^1(0,1)$（単位円）であり，

$\mathrm{Ker}(\det) = \mathrm{SU}(n)$ である．

つぎの命題を証明しよう：

**命題 7.21**　SU(2) の元はつぎの形の行列であり，逆につぎの形の行列は SU(2) の元である．

$$U = \begin{pmatrix} \alpha & -\overline{\gamma} \\ \gamma & \overline{\alpha} \end{pmatrix}, \quad |\alpha|^2 + |\gamma|^2 = 1. \tag{4}$$

▶**証明**　$\mathrm{SL}(2, \mathbb{C})$ の元 $U$ を

$$U = \begin{pmatrix} \alpha & \beta \\ \gamma & \delta \end{pmatrix} \quad (\det(U) = \alpha\delta - \beta\gamma = 1)$$

とおくと（クラメールの公式より）

$$U^{-1} = \frac{1}{\det(U)} \begin{pmatrix} \delta & -\beta \\ -\gamma & \alpha \end{pmatrix} = \begin{pmatrix} \delta & -\beta \\ -\gamma & \alpha \end{pmatrix},$$

$$U^* = \begin{pmatrix} \overline{\alpha} & \overline{\gamma} \\ \overline{\beta} & \overline{\delta} \end{pmatrix}.$$

ゆえに，「$U$ が特殊ユニタリー」$\Longleftrightarrow$「$U^{-1} = U^*, \det(U) = 1$」$\Longleftrightarrow$「$\delta = \overline{\alpha}, \beta = -\overline{\gamma}, \det(U) = \alpha\overline{\alpha} + \gamma\overline{\gamma} = |\alpha|^2 + |\gamma|^2 = 1$」．

**証明終**

さいごに，第5節の後半部分を思い出そう．（前節の始めの部分にもある．）

(4) の $U$ の成分 $\alpha$ と $\gamma$ を

$$\alpha=a+bi,\ \gamma=c+di\quad(a,b,c,d\in\mathbb{R},\ a^2+b^2+c^2+d^2=1)$$

と書くと，$U\in\mathrm{SU}(2)$ に対し，次式であたえられる $\mathrm{SO}(3)$ の元 $A_U$ が対応している：

$$A_U:=\begin{pmatrix} a^2-b^2-c^2+d^2 & 2(cd-ab) & -2(ac+bd) \\ 2(ab+cd) & a^2-b^2+c^2-d^2 & 2(ad-bc) \\ 2(ac-bd) & -2(ad+bc) & a^2+b^2-c^2-d^2 \end{pmatrix}$$

いま，$\Phi(U):=A_U$ とおくと，写像

$$\Phi:\mathrm{SU}(2)\longrightarrow\mathrm{SO}(3)$$

は，準同型写像で，$\mathrm{Ker}(\Phi)=\{E,-E\}$ である．さらに，ケーリーの公式によって，$\Phi$ は**上への**準同型写像，すなわち，

$$\Phi(\mathrm{SU}(2))=\mathrm{SO}(3)$$

である．

# 第 8 節　商群と準同型定理

本節も前節にひきついで，群の基礎理論を論じ，次節以降の話の準備とする．

## 8.1　商群と準同型定理

前節の復習と補足から始める．

群 (group) とは，その任意の 2 元に対し，結合律をみたす「積」が定義され，単位元を有し，各元の逆元が存在する集合のことである．群 $G$ の部分群とは，$G$ の積の下でそれ自体が群になる部分集合のことである．

例えば，$a \in G, a \neq e$（$e$ は $G$ の単位元）のとき，$G$ の部分集合

$$\langle a \rangle := \{a^n \mid n \in \mathbb{Z}\} \tag{1}$$

は $G$ の部分群をなす．ここで，$a^1 := a, a^2 := aa$，$a^3 := aaa, \cdots$，$a^0 := e$，$a^{-1}$ は $a$ の逆元，$a^{-2} := (a^{-1})^2 = (a^2)^{-1}$，$a^{-3} := (a^{-1})^3 = (a^3)^{-1}, \cdots$ である．(1) の形の群を（$a$ で生成された）**巡回群**とよぶ．

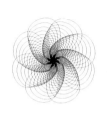

**命題 8.1**　(1) において，もし $a^n=e$ となる 2 以上の正整数 $n$ が存在するならば，そのような $n$ の最小数を $m$ とすると，$\langle a\rangle$ は異なる $m$ 個の元よりなり，

$$\langle a\rangle=\{a,\cdots,a^{m-1},e\}$$

となる．($a^{-1}=a^{m-1}$.)

▶ **証 明**　$n\in\mathbb{Z}$ に対し，$n$ を $m$ で割ると，商が $q$，余りが $r$ $(0\leqq r<m)$ とすれば，$n=qm+r$ と書けるので

$$a^n=a^{qm+r}=(a^m)^q a^r=e^q a^r=ea^r=a^r$$

となる．また $0\leqq r<r'<m$ のときは，$a^{r'}a^{-r}=a^{r'-r}\neq e$ なので，$a^{r'}\neq a^r$ である．ゆえに $\langle a\rangle$ は，異なる $m$ 個の元 $a,\cdots,a^{m-1},e$ よりなる．　**証明終**

さて，$H$ を群 $G$ の部分群とし，$a\in G$ とするとき

$$aHa^{-1}:=\{aha^{-1}\mid h\in H\}$$

も，$G$ の部分群となる．これは，$G$ における $H$ の共役部分群（または単に，$H$ の**共役群**）とよばれる．

一般には，$aHa^{-1}$ は $H$ と異なる $G$ の部分群である．すべての $a\in G$ に対し，$aHa^{-1}=H$ となる部分群 $H$ を，$G$ の正規部分群とよぶ．

つぎに，群 $G$ から群 $G'$ への写像 $\Phi$ が準同型写像であるとは，$G$ の任意の 2 元 $a$，$b$ に対し，$\Phi(ab)=\Phi(a)\Phi(b)$ がなりたつことである．前節で，つぎの定理を証明した：

**定理 7.12**（再掲）　$\Phi: G \longrightarrow G'$ を群 $G$ から群 $G'$ への準同型写像とする．このとき，つぎの（i）〜(iv)がなりたつ：

（i）$\Phi$ の像集合 $\Phi(G):=\{\Phi(a) \mid a \in G\}$ は $G'$ の部分群である．

（ii）$e$ を $G$ の単位元とすると，$e':=\Phi(e)$ は $G'$ の単位元である．

（iii）$a \in G$ のとき，$\Phi(a)^{-1}=\Phi(a^{-1})$.

（iv）$\mathrm{Ker}(\Phi):=\Phi^{-1}(e'):=\{a \in G \mid \Phi(a)=e'\}$（$\{e'\}$ の逆像）は $G$ の正規部分群である．これを $\Phi$ の核（kernel）とよぶ．

準同型写像 $\Phi: G \longrightarrow G'$ が，とくに，上への一対一写像の時，$\Phi$ を同型写像とよぶ．このとき，$\Phi$ の逆写像 $\Phi^{-1}: G' \longrightarrow G$ も同型写像になる．同型写像の合成も同型写像になる．同型写像 $\Phi: G \longrightarrow G'$ が存在するとき，群 $G$ と群 $G'$ は同型であると言い，$G \cong G'$ と書く．

さて再び，$H$ を群 $G$ の部分群とする．$a \in G$ に対し，$G$ の部分集合

$$Ha:=\{ha \mid h \in H\}$$

を，$H$ の**左剰余類**（**left coset**）とよぶ．同様に

$$aH:=\{ah \mid h \in H\}$$

を**右剰余類**（**right coset**）とよぶ．

**命題 8.2**　群 $G$ の部分群 $H$ の左剰余類について，つぎの（i）～（v）がなりたつ：

（i）$He = H$（$e$ は $G$ の単位元）.

（ii）$a \in Ha$.

（iii）$a, b \in G$ に対し，つぎのどちらか一方（のみ）がおきる：

（iii-1）$Ha \cap Hb = \varnothing$（空集合），または（iii-2）$Ha = Hb$.

（iv）「$Ha = Hb$」$\Longleftrightarrow$「$ab^{-1} \in H$」

$\Longleftrightarrow$「$ba^{-1} \in H$」.

（v）「$Ha = H$」$\Longleftrightarrow$「$a \in H$」.

**▶証明**

（i）は左剰余類の定義から，あきらかである.

（ii）$a = ea \in Ha$.

（iii）$Ha \cap Hb \neq \varnothing$ と仮定する．$Ha \cap Hb$ に含まれる元 $c$ は，$c = h_1 a = h_2 b$ $(h_1, h_2 \in H)$ と書ける．ゆえに，$Ha$ の任意の元 $ha\,(h \in H)$ は

$$ha = hh_1^{-1}h_1 a = hh_1^{-1}h_2 b \in Hb$$

となるので，$Ha \subset Hb$ となる．同様に $Hb \subset Ha$ となるので，$Ha = Hb$ となる.

（iv）$Ha = Hb$ とする．$a \in Ha = Hb$ ゆえ，$a = h_0 b$ となる $h_0 \in H$ が存在する．このとき $ab^{-1} = h_0 \in H$ となる．逆に，$ab^{-1} \in H$ とする．この元を $h_0$ とおく：$ab^{-1} = h_0$．ゆえに $a = h_0 b$ となる．ゆえに $a \in Ha \cap Hb$ となり，（iii）より $Ha = Hb$ となる．また，「$ab^{-1} \in H$」と「$ba^{-1} \in H$」の同値性は，$ab^{-1}$ と $ba^{-1}$ が互いに相手の逆元であることからわかる.

（v）は（iv）の特別な場合である.　**証明終**

命題8.2の(iii)より，つぎがえられる．

> **系8.3**　$H$ を群 $G$ の部分群とする．このとき群 $G$ は，$H$ の**互いに共通元のない**左剰余類の和（集合和）で書ける：
> $$G = \bigcup Ha$$

上の命題8.2と系8.3と同様のことが，右剰余類についてもなりたつ．

一般には，左剰余類 $Ha$ と右剰余類 $aH$ は，$G$ の異なる部分集合である．

> **命題8.4**　$H$ を群 $G$ の部分群とする．
> (i) $G$ の元 $a$ に対し，「$Ha = aH$」$\Longleftrightarrow$「$H$ の共役群 $aHa^{-1}$ が $H$ に等しい：$aHa^{-1} = H$」．
> (ii)「$G$ の任意の元 $a$ に対して $Ha = aH$」$\Longleftrightarrow$「$H$ は $G$ の正規部分群」．（この場合，$Ha = aH$ を単に**剰余類**とよぶ．）

▶**証明**　(i) $Ha = aH$ とする．$h \in H$ を**任意の元**とすると，$h'a = ah$ となる $h' \in H$ がある．このとき，$aha^{-1} = h'$ と書けるので，$aHa^{-1} \subset H$ となる．また，$ha = ah''$ となる $h'' \in H$ がある．このとき，$h = ah''a^{-1} \in aHa^{-1}$ となり，$H \subset aHa^{-1}$ となって，$H = aHa^{-1}$ がえられる．逆に，$H = aHa^{-1}$ とする．**任意の元** $h \in H$ に対し，$h' = aha^{-1}$ となる $h' \in H$ がある．このとき $ah = h'a$ となり，$aH \subset Ha$ となる．また，$h = ah''a^{-1}$ となる $h'' \in H$ が存在する．このとき $ha = ah''$ となり，$Ha \subset aH$ となる．それゆえ $aH = Ha$ がえられる．

(ii)は(i)と正規部分群の定義よりえられる．　**証明終**

さて，$N$ を群 $G$ の正規部分群 (normal subgroup) とし，$N$ の剰余類全体の集合を $G/N$ と書く．(これは，剰余類を「元」とみなした集合である．)

$G$ から $G/N$ への写像

$$\Pi : G \longrightarrow G/N$$

をつぎのように定義し，これを $G$ から $G/N$ への**自然な射影** (**canomical projection**) とよぶ：

$$\Pi(a) := Na \ (= aN) \quad (a \in G).$$

**定理 8.5 (商群)**

$N$ を $G$ の正規部分群をするとき，つぎの (i), (ii) がなりたつ：

(i) $G/N$ は群になる．(これを**商群**とよぶ．)

(ii) 自然な射影 $\Pi : G \longrightarrow G/N$ は，上への準同型写像であり，$\mathrm{Ker}(\Pi) = N$ である．

**▶証明**　(i) $G/N$ から 2 元 $Na$ と $Nb$ をとる．$G$ の部分集合としての $Na, Nb$ から，それぞれ，元 $na, n'b$ $(n, n' \in N)$ をとり，積 $(na)(n'b)$ を考える．仮定より $aN = Na$ (命題 8.4) なので，$an' = n''a$ となる $N$ の元 $n''$ がある．ゆえに

$$\begin{aligned}(na)(n'b) &= n(an')b = n(n''a)b \\ &= (nn'')ab \in N(ab)\end{aligned}$$

となる．そこで，$G/N$ の 2 元 $Na$ と $Nb$ の「積」を

$$(Na)(Nb) := N(ab) \tag{2}$$

と定義する．この定義は，$a$ の代りに $Na$ の他の元に換え，$b$ の代りに $Nb$ の他の元に換えても，同じになるので，well-defined (うまく定義されている) である．

この積の下で，結合律をみたし，$Ne=N$ が単位元となり，$Na^{-1}$ が $Na$ の逆元となるので，$G/N$ は群となる．

(ii)(2)より

$$\Pi(ab)=N(ab)=(Na)(Nb)=\Pi(a)\Pi(b)$$

ゆえ，$\Pi$ は準同型写像である．あきらかに，$\Pi$ は上への写像であり，$\mathrm{Ker}(\Pi)=N$ である．　**証明終**

**定理 8.6（準同型定理）**
$\Phi:G\longrightarrow G'$ を群 $G$ から群 $G'$ への準同型写像とするとき，$\hat{\Phi}\circ\Pi=\Phi$（$\Pi:G\longrightarrow G/\mathrm{Ker}(\Phi)$ は自然な射影）をみたす**同型写像** $\hat{\Phi}:G/\mathrm{Ker}(\Phi)\longrightarrow\Phi(G)$ が存在する．ゆえに $G/\mathrm{Ker}(\Phi)\cong\Phi(G)$ である．

▶**証明**　$a\in G$ に対し，$a':=\Phi(a)$ とおく．このとき

$$\Phi^{-1}(a')=\mathrm{Ker}(\Phi)a \tag{3}$$

(右辺は $\mathrm{Ker}(\Phi)$ の剰余類)である．じっさい，

「$b\in\Phi^{-1}(a')$」$\Longleftrightarrow$「$\Phi(b)=\Phi(a)$」

$\Longleftrightarrow$「$\Phi(ba^{-1})=\Phi(b)\Phi(a)^{-1}=e'$（$G'$ の単位元)」

$\Longleftrightarrow$「$ba^{-1}\in\mathrm{Ker}(\Phi)$」$\Longleftrightarrow$「$b\in\mathrm{Ker}(\Phi)a$」

なので，(3)がなりたつ．そこで，写像 $\hat{\Phi}$: $G/\mathrm{Ker}(\Phi)\longrightarrow G'$ を

$$\hat{\Phi}(\mathrm{Ker}(\Phi)a):=\Phi(a) \tag{4}$$

で定義すると，($a$ を $\mathrm{Ker}(\Phi)a$ の他の元に換えても，右辺は同じなので) well-defined である．そして，(2), (4)より

$$\begin{aligned}&\hat{\Phi}((\mathrm{Ker}(\Phi)a)(\mathrm{Ker}(\Phi)b))\\&=\hat{\Phi}(\mathrm{Ker}(\Phi)(ab))=\Phi(ab)=\Phi(a)\Phi(b)\\&=\hat{\Phi}(\mathrm{Ker}(\Phi)a)\hat{\Phi}(\mathrm{Ker}(\Phi)b)\end{aligned} \tag{5}$$

なので，$\hat{\varPhi}$ は準同型写像である．そして (4) より，$\hat{\varPhi}(G/\mathrm{Ker}(\varPhi))$ $= \varPhi(G)$ である．そこで，$\hat{\varPhi}$ を

$$\hat{\varPhi} : G/\mathrm{Ker}(\varPhi) \longrightarrow \varPhi(G)$$

**とみなすと**，これは上への写像であり，(3) より上への一対一写像となり，(5) より同型写像となる．そして (4) より $\hat{\varPhi} \circ \Pi = \varPhi$ をみたす．

**証明終**

ここで，第4節の，一次分数変換 (linear fractional transformation) を思い出そう．それは，複素変換 $z$ の (複素数を値にもつ) 関数 $\varphi$ で

$$\varphi(z) = \frac{\alpha z + \beta}{\gamma z + \delta} \quad (\alpha, \beta, \gamma, \delta \in \mathbb{C},\ \alpha\delta - \beta\gamma \neq 0)$$

と言う形のものである．それは，リーマン球面 $\hat{\mathbb{C}}$ からそれ自身の上への等角写像とみなすことができた．その全体の集合

$$LF(\mathbb{C}) := \{\varphi \mid \varphi \text{ は一次分数変換}\}$$

($LF(\mathbb{C})$ は，本書だけの記号) は，写像の合成と言う「積」で群をなす．(単位元は恒等変換 $\iota : z \longmapsto z$ ，逆元は逆写像．) そして

$$A = \begin{pmatrix} \alpha & \beta \\ \gamma & \delta \end{pmatrix} \in GL(2, \mathbb{C}) \ (2 \text{ 次一般線形群})$$

に対し，$LF(\mathbb{C})$ の元 $\varphi_A$ を

$$\varphi_A(z) := \frac{\alpha z + \beta}{\gamma z + \delta}$$

とおき，$\Psi(A) := \varphi_A$ とおくと，写像

$$\Psi : GL(2, \mathbb{C}) \longrightarrow LF(\mathbb{C})$$

は**上への**準同型写像で

$$\mathrm{Ker}(\Psi) = \{\lambda E \mid \lambda \in \mathbb{C} \setminus \{0\}\} = (\mathbb{C} \setminus \{0\})E \quad (E \text{ は単位行列})$$

である．(第4節，命題 4.5 参照)．ゆえに，定理 8.6 (準同型定理) より

$$GL(2, \mathbb{C})/(\mathbb{C} \setminus \{0\})E \cong LF(\mathbb{C})$$

である．

とくに，この $\Psi$ を 2 次特殊ユニタリー群

$$SU(2)=\left\{\begin{pmatrix}\alpha & -\overline{\gamma}\\ \gamma & \overline{\alpha}\end{pmatrix}\,\middle|\,|\alpha|^2+|\gamma|^2=1\right\}$$

に制限した準同型写像

$$\Psi : SU(2)\longrightarrow LF(\mathbb{C})$$

(同じ $\Psi$ を用いる) は，$\mathrm{Ker}(\Psi)=\{E,-E\}$ であり，像集合はつぎであたえられる：

$$\Psi(SU(2))=\left\{\varphi\in LF(\mathbb{C})\,\middle|\,\varphi(z)=\frac{\alpha z-\overline{\gamma}}{\gamma z+\overline{\alpha}}, |\alpha|^2+|\gamma|^2=1.\right\}$$

ゆえに，再び定理 8.6 (準同型定理) より

$$SU(2)/\{E,-E\}\cong\Psi(SU(2)) \tag{6}$$

一方，前節の最後に，**上への**準同型写像

$$\Phi : SU(2)\longrightarrow SO(3)$$

をつぎで定義した：

$$\Phi\left(\begin{pmatrix}a+bi & -c+di\\ c+di & a-bi\end{pmatrix}\right):=$$

$$\begin{pmatrix}a^2-b^2-c^2+d^2 & 2(cd-ab) & -2(ac+bd)\\ 2(ab+cd) & a^2-b^2+c^2-d^2 & 2(ad-bc)\\ 2(ac-bd) & -2(ad+bc) & a^2+b^2-c^2-d^2\end{pmatrix}$$

$$(a,b,c,d\in\mathbb{R},\ a^2+b^2+c^2+d^2=1).$$

この $\Phi$ の核も $\{E,-E\}$ であった．それゆえ，再び

$$SU(2)/\{E,-E\}\cong SO(3) \tag{7}$$

となる．(6) と (7) より

$$SO(3)\cong\Psi(SU(2))$$

となるが，左辺の群から右辺の群への同型写像は，第 5 節の定理 5.3 (ケーリーの公式) で具体的にあたえた．

## 8.2　対称群と交代群

有限個の元（要素）よりなる群を**有限群**（**finite group**）とよぶ．有限群 $G$ の元の個数を $G$ **の位数**（**order**）とよび，それを $\#(G)$ と書く．この記号は，一般に有限集合 $S$ の元の個数を $\#(S)$ と書くので，それに従っている．

有限群 $G$ の部分群 $H$ は，当然，有限群である．$a \in G$ に対し，$H$ から左剰余類 $Ha$ への写像 $H \longrightarrow Ha$ を $h \longmapsto ha$ で定義すると，これは $H$ から $Ha$ の上への一対一写像である．（$ha = h'a$ ならば $h = h'$．）ゆえに

$$\#(H) = \#(Ha).$$

それゆえ，$G$ を互いに共通元のない左剰余類の和

$$G = \bigcup Ha$$

と書く（系 8.3）と，両辺の元の個数を考えて，等式

$$\#(G) = r \cdot \#(H) \tag{8}$$

（$r$ は，ことなる左剰余類の個数）をえる．これより，つぎの定理がえられる：

**定理 8.7**（**ラグランジュ**（**Lagrange**）**の定理**）

$H$ を有限群 $G$ の部分群とするとき，$\#(H)$ は $\#(G)$ の約数である．

さて，有限集合

$$S = \{x_1, x_2, \cdots, x_n\} \quad (n = \#(S))$$

に対し，$S$ から $S$ の上への一対一写像（bijective mapping）全体の集合

$$BI(S)$$

($BI(S)$ は，本書だけの記号) は，写像の合成と言う「積」で群をなす．(恒等写像が単位元，逆写像が逆元である．) これを $S$ **上の対称群**とよぼう．

$BI(S)$ の元 $\sigma$ が $x_j$ を $x'_j$ $(j=1,2,\cdots,n)$ に写すとき，$\sigma$ を

$$\sigma=\begin{pmatrix} x_1 & x_2 & \cdots & x_n \\ x'_1 & x'_2 & \cdots & x'_n \end{pmatrix}$$

とあらわし，$\sigma$ を $S$ **上の置換**とよぶ．置換 $\sigma$ と順列 $x'_1x'_2\cdots x'_n$ は一対一に対応するので，置換の総数は順列の総数に等しい：

$$\#(BI(S))=n!\quad (n=\#(S))$$

ゆえに $BI(S)$ は有限群である．

**命題 8.8**

有限集合 $S=\{x_1,x_2,\cdots,x_n\}$ と $T=\{y_1,y_2,\cdots,y_n\}$ の元の個数が同じ ($\#(S)=\#(T)=n$) ならば，$BI(S)$ と $BI(T)$ は同型である：$BI(S)\cong BI(T)$．

▶**証明**　$S$ から $T$ への写像 $\tau:S\longrightarrow T$ を

$$\tau(x_j):=y_j\quad (j=1,2,\cdots,n)$$

と定義する．$\tau$ はあきらかに，$S$ から $T$ の上への一対一写像である．これを用いて，$BI(S)$ から $BI(T)$ への写像

$$\Phi:BI(S)\longrightarrow BI(T) \tag{9}$$

を $\Phi(\sigma):=\tau\circ\sigma\circ\tau^{-1}$ と定義すれば，$\Phi$ は上への一対一写像で，

$$\begin{aligned}\Phi(\sigma_1\circ\sigma_2)&=\tau\circ(\sigma_1\circ\sigma_2)\circ\tau^{-1}\\&=(\tau\circ\sigma_1\circ\tau^{-1})\circ(\tau\circ\sigma_2\circ\tau^{-1})\\&=\Phi(\sigma_1)\circ\Phi(\sigma_2)\end{aligned}$$

となるので $\Phi$ は同型写像となる．　**証明終**

この命題において，とくに $T$ として，数字の集合

$$T=\{1,2,\cdots,n\}$$

をとってくる．$BI(\{1,2,\cdots,n\})$ を $S_n$ と書き，**$n$ 次対称群**とよぶ．命題より「$\#(S)=n$」$\Longrightarrow$「$BI(S)\cong S_n$」である．

対称群 $S_2, S_3$ はつぎのような置換からなる：

$$S_2=\left\{e=\begin{pmatrix}1&2\\1&2\end{pmatrix},\begin{pmatrix}1&2\\2&1\end{pmatrix}=(12)\right\},$$

$$\begin{aligned}S_3=\Bigg\{e=\begin{pmatrix}1&2&3\\1&2&3\end{pmatrix},&\begin{pmatrix}1&2&3\\2&3&1\end{pmatrix}=(123),\\ \begin{pmatrix}1&2&3\\3&1&2\end{pmatrix}=(132),&\begin{pmatrix}1&2&3\\2&1&3\end{pmatrix}=(12),\\ \begin{pmatrix}1&2&3\\3&2&1\end{pmatrix}=(13),&\begin{pmatrix}1&2&3\\1&3&2\end{pmatrix}=(23)\Bigg\}\end{aligned}\tag{10}$$

ここで，$\begin{pmatrix}1&2&3\\2&3&1\end{pmatrix}=(123)$ の右辺，等，は**巡回置換**とよばれるものをあらわす記号で，この巡回置換は，1を2に，2を3に，3を1に写すものである．また，$\begin{pmatrix}1&2&3\\2&1&3\end{pmatrix}=(12)$ の右辺，等，も巡回置換，とくに**互換**とよばれるものを表す記号で，この互換は，1を2に，2を1に写し，3を3に写す置換である．（文字3は書かない.）

一般に $S_n$ の各元は，文字を共有しない，いくつかの巡回置換の積に（順序を除き）唯一通りに書ける．（文字を共有しない置換の積は可換である.）こちらの表記の方が見やすいので，それを用いると $S_4$ は，つぎのような置換よりなる．

$$\begin{aligned}S_4=\{e,&(123),(132),(124),(142),(134),(143),\\&(234),(243),(12)(34),(13)(24),(14)(23),\\&(12),(13),(14),(23),(24),(34),\\&(1234),(1243),(1324),(1342),(1423),(1432)\}\end{aligned}\tag{11}$$

$5!=120$ 個の元よりなる $S_5$ の元も，このように書きあげること

ができるが，それは読者にゆだねる．

(11) での $S_4$ の元の書きあげにおいて，最初の 12 個の元は「偶置換」とよばれ，残りの 12 個は「奇置換」とよばれる．(10) での $S_3$ の元の書き上げにおいても同様で，最初の 3 個の元は偶置換で，残りの 3 個は奇置換である．一般に $S_n$ の元の半分は偶置換で，残りは奇置換である．

偶置換，奇置換は，どのようにして決まるのか——このことを，$S_4$ の場合に見てみよう．(一般の $S_n$ の場合も同様である．)

$x_1, x_2, x_3, x_4$ を 4 個の**独立変数**とし，**差積**とよばれる 4 変数多項式

$$P = P(x_1, x_2, x_3, x_4) := (x_1 - x_2)(x_1 - x_3)(x_1 - x_4)(x_2 - x_3)(x_2 - x_4)(x_3 - x_4)$$

を考える．

群の同型 $S_4 \cong BI(\{x_1, x_2, x_3, x_4\})$ ( (9) 参照) によって，$S_4$ と $BI(\{x_1, x_2, x_3, x_4\})$ を**同一視すれば**，$S_4$ の各元 $\sigma$ が差積 $P$ に変数の置換として「作用」して，$\sigma(P)$ と言う多項式に変える．

例えば，$\sigma = (1\,2\,3\,4)$ とすると

$$\begin{aligned}\sigma(P)(x_1, x_2, x_3, x_4) &= P(x_2, x_3, x_4, x_1)\\ &= (x_2 - x_3)(x_2 - x_4)(x_2 - x_1)(x_3 - x_4)(x_3 - x_1)(x_4 - x_1)\\ &= -P(x_1, x_2, x_3, x_4).\end{aligned}$$

すなわち $\sigma(P) = -P$.

例えば，$\sigma = (12)(34)$ とすると

$$\begin{aligned}\sigma(P)(x_1, x_2, x_3, x_4) &= P(x_2, x_1, x_4, x_3)\\ &= (x_2 - x_1)(x_2 - x_4)(x_2 - x_3)(x_1 - x_4)(x_1 - x_3)(x_4 - x_3)\\ &= P(x_1, x_2, x_3, x_4).\end{aligned}$$

すなわち $\sigma(P) = P$.

このように，$S_4$ の各元 $\sigma$ に対し，$\sigma(P) = P$ か $\sigma(P) = -P$ のどちらか一方になる．$\sigma(P) = P$ となる $\sigma$ を**偶置換**とよび，

$\sigma(P)=-P$ となる $\sigma$ を**奇置換**とよぶ．

単位元は偶置換である．また，偶置換同士，奇置換同士の積は偶置換となり，偶置換と奇置換の積は奇置換となる．互換は奇置換である．偶数個の数字よりなる巡回置換は奇置換で，奇数個の数字よりなる巡回置換は偶置換である．$\sigma$ が偶（奇）置換ならば，$\sigma^{-1}$ も同じである．

以上のことにより，偶置換，奇置換の個数は，同数の12となり，

$$A_4 := \{\sigma \in S_4 \mid \sigma \text{は偶置換}\}$$

は $S_4$ の部分群をなす．これを**4次交代群**とよぶ．$A_4$ は $S_4$ の正規部分群になる．なぜなら，$\tau \in S_4, \sigma \in A_4$ とすると，$\tau\sigma\tau^{-1}$ は，$\tau$ の偶奇に関係なく，偶置換となるからである．系8.3はこの場合

$$S_4 = A_4 \cup A_4(12)$$

となっている．左剰余類（＝右剰余類）$A_4(12)$ が，奇置換全体の集合である．

一般の $n$ についても同様で，***n* 次交代群**

$$A_n := \{\sigma \in S_n \mid \sigma \text{は偶置換}\}$$

は，$S_n$ の正規部分群となり，$\#(A_n)=\dfrac{n!}{2}$ であり，系8.3はこの場合

$$S_n = A_n \cup A_n(12)$$

となっている．

$S_n$ には，$A_n$ 以外に，いろいろな部分群がある．たとえば，位数2の巡回群 $\{e, (12)\}$ は $S_n$ の部分群である．一般に，$S_n$ の部分群を**置換群**とよぶ．

一般に，$S$ を集合とするとき，$S$ から $S$ の上への一対一写像全体 $BI(S)$ は，（$S$ が有限集合でない場合でも）写像の合成と言う

「積」で群をなす．**その部分群を $S$ の変換の群**，または（$S$ を略して）単に**変換の群**，または**変換群**とよぶ．

置換群は，集合 $\{1, 2, \cdots, n\}$ の変換の群である．また，$GL(n, \mathbb{R})$（または $GL(n, \mathbb{C})$）やその部分群は，$\mathbb{R}^n$（または $\mathbb{C}^n$）の変換の群である．

このあとの節にあらわれる群も，すべて変換群である．

歴史的には，「群」の研究は，幾何学や代数学にあらわれる「変換群」の研究から始まっている．

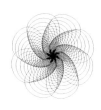

# 第 9 節　正多面体群

本節は，前節と前々節に話した群の基本性質を用いて，正多面体群を論じる．

## 9.1　正多面体群

正多面体は，つぎの 5 種類（のみ）存在することが知られている［図 9–1］．

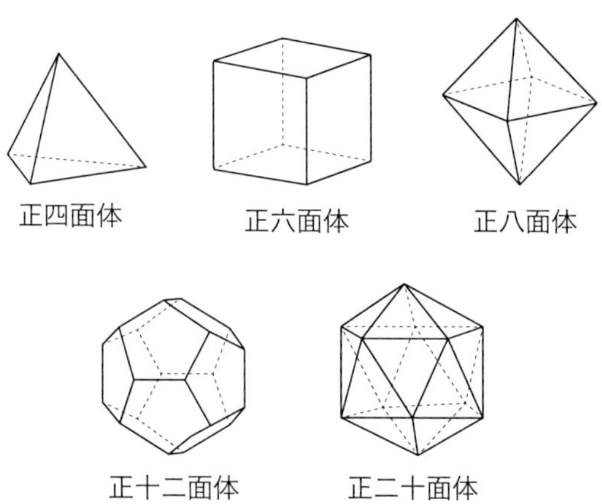


図 9-1

いま，正多面体 $\mathbb{P}$ を平行移動で動かして，その中心が $\mathbb{R}^3$ の原点 O になるようにする．こうすることにより，**以下，正多面体 $\mathbb{P}$ の中心は原点 O と仮定する．**

SO(3) の元，すなわち 3 次回転行列で，それを $\mathbb{R}^3$ の合同変換とみなしたとき，$\mathbb{P}$ を $\mathbb{P}$ に写すような行列 $A$ の全体

$$G(\mathbb{P}) := \{A \in \mathrm{SO}(3) \mid A(\mathbb{P}) = \mathbb{P}\}$$

は $SO(3)$ の部分群をなす．(じっさい，$A, B \in G(\mathbb{P})$ ならば $AB \in G(\mathbb{P})$ であり，単位行列 $E$ も $G(\mathbb{P})$ の元であり，$A^{-1} \in G(\mathbb{P})$ なので $G(\mathbb{P})$ は SO(3) の部分群である．) この $G(\mathbb{P})$ を**正多面体 $\mathbb{P}$ の群**とよぶ．

本節の目的は，正多面体 $\mathbb{P}$ の群 $G(\mathbb{P})$ を調べることである．

つぎの命題は，$G(\mathbb{P})$ の定義よりあきらかである：

**命題 9.1**　正多面体 $\mathbb{P}$ の群 $G(\mathbb{P})$ は $\mathbb{P}$ のサイズに関係しない．すなわち，$\mathbb{P}$ を O 中心に拡大（または縮小）した正多面体を $\mathbb{P}'$ とすると，$G(\mathbb{P}') = G(\mathbb{P})$ である．

つぎの命題も，SO(3) の元が合同変換であることと，合同変換が多面体を合同な多面体に写すことを考えれば，あきらかである：

**命題 9.2**

$$G(\mathbb{P}) = \{A \in \mathrm{SO}(3) \mid A \text{ は } \mathbb{P} \text{ の頂点を } \mathbb{P} \text{ の頂点に写す}\}$$

つぎの命題は，証明を必要とする：

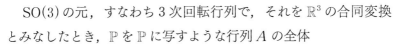

**命題 9.3**　$\mathbb{P}$ と $\mathbb{P}'$ を同種の正多面体（すなわち $\mathbb{P}$ が，たとえば，正四面体なら $\mathbb{P}'$ も正四面体）とする．このとき，$G(\mathbb{P})$ と $G(\mathbb{P}')$ は $\mathrm{SO}(3)$ において共役である．すなわち

$$G(\mathbb{P}')=AG(\mathbb{P})A^{-1}$$

と書ける $\mathrm{SO}(3)$ の元 $A$ が存在する．とくに，群 $G(\mathbb{P})$ と群 $G(\mathbb{P}')$ は同型である：

$$G(\mathbb{P})\cong G(\mathbb{P}').$$

**▶証明**　いま，$\mathbb{P}$ と $\mathbb{P}'$ を正六面体（立方体）$\mathbb{P}=\mathbb{P}_6, \mathbb{P}'=\mathbb{P}_6'$ とする．（他種の正多面体の場合は，少し修正した類似の議論になる．）

命題 9.1 により $\mathbb{P}_6$ と $\mathbb{P}_6'$ を同じサイズに仮定してよい．それゆえ，$\mathbb{P}_6$ と $\mathbb{P}_6'$ のすべての頂点が，O 中心，半径 1 の球面 $\mathrm{S}^2(\mathrm{O},1)$ 上にあるとする．

正六面体 $\mathbb{P}_6$ のひとつの頂点 P を固定し，図 9–2 のように，P を頂点に持つ（正方形の）3 面を $F_1, F_2, F_3$ とする [図 9–2]．

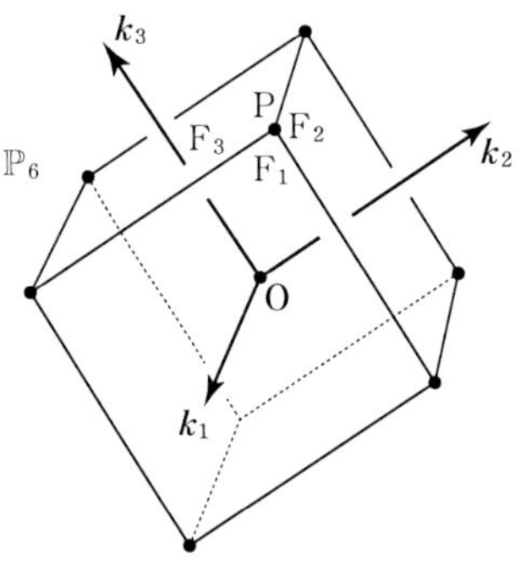


**図 9-2**

O から $F_1$ に垂線を下ろし，その足を $\mathrm{Q}_1$ とする．ベクトル $\overrightarrow{\mathrm{OQ_1}}$ と同方向で長さが 1 のベクトルを $\boldsymbol{k}_1$ とする．すなわち

$$\boldsymbol{k}_1 := \frac{\overrightarrow{OQ_1}}{\|\overrightarrow{OQ_1}\|}$$

($\boldsymbol{k}_1$ の終点は $S^2(O,1)$ 上にある.) 同様にベクトル $\boldsymbol{k}_2, \boldsymbol{k}_3$ を定義し (図 9-2 参照), それらを列ベクトルとして並べた行列

$$B := (\boldsymbol{k}_1\,\boldsymbol{k}_2\,\boldsymbol{k}_3) \tag{1}$$

を考える. これらは直交行列である. さらに (もし $\det(B) = -1$ なら, $\boldsymbol{k}_1$ と $\boldsymbol{k}_2$ を交換することにより) $\det(B) = 1$ と仮定できる. すなわち $B \in SO(3)$ と仮定できる.

つぎに, (頂点が $S^2(O,1)$ 上にある) いろいろな正六面体の中で, 具体的でわかりやすい位置にある, 言いかえると標準的位置にある正六面体 $\mathbb{P}_6^{(0)}$ を考えよう.

それは図 9-2 のベクトル $\boldsymbol{k}_1, \boldsymbol{k}_2, \boldsymbol{k}_3$ がそれぞれ $\boldsymbol{e}_1 = \begin{pmatrix}1\\0\\0\end{pmatrix}$, $\boldsymbol{e}_2 = \begin{pmatrix}0\\1\\0\end{pmatrix}$, $\boldsymbol{e}_3 = \begin{pmatrix}0\\0\\1\end{pmatrix}$ となる正六面体である [図 9-3].

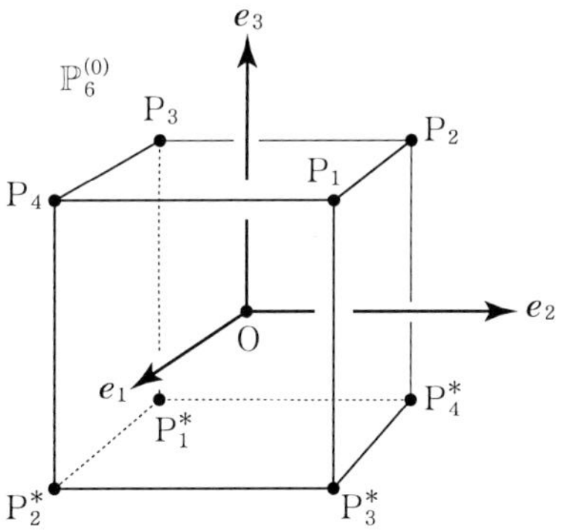


**図 9-3**

このとき (1) の $B$ は

$$B(\boldsymbol{e}_1)=\boldsymbol{k}_1, B(\boldsymbol{e}_2)=\boldsymbol{k}_2, B(\boldsymbol{e}_3)=\boldsymbol{k}_3$$

をみたし，さらに $B$ は $\mathbb{P}_6^{(0)}$ を $\mathbb{P}_6$ に写す：

$$B(\mathbb{P}_6^{(0)})=\mathbb{P}_6$$

これにより，つぎの等号がなりたつ：

$$G(\mathbb{P}_6)=BG(\mathbb{P}_6^{(0)})B^{-1} \tag{2}$$

（じっさい，$C\in G(\mathbb{P}_6^{(0)})$ とすると，$BCB^{-1}\in G(\mathbb{P}_6)$ がわかり，$BG(\mathbb{P}_6^{(0)})B^{-1}\subset G(\mathbb{P}_6)$ となる．逆に $BG(\mathbb{P}_6^{(0)})B^{-1}\supset G(\mathbb{P}_6)$ も言えるので，(2) の等号がなりたつ．）

$\mathbb{P}_6'$ についても，$\mathbb{P}_6$ の場合と同様に，SO(3) の元 $B'=(\boldsymbol{k}_1', \boldsymbol{k}_2', \boldsymbol{k}_3')$ を作る．そうすると $B'(\mathbb{P}_6^{(0)})=\mathbb{P}_6'$ となり，(2) と同様に等号

$$G(\mathbb{P}_6')=B'G(\mathbb{P}_6^{(0)})(B')^{-1} \tag{2$'$}$$

がなりたつ．さて，

$$A:=B'B^{-1}$$

とおけば，$A$ は SO(3) の元で，$A(\mathbb{P}_6)=\mathbb{P}_6'$ となり，(2)，(2)$'$より，等号

$$G(\mathbb{P}_6')=AG(\mathbb{P}_6)A^{-1}$$

をみたす．かくて，$G(\mathbb{P}_6')$ は SO(3) における $G(\mathbb{P}_6)$ の共役群である．

共役群が同型であることは，一般的に言えることで，一般形はつぎの命題 9.4 でのべる．（その証明は読者にゆだねる．）　**証明終**

**命題 9.4**　群 $G$ の部分群 $H$ と，その共役群 $aHa^{-1}\,(a\in G)$ は同型である：

$$H\cong aHa^{-1}.$$

**注意**　命題9.3をかんがみて，$G(\mathbb{P})$を，$\mathbb{P}$がたとえば正六面体なら，**正六面体群**とよぶ．また，それらを総称して，**正多面体群**とよぶ．　**注意終**

さて，つぎの命題を示そう：

**命題9.5**　正多面体群$G(\mathbb{P})$は有限群である．

▶**証明**　$\mathbb{P}$を正六面体$\mathbb{P}_6$として命題を示す．（他種の正多面体の場合の証明も同様である．）$\mathbb{P}_6$の8個の頂点を$\mathrm{P}_1, \cdots, \mathrm{P}_8$とする．$G(\mathbb{P}_6)$の各元$A$は，頂点集合$S := \{\mathrm{P}_1, \cdots, \mathrm{P}_8\}$から$S$自身の上への一対一写像$\sigma_A$，すなわち，$S$上の置換

$$\sigma_A := \begin{pmatrix} \mathrm{P}_1 & \cdots & \mathrm{P}_8 \\ \mathrm{P}_1' & \cdots & \mathrm{P}_8' \end{pmatrix}$$

をひきおこす．この$\sigma_A$は，前節（第8節）の用語，記号で言えば，$S$上の対称群$\mathrm{BI}(S)$の元である．このとき，$\sigma_A$の定義から，つぎがわかる：

$$「A, B \in G(\mathbb{P}_6)」\Longrightarrow「\sigma_{AB} = \sigma_A \sigma_B」 \tag{3}$$

そこでいま，写像$\Phi : G(P_6) \longrightarrow \mathrm{BI}(S)$を

$$\Phi(A) := \sigma_A$$

で定義すると，(3)によって，$\Phi$は準同型写像である．しかもこの場合，$\mathrm{Ker}(\Phi) = \{E\}$（$E$は単位行列）である．（なぜなら，$\mathrm{P}_1$を$\mathrm{P}_1$に，$\cdots$，$\mathrm{P}_8$を$\mathrm{P}_8$に，写す$G(\mathbb{P}_6)$の元は$E$しかない．）ゆえに$\Phi$は$G(\mathbb{P}_6)$から$\mathrm{BI}(S)$の部分群である像集合$\Phi(G(\mathbb{P}_6))$の上への，一対一準同型写像，すなわち，同型写像とみなすことができる．ゆえに

$$G(\mathbb{P}_6) \cong \Phi(G(\mathbb{P}_6)) \subset \mathrm{BI}(S).$$

前節の議論から，BI$(S)$ は8次対称群 $S_8$ と同型であり，その位数は $8!$ である．

かくて，$G(\mathbb{P}_6)$ が有限群であることが示された．　**証明終**

## 9.2　双対正多面体の群

いま，$\mathbb{P}$ を正六面体（立方体）$\mathbb{P}_6$ とする．$\mathbb{P}_6$ の各面の中心を，となりの面の中心と線分で結び合うと，正八面体がえられる［図9-4］．これを $\mathbb{P}_6$ の**双対正多面体**とよび，$\mathbb{P}_6^*$ と記す．

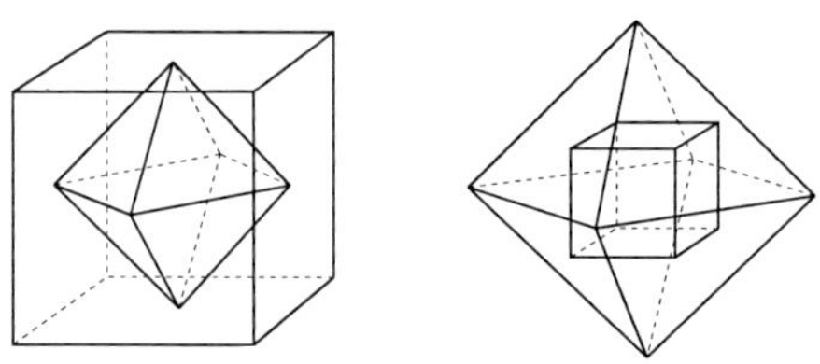

**図 9-4**

逆に，正八面体 $\mathbb{P}_8$ に同様の操作を行うと，正六面体がえられる（図9-4参照）．これを $\mathbb{P}_8$ の双対正多面体とよび，$\mathbb{P}_8^*$ と記す．

正六面体群 $G(\mathbb{P}_6)$ の任意の元 $A$ は，あきらかに $\mathbb{P}_6^*$ をそれ自身に写す．すなわち，$A$ は $G(\mathbb{P}_6^*)$ の元である．逆に，$G(\mathbb{P}_6^*)$ の任意の元は，$\mathbb{P}_6$ をそれ自身に写すので $G(\mathbb{P}_6)$ の元である．かくて，つぎの等号がえられた：

$$G(\mathbb{P}_6^*) = G(\mathbb{P}_6) \tag{4}$$

同様に，つぎの等号がなりたつ：

$$G(\mathbb{P}_8^*) = G(\mathbb{P}_8) \tag{5}$$

同様の操作により，正十二面体 $\mathbb{P}_{12}$ の双対正多面体 $\mathbb{P}_{12}^*$ がえられ，それは正二十面体である．また，正二十面体 $\mathbb{P}_{20}$ の双対正多

面体 $\mathbb{P}_{20}^*$ は，正十二面体である．

上と同様に，つぎの等号がなりたつ：

$$G(\mathbb{P}_{12}^*) = G(\mathbb{P}_{12}),\quad G(\mathbb{P}_{20}^*) = G(\mathbb{P}_{20}) \tag{6}$$

なお，正四面体 $\mathbb{P}_4$ の双対正多面体は正四面体である．(4), (5), (6) と命題 9.3 より，つぎの命題がえられる：

**命題 9.6**

(i) $G(\mathbb{P}_6)$ と $G(\mathbb{P}_8)$ は，$SO(3)$ における共役部分群である．とくに $G(\mathbb{P}_6) \cong G(\mathbb{P}_8)$ である．

(ii) $G(\mathbb{P}_{12})$ と $G(\mathbb{P}_{20})$ は，$SO(3)$ における共役部分群である．とくに $G(\mathbb{P}_{12}) \cong G(\mathbb{P}_{20})$ である．

## 9.3　正多面体群のさらなる研究

正多面体群をさらに調べよう．以下，正多面体 $\mathbb{P}$ は中心が原点 O とし，全ての頂点が $S^2(O,1)$ 上にあるものと仮定する．$\mathbb{P}$ の表面を O 中心に $S^2(O,1)$ に射影すると,「球面多面体」$\hat{\mathbb{P}}$ ができる．図 9–5 は，正六面体 $\mathbb{P}_6$ の各面を 8 個の直角三角形に分け市松模様に塗り分けて，$S^2(O,1)$ に射影したものである [図 9–5]．

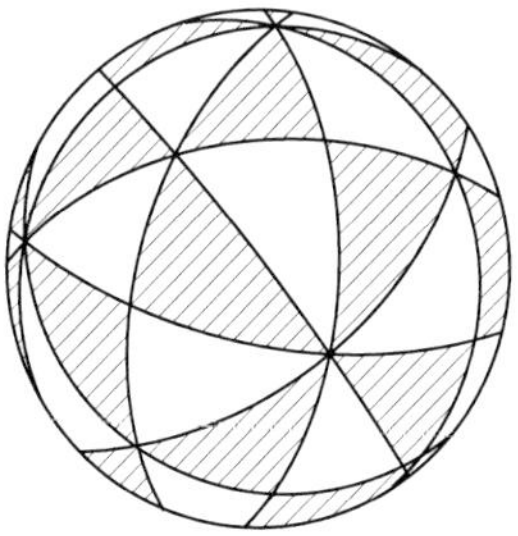

図 9-5

(図 9–5 は，正八面体の各面を 6 個の三角形に分け，市松模様に塗り分けて，$S^2(O,1)$ に射影しても得られる．)

P を $\mathbb{P}$ の表面上の一点とし，P を O 中心に $S^2(O,1)$ に射影した点を $\widehat{P}$ とすると，$\widehat{P}$ は $\widehat{\mathbb{P}}$ の表面の点である．

さて，始めに正六面体群を調べる．命題 9.3 によれば，命題 9.3 の証明に出てきた，標準的位置にある正六面体 $\mathbb{P}_6^{(0)}$（図 9–3 参照）の群 $G(\mathbb{P}_6^{(0)})$ を調べれば十分である．$\mathbb{P}_6^{(0)}$ の頂点は，図 9–3 より，

$$P_1=\left(\frac{1}{\sqrt{3}},\frac{1}{\sqrt{3}},\frac{1}{\sqrt{3}}\right), P_2=\left(-\frac{1}{\sqrt{3}},\frac{1}{\sqrt{3}},\frac{1}{\sqrt{3}}\right),$$
$$P_3=\left(-\frac{1}{\sqrt{3}},-\frac{1}{\sqrt{3}},\frac{1}{\sqrt{3}}\right), P_4=\left(\frac{1}{\sqrt{3}},-\frac{1}{\sqrt{3}},\frac{1}{\sqrt{3}}\right)$$

と，$P_1^*, P_2^*, P_3^*, P_4^*$（$P_j^*$ は $P_j\ (j=1,2,3,4)$ の対心点）である．

一方，単位行列と異なる SO(3) の行列 $A$ は，長さ 1 のベクトル $\boldsymbol{k}$ を軸とする角 $\theta$ の回転であった（第 3 節参照）．それは，$-\boldsymbol{k}$ を軸とする角 $-\theta$ の回転でもある．この $(\boldsymbol{k},\theta)$ と $(-\boldsymbol{k},-\theta)$ は $A$ により唯二組決まる．$A$ を

$$A=A_\theta^{\boldsymbol{k}}=A_{-\theta}^{-\boldsymbol{k}}$$

（本書だけの記号）と記す．

この記号を用いると，$G(\mathbb{P}_6^{(0)})$ の元として，つぎのような行列が考えられる：

$$\left.\begin{array}{c}A_{\pi/2}^{e_1}, A_{\pi}^{e_1}, A_{3\pi/2}^{e_1}, A_{\pi/2}^{e_2}, A_{\pi}^{e_2}, A_{3\pi/2}^{e_2},\\ A_{\pi/2}^{e_3}, A_{\pi}^{e_3}, A_{3\pi/2}^{e_3}\end{array}\right\} \qquad (7\text{–}\,\mathrm{i}\,)$$

$$\left.\begin{array}{c}A_{2\pi/3}^{v_1}, A_{4\pi/3}^{v_1}, A_{2\pi/3}^{v_2}, A_{4\pi/3}^{v_2}\\ A_{2\pi/3}^{v_3}, A_{4\pi/3}^{v_3}, A_{2\pi/3}^{v_4}, A_{4\pi/3}^{v_4}\end{array}\right\} \qquad (7\text{–}\,\mathrm{ii}\,)$$

$$A_\pi^{m_{12}}, A_\pi^{m_{13}}, A_\pi^{m_{14}}, A_\pi^{m_{23}}, A_\pi^{m_{24}}, A_\pi^{m_{34}} \qquad (7\text{–}\,\mathrm{iii})$$

$$E\ (\text{単位行列}) \qquad (7\text{–}\,\mathrm{iv})$$

ここで，$\boldsymbol{v}_j := \overrightarrow{\mathrm{OP}_j}$ $(j = 1, 2, 3, 4)$ である．また，$\boldsymbol{m}_{12} := \overrightarrow{\mathrm{O}\hat{\mathrm{M}}_{12}}$ で，$\mathrm{M}_{12}$ と $\hat{\mathrm{M}}_{12}$ はそれぞれ $\mathbb{P}_6^{(0)}$, $S^2(\mathrm{O}, 1)$ における $\mathrm{P}_1$ と $\mathrm{P}_2$ の中点，$\boldsymbol{m}_{13} := \overrightarrow{\mathrm{O}\hat{\mathrm{M}}_{13}}$ で，$\mathrm{M}_{13}$ と $\hat{\mathrm{M}}_{13}$ はそれぞれ $\mathbb{P}_6^{(0)}$, $S^2(\mathrm{O}, 1)$ における $\mathrm{P}_1$ と $\mathrm{P}_3^*$ の中点，等である．

(7-ｉ)の回転は，$\mathbb{P}_6^{(0)}$ の面の中心点を Q とするとき，ベクトル $\overrightarrow{\mathrm{OQ}}$ を軸とする回転である．

(7-ⅱ)の回転は，$\mathbb{P}_6^{(0)}$ の頂点を P とするとき，ベクトル $\overrightarrow{\mathrm{OP}}$ を軸とする回転である．

(7-ⅲ)の回転は，$\mathbb{P}_6^{(0)}$ の辺の中点を M とするとき，ベクトル $\overrightarrow{\mathrm{OM}}$ を軸とする $\pi$ －回転である．

> **注意**　他種の正多面体 $\mathbb{P}$ についても，(7-ｉ), (7-ⅱ), (7-ⅲ)のような回転が $G(\mathbb{P})$ の元になる．　**注意終**

さて，(7-ｉ), (7-ⅱ), (7-ⅲ)の回転と $E$ は，互いに異なる回転で，合計 24 個ある．つぎの定理は，$G(\mathbb{P}_6^{(0)})$ がこれらの回転**だけ**からなっていると主張している：

> **定理 9.7**　正六面体群は，(したがって正八面体群も) 4 次対称群 $S_4$ に同型である．

▶**証明**　命題 9.3 により，$G(\mathbb{P}_6^{(0)}) \cong S_4$ を示せばよい．図 9.3 において，$\mathrm{P}_1$ と $\mathrm{P}_1^*$ を結ぶ直線を $\ell_1$ とする：

$$\ell_1 := \overline{\mathrm{P}_1\mathrm{P}_1^*}$$

同様に，直線 $\ell_2, \ell_3, \ell_4$ をつぎで定義する：

$$\ell_2 := \overline{\mathrm{P}_2\mathrm{P}_2^*}, \quad \ell_3 = \overline{\mathrm{P}_3\mathrm{P}_3^*}, \quad \ell_4 := \overline{\mathrm{P}_4\mathrm{P}_4^*}$$

さて，$G(\mathbb{P}_6^{(0)})$ の元 $A$ は，$\mathbb{P}_6^{(0)}$ の頂点を頂点に写す．そして，$A$ が頂点 P を頂点 P′ に写すとき，P の対心点 P* を P′ の対心点 (P′)* に写す．

それゆえ $A$ は，直線 $\ell_j$ $(j=1,2,3,4)$ をこれらのどれかに写す．したがって，$A$ によって，4 直線の置換

$$\psi_A := \begin{pmatrix} \ell_1 & \ell_2 & \ell_3 & \ell_4 \\ \ell_1' & \ell_2' & \ell_3' & \ell_4' \end{pmatrix}$$

が引きおこされる．

$A, B \in G(\mathbb{P}_6^{(0)})$ のとき，O をとおる直線 $\ell$ は，AB によって，O をとおる直線 $A(B(\ell))$ に写る．このことを考えに入れると，つぎの等号がなりたつことがわかる：

$$\psi_{AB} = \psi_A \psi_B \tag{8}$$

いま，有限集合 $L := \{\ell_1, \ell_2, \ell_3, \ell_4\}$ の上の対称群 BI$(L)$ を考えて，写像 $\Psi : G(\mathbb{P}_6^{(0)}) \longrightarrow \mathrm{BI}(L)$ を

$$\Psi(A) := \psi_A$$

で定義すると，(8) によって $\Psi$ は準同型写像となる．

この $\Psi$ は $\mathrm{Ker}(\Psi) = \{E\}$ である．このことを背理法で示そう．

いま，$E$ と異なる $A$ が $\mathrm{Ker}(\Psi)$ にぞくするとする．$A$ は $\ell_j$ を $\ell_j$ $(j=1,2,3,4)$ にうつすので，$A$ は，たとえば $\mathrm{P}_1$ を $\mathrm{P}_1^*$ に写すとしてよい．この $A$ は，$\ell_1$ に垂直なあるベクトル $\boldsymbol{k}$ を軸とする $\pi$ - 回転でなければならない：$A = A_\pi^{\boldsymbol{k}}$．しかし，この回転は，図 9-3 を見ると，$\ell_2$ を $\ell_2$ に，$\ell_3$ を $\ell_3$ に，$\ell_4$ を $\ell_4$ にうつすことは出来ないので，矛盾である．ゆえに $\mathrm{Ker}(\Psi) = \{E\}$ である．

したがって，$\Psi$ は $G(\mathbb{P}_6^{(0)})$ から BI$(L)$ の部分群である像集合 $\Psi(G(\mathbb{P}_6^{(0)}))$ の上への同型写像と考えられる．しかるに，位数を考えると

$$\#(\Psi(G(\mathbb{P}_6^{(0)}))) = \#(G(\mathbb{P}_6^{(0)})) \geqq 24,$$
$$\#(\mathrm{BI}(L)) = \#(S_4) = 24$$

なので，不等号が等号になり，$\Psi(G(\mathbb{P}_6^{(0)}))=\mathrm{BI}(L)$ となって

$$\Psi: G(\mathbb{P}_6^{(0)}) \longrightarrow \mathrm{BI}(L)$$

は，上への同型写像となる．したがって，

$$G(\mathbb{P}_6^{(0)}) \cong \mathrm{BI}(L) \cong S_4$$

が示された． **証明終**

上の定理の証明の最後の同型 $\mathrm{BI}(L)\cong S_4$ を用いて，たとえば

$$\begin{pmatrix} \ell_1 & \ell_2 & \ell_3 & \ell_4 \\ \ell_2 & \ell_3 & \ell_4 & \ell_1 \end{pmatrix} \text{ と } (1234)$$

を同一視することにより，$\mathrm{BI}(L)$ **と** $S_4$ **を同一視したとする**．このとき，同型写像

$$\Psi: G(\mathbb{P}_6^{(0)}) \longrightarrow S_4 \tag{9}$$

によって，たとえば

$$\begin{aligned} &\Psi(A^{e_3}_{\pi/2})=(1234),\quad \Psi(A^{e_3}_{\pi})=(13)(24), \\ &\Psi(A^{v_1}_{2\pi/3})=(243),\quad \Psi(A^{m_{12}}_{\pi})=(12) \end{aligned} \tag{10}$$

等，となっている．((10) の最後の等号は，$\boldsymbol{m}_{12}=\left(0,\dfrac{1}{\sqrt{2}},\dfrac{1}{\sqrt{2}}\right)$，$\boldsymbol{m}_{12}\perp \boldsymbol{v}_3$, $\boldsymbol{m}_{12}\perp \boldsymbol{v}_4$ よりわかる．)

なお，$G(\mathbb{P}_6^{(0)})$ の各元は，($\boldsymbol{e}_1, \boldsymbol{e}_2, \boldsymbol{e}_3$ がこの回転で写されるベクトルを列ベクトルとして並べることにより) 具体的に

$$\begin{aligned} &A^{e_3}_{\pi/2}=\begin{pmatrix} 0 & -1 & 0 \\ 1 & 0 & 0 \\ 0 & 0 & 1 \end{pmatrix},\quad A^{e_3}_{\pi}=\begin{pmatrix} -1 & 0 & 0 \\ 0 & -1 & 0 \\ 0 & 0 & 1 \end{pmatrix}, \\ &A^{v_1}_{2\pi/3}=\begin{pmatrix} 0 & 0 & 1 \\ 1 & 0 & 0 \\ 0 & 1 & 0 \end{pmatrix},\quad A^{m_{12}}_{\pi}=\begin{pmatrix} -1 & 0 & 0 \\ 0 & 0 & 1 \\ 0 & 1 & 0 \end{pmatrix} \end{aligned} \tag{11}$$

等，と (各行，各列の一ヶ所だけに $\pm 1$ が入り，他は 0 である行列として) 表示される．

つぎに，正四面体群 $G(\mathbb{P}_4)$ について考えよう．具体的でわかりやすい位置にある正四面体 $\mathbb{P}_4^{(0)}$ をとり，$G(\mathbb{P}_4^{(0)})$ を調べれば十分である．

$\mathbb{P}_4^{(0)}$ として，図9–3の $\mathbb{P}_6^{(0)}$ の頂点 $P_1, P_2^*, P_3, P_4^*$ を頂点とする正四面体とする［図9–6］．

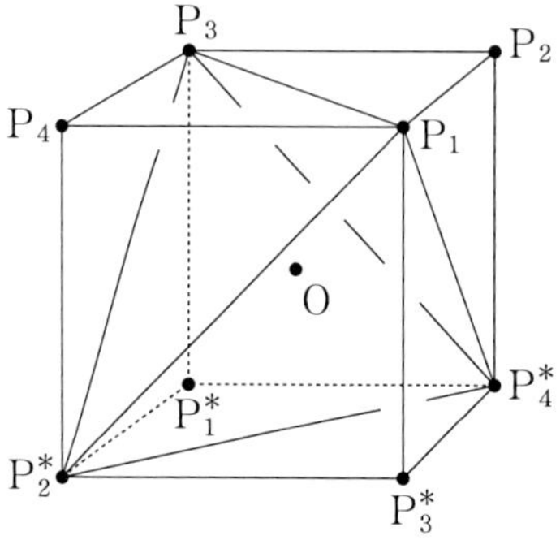


**図 9-6**

$G(\mathbb{P}_4^{(0)})$ の元は，命題9.2により，SO(3) にぞくする行列 $A$ で，$\mathbb{P}_4^{(0)}$ の頂点集合 $\Lambda := \{P_1, P_2^*, P_3, P_4^*\}$ を $\Lambda$ 自身に写すものに他ならない．しかるに，そのような行列 $A$ は，$\Lambda$ の対心点集合 $\Lambda^* := \{P_1^*, P_2, P_3^*, P_4\}$ を $\Lambda^*$ 自身に写す．したがって $A$ は $\Lambda \cup \Lambda^*$ を $\Lambda \cup \Lambda^*$ 自身に写す SO(3) にぞくする行列である．ゆえに（再び命題9.2より）$A$ は $G(\mathbb{P}_6^{(0)})$ の元である．結局

$$G(\mathbb{P}_4^{(0)}) \subset G(\mathbb{P}_6^{(0)})$$

となり，**$G(\mathbb{P}_4^{(0)})$ は，$G(\mathbb{P}_6^{(0)})$ の部分群となる．**

$G(\mathbb{P}_4^{(0)})$ は $G(\mathbb{P}_6^{(0)})$ と同様に，各頂点とOを結ぶベクトルを軸とする回転と，2頂点の（$S^2(O,1)$ における）中点とOを結ぶベクトルを軸とする $\pi$ −回転からなる．すなわち，$G(\mathbb{P}_4^{(0)})$ は (7-i)〜(7-iv) の記号を用いると，つぎの集合である：

$$G(\mathbb{P}_4^{(0)}) = \{A_\pi^{e_1}, A_\pi^{e_2}, A_\pi^{e_3}, A_{2\pi/3}^{v_1}, A_{4\pi/3}^{v_1}, A_{2\pi/3}^{v_2},$$
$$A_{4\pi/3}^{v_2}, A_{2\pi/3}^{v_3}, A_{4\pi/3}^{v_3}, A_{2\pi/3}^{v_4}, A_{4\pi/3}^{v_4}, E\}.$$

それゆえ，$\#(G(\mathbb{P}_4^{(0)})) = 12$ である．

$G(\mathbb{P}_4^{(0)})$ の各元を，(9) の同型写像 $\Psi$ で $S_4$ の元に写すと，それらは全て偶置換になる．たとえば

$$\Psi(A_\pi^{e_1}) = (13)(24),\ \Psi(A_{2\pi/3}^{v_1}) = (243)$$

((10) 参照) である．したがって $\Psi$ は，同型写像

$$\Psi : G(\mathbb{P}_4^{(0)}) \longrightarrow A_4 \quad (4\text{ 次交代群})$$

をみちびく．かくて，つぎの定理が示された：

**定理 9.8**　正四面体群は，4 次交代群 $A_4$ に同型である．

最後に，正二十面体群 $G(\mathbb{P}_{20})$ を論じるが，大略を述べて詳細は読者にゆだねることにする．

具体的でわかりやすい位置にある正二十面体 $\mathbb{P}_{20}^{(0)}$ として，図 9–7 の正二十面体を考える [図 9–7]．

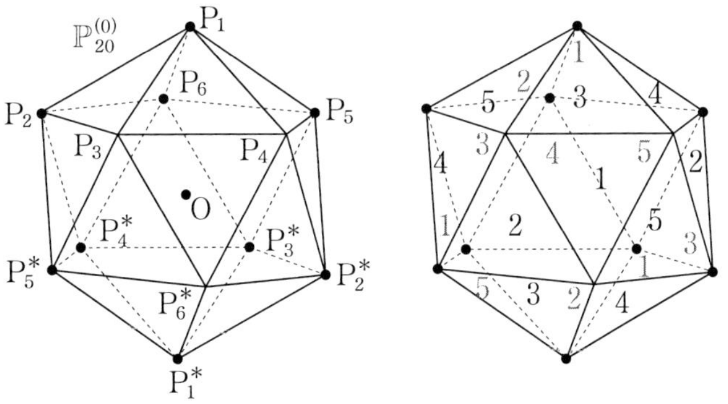


**図 9-7**

図 9–7 の左図において，頂点 $\mathrm{P}_1$ は $\mathrm{P}_1 := (0,0,1)$ であり，$\mathrm{P}_2$ は $xz$ –平面にぞくし，$\mathrm{P}_2 := (\ell_2, 0, n_2)$ $(\ell_2^2 + n_2^2 = 1)$ ある．（図 9–7 の左図にもとづいて，$\ell_2, n_2$ の値を求めることができる．）$\overrightarrow{\mathrm{OP}_1} = \boldsymbol{e}_3$ を軸に $\overrightarrow{\mathrm{OP}_2}$ を $2\pi/5$ 回転したベクトルが $\overrightarrow{\mathrm{OP}_3}$ である，等.

そして，60 個の $G(\mathbb{P}_{20}^{(0)})$ の元が，(7– i) ～(7– iv) のように記述できる.

これらの元の具体的行列表示には，回転行列の具体的表示（定理 3.3）が役に立つ．それを用いると，たとえば，

$$A_{2\pi/5}^{\boldsymbol{e}_3} = \begin{pmatrix} c_0 & -s_0 & 0 \\ s_0 & c_0 & 0 \\ 0 & 0 & 1 \end{pmatrix},$$

$$A_{\pi}^{\boldsymbol{m}_{12}} = \begin{pmatrix} \dfrac{-c_0}{1-c_0} & 0 & \dfrac{\sqrt{1-2c_0}}{1-c_0} \\ 0 & -1 & 0 \\ \dfrac{\sqrt{1-2c_0}}{1-c_0} & 0 & \dfrac{c_0}{1-c_0} \end{pmatrix},$$

$$A_{2\pi/3}^{\boldsymbol{m}_{123}} = \begin{pmatrix} \dfrac{-c_0^2}{1-c_0} & \dfrac{-c_0 s_0}{1-c_0} & \dfrac{\sqrt{1-2c_0}}{1-c_0} \\ s_0 & -c_0 & 0 \\ \dfrac{c_0\sqrt{1-2c_0}}{1-c_0} & \dfrac{s_0\sqrt{1-2c_0}}{1-c_0} & \dfrac{c_0}{1-c_0} \end{pmatrix}$$

である．ここに，$c_0 := \cos(2\pi/5)$，$s_0 := \sin(2\pi/5)$，

$$\boldsymbol{m}_{12} = \overrightarrow{\mathrm{O\hat{M}}_{12}},\ \overrightarrow{\mathrm{OM}_{12}} = \frac{1}{2}(\overrightarrow{\mathrm{OP}_1} + \overrightarrow{\mathrm{OP}_2}),$$

$$\boldsymbol{m}_{123} = \overrightarrow{\mathrm{O\hat{M}}_{123}},\ \overrightarrow{\mathrm{OM}_{123}} = \frac{1}{3}(\overrightarrow{\mathrm{OP}_1} + \overrightarrow{\mathrm{OP}_2} + \overrightarrow{\mathrm{OP}_3})$$

である.

なお，これらは，次の関係にある：

$$A_{2\pi/5}^{e_3} \cdot A_{\pi}^{m_{12}} \cdot A_{2\pi/3}^{m_{123}} = E \quad （単位行列）$$

つぎに，20 個ある $\mathbb{P}_{20}^{(0)}$ の面（正三角形）を，図 9–7 の右図のように 1 組～5 組に分ける．（向い側にある面の組番号は点線で記されている．）

$G(\mathbb{P}_{20}^{(0)})$ の元は，同じ組にぞくする面を同じ組にぞくする面に写す．それゆえ，写像 $\Psi : G(\mathbb{P}_{20}^{(0)}) \longrightarrow S_5$（5 次対称群）が定義されるが，これが像 $\Psi(G(\mathbb{P}_{20}^{(0)}))$ への同型写像であることがわかり，さらに像の置換はすべて偶置換であることがわかる．たとえば

$$\Psi(A_{2\pi/5}^{e_3}) = (12534),$$
$$\Psi(A_{\pi}^{m_{12}}) = (14)(25),$$
$$\Psi(A_{2\pi/3}^{m_{123}}) = (243)$$

となっている．

結局 $\Psi$ は同型写像

$$\Psi : G(\mathbb{P}_{20}^{(0)}) \longrightarrow A_5 \quad （5 次交代群）$$

となって，つぎの定理がえられる：

**定理 9.9**　正二十面体群は，（したがって正十二面体群も）5 次交代群 $A_5$ に同型である．

# 第 10 節　合同変換群

## 10.1　合同変換群

$n$ 次元ユークリッド空間 $\mathbb{R}^n$ の合同変換 (isometry) $\varphi$ とは，$\mathbb{R}^n$ からそれ自身の上への一対一写像で，距離 $d$ を変えないもの，すなわち $\mathbb{R}^n$ の任意の二点 P, Q に対して $d(\varphi(\mathrm{P}), \varphi(\mathrm{Q})) = d(\mathrm{P}, \mathrm{Q})$ をみたすものである (第 1 節参照).

定義からあきらかに，合同変換全体の集合

$$\mathrm{IM}(\mathbb{R}^n) := \{\varphi \mid \varphi \text{ は } \mathbb{R}^n \text{ の合同変換}\}$$

( $\mathrm{IM}(\mathbb{R}^n)$ は本書だけの記号) は，写像の合成という積に関して群をなす．これを $\mathbb{R}^n$ の**合同変換群**，または，$n$ **次元合同変換群**とよぶ．

O を $\mathbb{R}^n$ の原点とする．$\mathbb{R}^n$ の点 P とベクトル $\overrightarrow{\mathrm{OP}}$ を同一視することにより，$\mathbb{R}^n$ と $n$ 次元ベクトル全体の集合 (**$n$ 次元ベクトル空間**) を同一視し，こちらも $\mathbb{R}^n$ と記す．この同一視の下で $\mathbb{R}^n$ の合同変換 $\varphi$ は，

$$\varphi(\overrightarrow{\mathrm{OP}}) := \overrightarrow{\mathrm{OP'}} = \overrightarrow{\mathrm{OO'}} + \overrightarrow{\mathrm{O'P'}} \quad (\mathrm{O'} = \varphi(\mathrm{O}),\ \mathrm{P'} = \varphi(\mathrm{P}))$$

と定義することにより，ベクトル空間 $\mathbb{R}^n$ の変換と考えられ，つぎのように式表示できる (第 1 節参照)：

$$\varphi : \boldsymbol{x} \longmapsto A\boldsymbol{x} + \boldsymbol{a} \quad (\boldsymbol{x} \in \mathbb{R}^n) \tag{1}$$

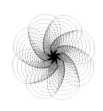

ここで $\boldsymbol{a}\,(:=\overrightarrow{\mathrm{OO'}})$ は ($\boldsymbol{x}$ に関係しない) 定ベクトルで, $A$ は $n$ 次直交行列 (直交変換) である. ((1) では, ベクトルは $(n\times 1)$ - 行列と同一視している.) すなわち $\varphi$ は, $\varphi=\tau_a\circ A$ と書ける. ここで $\tau_a:\boldsymbol{x}\longmapsto\boldsymbol{x}+\boldsymbol{a}$ は平行移動である.

いま

$$\psi:\boldsymbol{x}\longmapsto B\boldsymbol{x}+\boldsymbol{b}$$

を他の合同変換とすると, 合成変換 $\varphi\circ\psi$ は, つぎの式であらわされる：

$$\varphi\circ\psi:\boldsymbol{x}\longmapsto(AB)\boldsymbol{x}+(\boldsymbol{a}+A\boldsymbol{b}) \tag{2}$$

また, 逆変換 $\varphi^{-1}$ は

$$\varphi^{-1}:\boldsymbol{x}\longmapsto A^{-1}\boldsymbol{x}-A^{-1}\boldsymbol{a} \tag{3}$$

とあらわされる.

さて, (1) において

$$A=\begin{pmatrix} a_{11} & a_{12} & \cdots & a_{1n} \\ a_{21} & a_{22} & \cdots & a_{2n} \\ \cdots & \cdots & \cdots & \cdots \\ a_{n1} & a_{n2} & \cdots & a_{nn} \end{pmatrix},\quad \boldsymbol{a}=\begin{pmatrix} u_1 \\ u_2 \\ \vdots \\ u_n \end{pmatrix}$$

と書いて, $(n+1)$ 次正方行列

$$\begin{pmatrix} a_{11} & a_{12} & \cdots & a_{1n} & u_1 \\ a_{21} & a_{22} & \cdots & a_{2n} & u_2 \\ \cdots & \cdots & \cdots & \cdots & \cdots \\ a_{n1} & a_{n2} & \cdots & a_{nn} & u_n \\ 0 & 0 & \cdots & 0 & 1 \end{pmatrix}$$

を考えよう. この行列を「大行列—小行列の記法」を用いて

$$\begin{pmatrix} A & \boldsymbol{a} \\ {}^t\boldsymbol{0} & 1 \end{pmatrix} \tag{4}$$

と書くと便利である. ここで ${}^t\boldsymbol{0}=(0\ \ 0\ \ \cdots\ \ 0)$ はゼロ $(1\times n)$ - 行列である. この記法の下で, 行列の積を計算するときは, あたかも $(2\times 2)$ - 行列の積を計算するように計算できる. すなわち

$$\begin{pmatrix} A & \boldsymbol{a} \\ {}^t\boldsymbol{0} & 1 \end{pmatrix}\begin{pmatrix} B & \boldsymbol{b} \\ {}^t\boldsymbol{0} & 1 \end{pmatrix} = \begin{pmatrix} AB & A\boldsymbol{b}+\boldsymbol{a} \\ {}^t\boldsymbol{0} & 1 \end{pmatrix} \tag{2)'}$$

$$\begin{pmatrix} A & \boldsymbol{a} \\ {}^t\boldsymbol{0} & 1 \end{pmatrix}^{-1} = \begin{pmatrix} A^{-1} & -A^{-1}\boldsymbol{a} \\ {}^t\boldsymbol{0} & 1 \end{pmatrix} \tag{3)'}$$

とくに

$$\begin{pmatrix} E & \boldsymbol{a} \\ {}^t\boldsymbol{0} & 1 \end{pmatrix}^{-1} = \begin{pmatrix} E & -\boldsymbol{a} \\ {}^t\boldsymbol{0} & 1 \end{pmatrix} \tag{3)''}$$

($E$ は $n$ 次単位行列) である．

そこでいま，(1) であたえられる $\mathrm{IM}(\mathbb{R}^n)$ の各元 $\varphi$ に対し (4) の $(n+1)$ − 次正方行列を対応させる写像

$$\Psi : \mathrm{IM}(\mathbb{R}^n) \longrightarrow \mathrm{GL}(n+1, \mathbb{R})$$
$$\varphi \longmapsto \begin{pmatrix} A & \boldsymbol{a} \\ {}^t\boldsymbol{0} & 1 \end{pmatrix}$$

を考えよう．

**命題 10.1**

$\Psi$ は，$\mathrm{IM}(\mathbb{R}^n)$ から ( $\mathrm{GL}(n+1, \mathbb{R})$ の部分群である) $\Psi$ の像集合 $\Psi(\mathrm{IM}(\mathbb{R}^n))$ への同型写像である．

**▶証明**　(2) と (2)′ より $\Psi$ が $\mathrm{IM}(\mathbb{R}^n)$ から $\mathrm{GL}(n+1, \mathbb{R})$ への準同型写像であることがわかる．いま

$$\begin{pmatrix} A & \boldsymbol{a} \\ {}^t\boldsymbol{0} & 1 \end{pmatrix} = E \quad ((n+1)\text{ 次単位行列})$$

とおくと，$A=E$ ($n$ 次単位行列)，$\boldsymbol{a}=\boldsymbol{0}$ (ゼロ $(n\times 1)$ − 行列) となるので，$\varphi=\iota$ (恒等変換) となる．すなわち，$\mathrm{Ker}(\Psi)=\{\iota\}$ となるので，$\Psi$ は $\mathrm{IM}(\mathbb{R}^n)$ から像集合 $\Psi(\mathrm{IM}(\mathbb{R}^n))$ への同型写像とみなすことができる．　**証明終**

この命題に基づいて，以下の議論で，合同変換 $\varphi$ と $(n+1)$ 次正

方行列 $\Psi(\varphi)$ を，**しばしば同一視する**：

$$\varphi = \begin{pmatrix} A & \boldsymbol{a} \\ {}^t\boldsymbol{0} & 1 \end{pmatrix} \quad とくに \quad \tau_a = \begin{pmatrix} E & \boldsymbol{a} \\ {}^t\boldsymbol{0} & 1 \end{pmatrix} \tag{5}$$

さて，写像

$$\Lambda : \mathrm{IM}(\mathbb{R}^n) \longrightarrow \mathrm{O}(n) \quad (n \text{ 次直交群})$$

を（(1) または (5) の表記の下で）

$$\Lambda(\varphi) := A$$

と定義する．

**命題 10.2**

$\Lambda$ は $\mathrm{O}(n)$ の上への準同型写像であり，核 $\mathrm{Ker}(\Lambda)$ は平行移動全体である：

$$\mathrm{Ker}(\Lambda) = \mathrm{T}(\mathbb{R}^n) := \{\tau_a \mid \boldsymbol{a} \in \mathbb{R}^n\}.$$

したがって

$$\mathrm{IM}(\mathbb{R}^n)/\mathrm{T}(\mathbb{R}^n) \cong \mathrm{O}(n) \tag{6}$$

▶**証明**　$\Lambda$ が，上への準同型写像であることは，(2) または (2)′ よりわかる．$\mathrm{Ker}(\Lambda) = \mathrm{T}(\mathbb{R}^n)$ は (5) よりあきらかである．(6) の同型は準同型定理（第 8 節）よりえられる．　**証明終**

**系 10.3**

（ i ）平行移動全体 $\mathrm{T}(\mathbb{R}^n)$ は，$\mathrm{IM}(\mathbb{R}^n)$ の正規部分群である．

（ii）$\mathrm{T}(\mathbb{R}^n)$ はベクトルの加群 $\mathbb{R}^n$ と同型である．

▶**証明**　（ i ）は命題 10.2 より，あきらかである．（ii）あきらかに写像

$$\boldsymbol{a} \in \mathbb{R}^n \longmapsto \tau_a \in \mathrm{T}(\mathbb{R}^n)$$

は，上への一対一写像であり，(2) で $A=E$, $B=E$ とおくことにより，同型写像であることがわかる．**証明終**

上の系 10.3 の ( i ) は直接示すこともできる．すなわち，(2)′, (3)′ を用いた行列計算でえられる，つぎの等式からも ( i ) がわかる：

$$\begin{pmatrix} A & \boldsymbol{a} \\ {}^t\mathbf{0} & 1 \end{pmatrix}\begin{pmatrix} E & \boldsymbol{b} \\ {}^t\mathbf{0} & 1 \end{pmatrix}\begin{pmatrix} A & \boldsymbol{a} \\ {}^t\mathbf{0} & 1 \end{pmatrix}^{-1}=\begin{pmatrix} E & A\boldsymbol{b} \\ {}^t\mathbf{0} & 1 \end{pmatrix} \tag{7}$$

さて，(2)′, (3)″ を用いた行列計算でえられる ((7) に似た) つぎの等式に注目しよう：

$$\begin{pmatrix} E & \boldsymbol{b} \\ {}^t\mathbf{0} & 1 \end{pmatrix}^{-1}\begin{pmatrix} A & \boldsymbol{a} \\ {}^t\mathbf{0} & 1 \end{pmatrix}\begin{pmatrix} E & \boldsymbol{b} \\ {}^t\mathbf{0} & 1 \end{pmatrix}=\begin{pmatrix} A & \boldsymbol{c} \\ {}^t\mathbf{0} & 1 \end{pmatrix} \tag{8}$$

ここに $\boldsymbol{c}:=\boldsymbol{a}+(A-E)\boldsymbol{b}$.

この等式は，つぎのようにも書き換えられる：

$$\begin{pmatrix} E & \boldsymbol{b} \\ {}^t\mathbf{0} & 1 \end{pmatrix}^{-1}\begin{pmatrix} A & \boldsymbol{a} \\ {}^t\mathbf{0} & 1 \end{pmatrix}=\begin{pmatrix} A & \boldsymbol{c} \\ {}^t\mathbf{0} & 1 \end{pmatrix}\begin{pmatrix} E & \boldsymbol{b} \\ {}^t\mathbf{0} & 1 \end{pmatrix}^{-1} \tag{8$'$}$$

ここに $\boldsymbol{c}=\boldsymbol{a}+(A-E)\boldsymbol{b}$.

いま，

$$\varphi:=\begin{pmatrix} A & \boldsymbol{a} \\ {}^t\mathbf{0} & 1 \end{pmatrix},\ \hat{\varphi}:=\begin{pmatrix} A & \boldsymbol{c} \\ {}^t\mathbf{0} & 1 \end{pmatrix} \tag{9}$$

とおくと，(8)′ は

$$\varphi(\boldsymbol{x})-\boldsymbol{b}=\hat{\varphi}(\boldsymbol{x}-\boldsymbol{b}) \tag{10}$$

と書ける．ここに $\boldsymbol{x}$ は $\mathbb{R}^n$ の任意のベクトルである．

この等式 (10) を概念的に解釈すると，次の命題になる：

**命題 10.4**

$\boldsymbol{b}=\overrightarrow{\mathrm{OQ}}$ とおく．平行移動 $\tau_b$ によって，座標系を原点 O から「原点」Q に移すと，合同変換 $\varphi=\begin{pmatrix} A & \boldsymbol{a} \\ {}^t\boldsymbol{0} & 1 \end{pmatrix}$ は合同変換 $\hat{\varphi}=\begin{pmatrix} A & \boldsymbol{c} \\ {}^t\boldsymbol{0} & 1 \end{pmatrix}$ $(\boldsymbol{c}=\boldsymbol{a}+(A-E)\boldsymbol{b})$ に換わる．

**証明**　$\varphi$ が $\mathbb{R}^n$ の (任意の) 点 R を R′ に写すとする．$\overrightarrow{\mathrm{OR}}=\boldsymbol{x}$ とおくと，(定義より) $\overrightarrow{\mathrm{OR'}}=\varphi(\boldsymbol{x})$ である．いま，「原点」を Q にすると，(定義より) $\varphi$ は，$\overrightarrow{\mathrm{QR}}=\overrightarrow{\mathrm{QO}}+\overrightarrow{\mathrm{OR}}=\boldsymbol{x}-\boldsymbol{b}$ を $\overrightarrow{\mathrm{QR'}}=\overrightarrow{\mathrm{QO}}+\overrightarrow{\mathrm{OR'}}=\varphi(\boldsymbol{x})-\boldsymbol{b}$ に写す．

これは (10) より，$\hat{\varphi}(\boldsymbol{x}-\boldsymbol{b})$ に等しいので，命題 10.4 がえられる．**証明終**

(8)′ または (10) は，図 10-1 でも表現される [図 10-1].

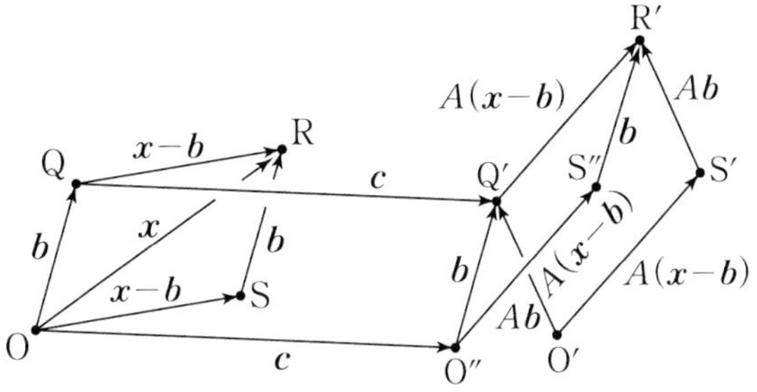


**図 10-1**

ただし，図 10-1 において

$$\overrightarrow{\mathrm{OQ}}=\overrightarrow{\mathrm{SR}}=\boldsymbol{b},\ \overrightarrow{\mathrm{OR}}=\boldsymbol{x}$$
$$\mathrm{O'}:=\varphi(\mathrm{O}),\ \mathrm{Q'}:=\varphi(\mathrm{Q}),$$
$$\mathrm{R'}:=\varphi(\mathrm{R}),\ \mathrm{S'}:=\varphi(\mathrm{S}),$$

である．また，

$$\overrightarrow{\mathrm{OR'}} = \varphi(\boldsymbol{x}),\quad \overrightarrow{\mathrm{OO'}} = \boldsymbol{a},\quad \overrightarrow{\mathrm{QQ'}} = \boldsymbol{c},$$
$$\overrightarrow{\mathrm{OO''}} := \boldsymbol{c},\quad \overrightarrow{\mathrm{O''S''}} := A(\boldsymbol{x}-b)$$

である．それゆえ，図 10-1 の四辺形 OSRQ, O′S′R′Q′, OO″Q′Q, O″S″R′Q′ は，いずれも平行四辺形であり，とくに前の二つは合同である．そして

$$\overrightarrow{\mathrm{QR'}} = \overrightarrow{\mathrm{OS''}} = \hat{\varphi}(\boldsymbol{x}-\boldsymbol{b})$$

となっている．

**系 10.5**　$\varphi = \begin{pmatrix} A & \boldsymbol{a} \\ {}^t\boldsymbol{0} & 1 \end{pmatrix}$ を $\mathbb{R}^n$ の合同変換とする．

(i) $\overrightarrow{\mathrm{OQ}} = \boldsymbol{b}$ とおく．このとき「$\varphi(\mathrm{Q}) = \mathrm{Q}$」$\Longleftrightarrow$「$\boldsymbol{c} = \boldsymbol{0}$ (ゼロベクトル)，ここに $\boldsymbol{c} = \boldsymbol{a} + (A-E)\boldsymbol{b}$」．

(ii) もし，$\varphi(\mathrm{Q}) = \mathrm{Q}$ となる（$\varphi$ **の不動点**（または**固定点**）とよばれる）点 Q が $\mathbb{R}^n$ に存在すれば，$\varphi$ は点 Q を「原点」とする直交変換 $A$ とみなすことができる．

▶**証明**　(i) 図 10-1 からわかるように「$\mathrm{Q'} = \varphi(\mathrm{Q}) = \mathrm{Q}$」$\Longleftrightarrow$「$\boldsymbol{c} = \overrightarrow{\mathrm{QQ'}} = \boldsymbol{0}$」．

(ii) もし $\varphi(\mathrm{Q}) = \mathrm{Q}$ ならば (9) より

$$\hat{\varphi} = \begin{pmatrix} A & \boldsymbol{0} \\ {}^t\boldsymbol{0} & 1 \end{pmatrix}$$

それゆえ $\hat{\varphi}$ は直交変換 $A$ に等しい．ゆえに命題 10.4 より (ii) がえられる．

**証明終**

## 10.2　平面の合同変換の分類

この小節では，$\mathrm{IM}(\mathbb{R}^2)$ の元，すなわち，平面 $\mathbb{R}^2$ の合同変換について調べる．

第 2 節で述べたように，$\mathrm{O}(2)$ の元，すなわち 2 次直交行列は二種類あって，ひとつは，原点 O を中心とする角 $\theta$ の回転

$$A_\theta := \begin{pmatrix} \cos\theta & -\sin\theta \\ \sin\theta & \cos\theta \end{pmatrix} \tag{11}$$

であり，他のひとつは，O をとおり傾きが $\tan(\theta/2)$ である直線 $\ell$ に関する鏡映

$$B_\ell := \begin{pmatrix} \cos\theta & \sin\theta \\ \sin\theta & -\cos\theta \end{pmatrix} \tag{12}$$

である．（これら (11), (12) で $\theta = 0$ とおくと，それぞれ

$$A_0 = E,\quad B_{\ell_0} = \begin{pmatrix} 1 & 0 \\ 0 & -1 \end{pmatrix}\ (x\text{–軸に関する鏡映}) \tag{13}$$

となる．（$\ell_0 := x$ – 軸.））

それゆえ，$\mathbb{R}^2$ の合同変換 $\varphi$ も二種類あり，（(5) の同一視を用いて）それらは

$$\begin{pmatrix} A_\theta & \boldsymbol{a} \\ {}^t\boldsymbol{0} & 1 \end{pmatrix} \ \text{と}\ \begin{pmatrix} B_\ell & \boldsymbol{a} \\ {}^t\boldsymbol{0} & 1 \end{pmatrix} \tag{14}$$

である．(暫定的に) それぞれ，**第一種**の合同変換，**第二種**の合同変換とよぼう．

**命題 10.6**

$\mathbb{R}^2$ の第一種の合同変換 $\varphi=\begin{pmatrix} A_\theta & \boldsymbol{a} \\ {}^t\boldsymbol{0} & 1 \end{pmatrix}$ は,

（ i ）$\theta=0$ ならば，平行移動であり，

（ii）$\theta\neq 0$ ならば，唯ひとつ存在する不動点 Q 中心，角 $\theta$ の回転である.

▶**証明**　（ i ）は (13) より，あきらかである.

（ii）$\theta\neq 0$ とする．系 10.5 によれば，$\varphi$ の不動点 Q が存在することと，ベクトル $\boldsymbol{c}=\boldsymbol{a}+(A_\theta-E)\boldsymbol{b}$ がゼロベクトルとなるような $\boldsymbol{b}$ $(:=\overrightarrow{\mathrm{OQ}})$ が存在することが同値である．この条件は，$\boldsymbol{b}$ を未知ベクトルとする方程式（$\boldsymbol{b}$ の成分を未知数とする連立一次方程式）

$$(E-A_\theta)\boldsymbol{b}=\boldsymbol{a} \tag{15}$$

が解 $\boldsymbol{b}$ を有することと同値である．しかるに

$$\det(E-A_\theta)=\begin{vmatrix} 1-\cos\theta & \sin\theta \\ -\sin\theta & 1-\cos\theta \end{vmatrix}=2(1-\cos\theta)$$

は，$\theta\neq 0$ $(\theta\neq 2k\pi, k\in\mathbb{Z})$ のときゼロでない．それゆえ方程式 (15) は唯ひとつの解

$$\boldsymbol{b}=(E-A_\theta)^{-1}\boldsymbol{a} \tag{16}$$

を持つ．系 10.5 によれば，このとき $\varphi$ は不動点 Q 中心，角 $\theta$ の回転である.

不動点の唯一性は，$\varphi$ がその点中心の回転で，他の点は不動点でないことからわかる.　**証明終**

上の命題 10.6 の証明中の (16) の $\boldsymbol{b}$ $(=\overrightarrow{\mathrm{OQ}}$ , Q は $\varphi$ の不動点) は,（計算するとわかるように）次式であたえられる：

$$\boldsymbol{b}=\frac{1}{2}\boldsymbol{a}+\frac{\sin\theta}{2(1-\cos\theta)}\boldsymbol{a}^{\perp} \tag{16$'$}$$

ここに $\boldsymbol{a}^{\perp}$ は O 中心に $\boldsymbol{a}$ を $\frac{\pi}{2}$ 回転したベクトルである．すなわち $\boldsymbol{a}=\begin{pmatrix}u_1\\u_2\end{pmatrix}$ ならば $\boldsymbol{a}^{\perp}:=\begin{pmatrix}0&-1\\1&0\end{pmatrix}\begin{pmatrix}u_1\\u_2\end{pmatrix}=\begin{pmatrix}-u_2\\u_1\end{pmatrix}$．(16)′ によって，あるいは，直接 (15) より $(-\boldsymbol{b})+\boldsymbol{a}=A_\theta(-\boldsymbol{b})$ なので，$\varphi$ の不動点 Q は，図 10-2 のように作図される [図 10-2]．

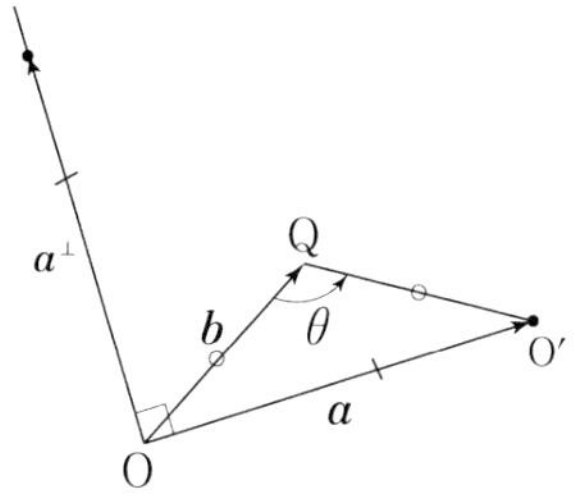


**図 10-2**

図 10-2 において，$\overrightarrow{\mathrm{OO'}}=\boldsymbol{a}$ であり，$\triangle\mathrm{QOO'}$ は $\angle \mathrm{Q}=\theta$ を頂角とする二等辺三角形である．

> **命題 10.7**
>
> $\mathbb{R}^2$ の第二種の合同変換 $\varphi=\begin{pmatrix}B_\ell&\boldsymbol{a}\\{}^t\boldsymbol{0}&1\end{pmatrix}$ は，もし $\varphi$ の不動点 Q が存在するならば，Q をとおり $\ell$ に平行な直線 $\ell'$ に関する鏡映である．

▶**証明**　命題 10.6 の証明と同様に，$\varphi$ の不動点 Q が存在することと，$\boldsymbol{b}$ $(:\overrightarrow{\mathrm{OQ}})$ を未知ベクトルとする方程式

$$(E-B_\ell)\boldsymbol{b}=\boldsymbol{a} \tag{17}$$

が解 $\boldsymbol{b}$ を有することと同値である．しかるに

$$\det(E-B_\ell)=\begin{vmatrix}1-\cos\theta & -\sin\theta \\ -\sin\theta & 1+\cos\theta\end{vmatrix}$$
$$=1-\cos^2\theta-\sin^2\theta=0$$

となるので，方程式(17)は必ずしも解 $\boldsymbol{b}$ を有しない．

いま，もし解 $\boldsymbol{b}$ が存在するならば，系 10.5 によって，$\varphi$ は，Q をとおり傾きが $\tan(\theta/2)$ である直線 $\ell'$（$\ell' /\!/ \ell$（平行））に関する鏡映である．　**証明終**

**注意**　この場合，$\ell'$ 上の各点も $\varphi$ の不動点となる．　**注意終**

さて，問題は，第二種の合同変換 $\varphi=\begin{pmatrix}B_\ell & \boldsymbol{a} \\ {}^t\boldsymbol{0} & 1\end{pmatrix}$ が不動点を持たない場合である．この場合を考えるために，まず，つぎの補題に注意する：

**補題 10.8**

(i) $B_\ell=\begin{pmatrix}\cos\theta & \sin\theta \\ \sin\theta & -\cos\theta\end{pmatrix}$ の固有値は $\pm1$ である．

(ii) $\boldsymbol{k}_+:=\begin{pmatrix}\cos(\theta/2) \\ \sin(\theta/2)\end{pmatrix}$, $\boldsymbol{k}_-:=\begin{pmatrix}-\sin(\theta/2) \\ \cos(\theta/2)\end{pmatrix}$ は，それぞれ，$B_\ell$ の固有値 1，固有値 $-1$ に対する固有ベクトルで，共に長さ 1 で互いに直交している．$\boldsymbol{k}_+$ は $\ell$ と同方向である．

(iii) 任意の 2 次元ベクトル $\boldsymbol{v}$ は，$\boldsymbol{v}=\boldsymbol{v}_++\boldsymbol{v}_-$ と分解できる．ここに $\boldsymbol{v}_+$, $\boldsymbol{v}_-$ はそれぞれ $\boldsymbol{k}_+$, $\boldsymbol{k}_-$ のスカラー倍（実数倍のこと）であり，次式であたえられる：

$$\boldsymbol{v}_+=\frac{1}{2}(\boldsymbol{v}+B_\ell(\boldsymbol{v})),\ \boldsymbol{v}_-=\frac{1}{2}(\boldsymbol{v}-B_\ell(\boldsymbol{v}))$$

(iv)「$\boldsymbol{v}_-=\boldsymbol{0}$」$\Longleftrightarrow$「$B_\ell(\boldsymbol{v})=\boldsymbol{v}$」．

(v)「$\boldsymbol{v}_+=\boldsymbol{0}$」$\Longleftrightarrow$「$B_\ell(\boldsymbol{v})=-\boldsymbol{v}$」．

**▶証明**

（i）$x$ を未知数として，固有方程式

$\det(B_\ell - xE) = 0$，すなわち，$\begin{vmatrix} \cos\theta - x & \sin\theta \\ \sin\theta & -\cos\theta - x \end{vmatrix} = 0$ の左辺

を計算すると，$x^2 - 1$ となる．それゆえ固有値は $\pm 1$ である．

（ii）$\boldsymbol{k}_+$, $\boldsymbol{k}_-$ は，あきらかに長さ 1 で互いに直交している．（二倍角の公式を用いて）計算すると

$$B_\ell(\boldsymbol{k}_+) = \begin{pmatrix} \cos\theta & \sin\theta \\ \sin\theta & -\cos\theta \end{pmatrix}\begin{pmatrix} \cos(\theta/2) \\ \sin(\theta/2) \end{pmatrix} = \begin{pmatrix} \cos(\theta/2) \\ \sin(\theta/2) \end{pmatrix} = \boldsymbol{k}_+,$$

$$B_\ell(\boldsymbol{k}_-) = \begin{pmatrix} \cos\theta & \sin\theta \\ \sin\theta & -\cos\theta \end{pmatrix}\begin{pmatrix} -\sin(\theta/2) \\ \cos(\theta/2) \end{pmatrix} = \begin{pmatrix} \sin(\theta/2) \\ -\cos(\theta/2) \end{pmatrix} = -\boldsymbol{k}_-$$

となるので，$\boldsymbol{k}_+$, $\boldsymbol{k}_-$ はそれぞれ $1, -1$ に対する固有ベクトルである．$\sin(\theta/2)/\cos(\theta/2) = \tan(\theta/2)$ ゆえ，$\boldsymbol{k}_+$ は $\ell$ と同方向である．

（iii）任意のベクトル $\boldsymbol{v}$ は，実数 $a, b$ を用いて $\boldsymbol{v} = a\boldsymbol{k}_+ + b\boldsymbol{k}_-$ と書ける．なぜなら $\boldsymbol{k}_+$ と $\boldsymbol{k}_-$ を並べた行列 $(\boldsymbol{k}_+\,\boldsymbol{k}_-) = A_{\theta/2}$ を用いて $\begin{pmatrix} a \\ b \end{pmatrix} := A_{\theta/2}^{-1}\boldsymbol{v}$ とおけば

$$\boldsymbol{v} = A_{\theta/2}\begin{pmatrix} a \\ b \end{pmatrix} = (\boldsymbol{k}_+\,\boldsymbol{k}_-)\begin{pmatrix} a \\ b \end{pmatrix} = a\boldsymbol{k}_+ + b\boldsymbol{k}_-$$

となるからである．（この議論を逆にすると，$a, b$ の唯一性がわかる．）

いま，$\boldsymbol{v}_+ := a\boldsymbol{k}_+$, $\boldsymbol{v}_- := b\boldsymbol{k}_-$ とおく．これらは，$a \neq 0$, $b \neq 0$ のとき，それぞれ，$1, -1$ に対する固有ベクトルである．ゆえに

$$B_\ell(\boldsymbol{v}) = B_\ell(\boldsymbol{v}_+ + \boldsymbol{v}_-) = \boldsymbol{v}_+ - \boldsymbol{v}_-.$$

この式と $\boldsymbol{v} = \boldsymbol{v}_+ + \boldsymbol{v}_-$ を辺々加える，または辺々引くことにより

$$\boldsymbol{v}_+ = \frac{1}{2}(\boldsymbol{v} + B_\ell(\boldsymbol{v})), \ \boldsymbol{v}_- = \frac{1}{2}(\boldsymbol{v} - B_\ell(\boldsymbol{v}))$$

をえる．

（iv）と（v）は（iii）よりえられる．　**証明終**

さて，第二種の合同変換

$$\varphi=\begin{pmatrix} B_\ell & \boldsymbol{a} \\ {}^t\boldsymbol{0} & 1 \end{pmatrix}$$

の右辺にあらわれているベクトル $\boldsymbol{a}$ を，補題 10.8 によって

$$\boldsymbol{a}=\boldsymbol{a}_+ + \boldsymbol{a}_-$$

と分解しておく．いま

$$\boldsymbol{b}=\overrightarrow{\mathrm{OQ}}:=\frac{1}{2}\boldsymbol{a}_- \tag{18}$$

とおく．このとき，(8)，(8)′ のベクトル $\boldsymbol{c}$ は，補題 10.8 より

$$\begin{aligned} \boldsymbol{c}&=\boldsymbol{a}+(B_\ell-E)\boldsymbol{b}=(\boldsymbol{a}_+ + \boldsymbol{a}_-)+(B_\ell-E)\frac{1}{2}\boldsymbol{a}_- \\ &=(\boldsymbol{a}_+ + \boldsymbol{a}_-)+\frac{1}{2}B_\ell\boldsymbol{a}_- - \frac{1}{2}\boldsymbol{a}_- \\ &=\boldsymbol{a}_+ + \boldsymbol{a}_- - \frac{1}{2}\boldsymbol{a}_- - \frac{1}{2}\boldsymbol{a}_- = \boldsymbol{a}_+ \end{aligned}$$

となる．したがって，(9) の $\hat{\varphi}$ は

$$\hat{\varphi}=\begin{pmatrix} B_\ell & \boldsymbol{a}_+ \\ {}^t\boldsymbol{0} & 1 \end{pmatrix}$$

となる．しかるに，$B_\ell\boldsymbol{a}_+=\boldsymbol{a}_+$ なので，この $\hat{\varphi}$ は (2)′ より（または直接計算により），

$$\begin{aligned} \hat{\varphi}&=\begin{pmatrix} B_\ell & \boldsymbol{a}_+ \\ {}^t\boldsymbol{0} & 1 \end{pmatrix}=\begin{pmatrix} E & \boldsymbol{a}_+ \\ {}^t\boldsymbol{0} & 1 \end{pmatrix}\begin{pmatrix} B_\ell & \boldsymbol{0} \\ {}^t\boldsymbol{0} & 1 \end{pmatrix} \\ &=\begin{pmatrix} B_\ell & \boldsymbol{0} \\ {}^t\boldsymbol{0} & 1 \end{pmatrix}\begin{pmatrix} E & \boldsymbol{a}_+ \\ {}^t\boldsymbol{0} & 1 \end{pmatrix} \end{aligned} \tag{19}$$

と書ける．

**もし，**$\boldsymbol{a}_+=0$（ゼロベクトル）**ならば，**$\hat{\varphi}=\begin{pmatrix} B_\ell & \boldsymbol{0} \\ {}^t\boldsymbol{0} & 1 \end{pmatrix}$ となり，$\hat{\varphi}$ は $\ell$ に関する鏡映となって，$\varphi$ の方は，Q をとおり $\ell$ に平行な直線 $\ell'$ に関する鏡映となる．この場合，$\varphi$ は Q を不動点に持っている．

**もし，** $\boldsymbol{a}_+\neq 0$ **ならば，**(19) と命題 10.4 により，$\hat{\varphi}$（または $\varphi$）

は，直線 $\ell$（または，Q をとおり $\ell$ に平行な直線 $\ell'$）に関する鏡映と，$\ell$（または $\ell'$）**方向のベクトル $\boldsymbol{a}_+$ の**平行移動 $\tau_{a_+}$ の，**可換な合成**である．このような合同変換を，$\ell$（または $\ell'$）**に関するすべり鏡映**とよぶ．この場合，$\hat{\varphi}$ も $\varphi$ も不動点を持たない．

$\mathbb{R}^2$ の任意の点 P に対し，点 $\varphi(\mathrm{P})$ は図 10-3 で示される［図 10-3］．

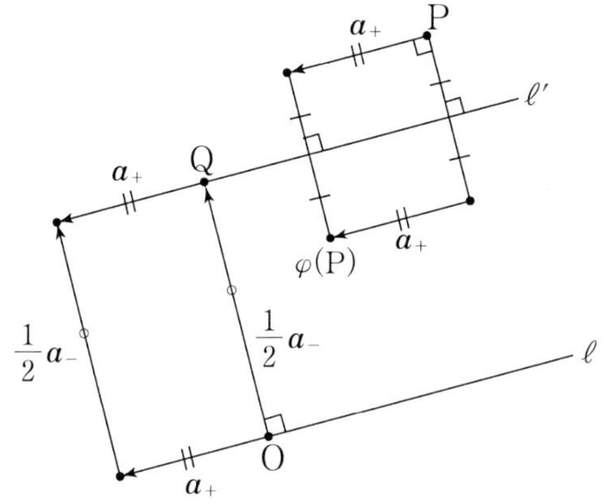


**図 10-3**

（図 10-3 より，あきらかに）$\varphi$ が鏡映になることと $\boldsymbol{a}_+$ がゼロベクトルになることは同値である．そして，この条件は，補題 10.8 より，条件「$B_\ell(\boldsymbol{a}) = -\boldsymbol{a}$」とも同値である．

以上の議論をまとめると，つぎの二命題になる：

**命題 10.9**

$\mathbb{R}^2$ の第二種の合同変換 $\varphi = \begin{pmatrix} B_\ell & \boldsymbol{a} \\ {}^t\boldsymbol{0} & 1 \end{pmatrix}$ が不動点を持たないときは，$\varphi$ は $\ell$ に平行な直線 $\ell'$ に関するすべり鏡映である．

**命題 10.10**

$\mathbb{R}^2$ の第二種の合同変換 $\varphi=\begin{pmatrix} B_\ell & \boldsymbol{a} \\ {}^t\mathbf{0} & 1 \end{pmatrix}$ が，ある直線に関する鏡映であるための必要十分条件は，$B_\ell(\boldsymbol{a})=-\boldsymbol{a}$ となることである．

ただし，上の議論は，命題 10.10 における条件「$B_\ell(\boldsymbol{a})=-\boldsymbol{a}$」が必要であることは示していない．それを示そう．

いま，$\varphi$ がある直線 $\ell''$ に関する鏡映であるとする．このとき，$\ell''$ 上の各点は $\varphi$ の不動点である．それゆえ，$\varphi$ を不動点を持つ．それゆえ，上の議論により，$\varphi$ は $\overrightarrow{\mathrm{OQ}}=\dfrac{1}{2}\boldsymbol{a}_-$ となる点 Q をとおり $\ell$ に平行な直線 $\ell'$ に関する鏡映となる．それゆえ，$\boldsymbol{a}_+=\mathbf{0}$（ゼロベクトル）となり，補題 10.8 より $B_\ell(\boldsymbol{a})=-\boldsymbol{a}$ となる．これで示された．

ここの議論にあらわれた二本の直線 $\ell''$ と $\ell'$ は等しい直線である：$\ell''=\ell'$．このことは一見，あきらかなことに見えるが，つぎの補題で述べる．証明は背理法（$\ell''\neq\ell'$ として矛盾を導くこと）で行うのであるが，詳細は読者にゆだねる：

**補題 10.11**

$\mathbb{R}^2$ の合同変換 $\varphi$ が直線 $\ell'$ に関する鏡映，または直線 $\ell'$ に関するすべり鏡映である場合，この直線 $\ell'$ は $\varphi$ によって唯ひとつ定まる．

命題 10.6，10.7，10.9 はつぎの定理にまとめられる：

**定理 10.12**

$\mathbb{R}^2$ の合同変換は，つぎの 5 種のみである：

( i ) 平行移動.

( ii ) ある点中心の回転.

( iii ) ある直線に関する鏡映.

( iv ) ある直線に関するすべり鏡映.

( v ) 恒等変換.

**注意**　この定理は昔からよく知られた定理である．ここに述べた証明でない，ユークリッド幾何を用いた証明が難波 [7] にあるが，その証明はビックス [8] を引用したものである．　**注意終**

# 第 3 章

# 二次元結晶群の諸性質

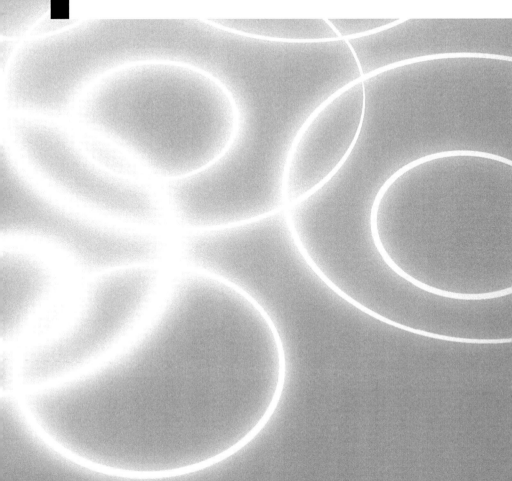

# 第 11 節　結晶群

## 11.1　前節の復習と補足

$n$ 次元ユークリッド空間 $\mathbb{R}^n$ からそれ自身の上への一対一写像で，距離を変えないものを，$\mathbb{R}^n$ の合同変換とよぶ．その全体の集合

$$\mathrm{IM}(\mathbb{R}^n) := \{\varphi \mid \varphi \text{は} \ \mathbb{R}^n \ \text{の合同変換}\}$$

は，写像の合成と言う積に関し群を作る．これを $\mathbb{R}^n$ の合同変換群とよぶ．その中で，平行移動の全体

$$\mathrm{T}(\mathbb{R}^n) := \{\tau_a \mid \boldsymbol{a} \text{は(ベクトル空間としての)} \mathbb{R}^n \text{のベクトル}\}$$

( $\tau_a(\boldsymbol{x}) := \boldsymbol{x} + \boldsymbol{a}$ $(\boldsymbol{x} \in \mathbb{R}^n)$ )，は $\mathrm{IM}(\mathbb{R}^n)$ の正規部分群であり，商群 $\mathrm{IM}(\mathbb{R}^n)/\mathrm{T}(\mathbb{R}^n)$ は，$n$ 次直交群 $\mathrm{O}(n)$ に同型である：

$$\mathrm{IM}(\mathbb{R}^n)/\mathrm{T}(\mathbb{R}^n) \cong \mathrm{O}(n) \tag{1}$$

なお，$\tau_a \tau_b = \tau_{a+b}$ なので，$\mathrm{T}(\mathbb{R}^n)$ は，**加群としての**ベクトル空間 $\mathbb{R}^n$ と，同型写像

$$\Phi : \boldsymbol{a} \in \mathbb{R}^n \longmapsto \tau_a \in \mathrm{T}(\mathbb{R}^n) \tag{2}$$

でもって，同型になる：$\mathrm{T}(\mathbb{R}^n) \cong \mathbb{R}^n$.

さて，合同変換 $\varphi \in \mathrm{IM}(\mathbb{R}^n)$ は，$\boldsymbol{x}$ を $\mathbb{R}^n$ の任意のベクトルとして

$$\varphi(\boldsymbol{x}) = A\boldsymbol{x} + \boldsymbol{a} \quad (A \in \mathrm{O}(n), \boldsymbol{a} \in \mathbb{R}^n)$$

と書けるが，写像

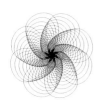

$$\Psi : \varphi \in \mathrm{IM}(\mathbb{R}^n) \longmapsto \begin{pmatrix} A & \boldsymbol{a} \\ {}^t\boldsymbol{0} & 1 \end{pmatrix} \in \mathrm{GL}(n+1, \mathbb{R})$$

（右の行列は，**大行列－小行列の記法**で書いたもの）が，像への同型写像なので，この同型写像 $\Psi$ により，$\varphi$ と $(n+1)$－次正方行列 $\Psi(\varphi)$ を**同一視**して

$$\varphi = \begin{pmatrix} A & \boldsymbol{a} \\ {}^t\boldsymbol{0} & 1 \end{pmatrix} \tag{3}$$

とすると，いろいろ便利である．

(1) の同型は，$\mathrm{T}(\mathbb{R}^n)$ が（上への）準同型写像

$$\Lambda : \varphi = \begin{pmatrix} A & \boldsymbol{a} \\ {}^t\boldsymbol{0} & 1 \end{pmatrix} \in \mathrm{IM}(\mathbb{R}^n) \longmapsto A \in \mathrm{O}(n) \tag{4}$$

の核であることからえられる同型写像による同型である．

さて，前節でつぎの定理を証明した：

**定理 10.12（再掲）**　$\mathbb{R}^2$ の合同変換は，つぎの 5 種のみである：(i) 平行移動．(ii) ある点中心の回転．(iii) ある直線に関する鏡映．(iv) ある直線に関するすべり鏡映．(v) 恒等変換．

ここで，直線 $\ell$ に関するすべり鏡映とは，$\ell$ に関する鏡映と，$\ell$ と同方向のベクトル $\boldsymbol{a}$ の平行移動 $\tau_{\boldsymbol{a}}$ の可換な合成のことである．

定理 10.12（再掲）と似た，つぎの定理が $\mathbb{R}^3$ の合同変換についてなりたつ．証明も定理 10.12（再掲）の証明（前節）と類似の方法でできるが，それは読者にゆだねる：

**定理 11.1**　$\mathbb{R}^3$ の合同変換は，つぎの7種のみである：( i )平行移動．(ii)ある直線を軸とする回転．(iii)ある直線を軸とする回転と，**その直線方向の**あるベクトルの平行移動の**可換な**合成(これを**並進回転**，または，**ひねり**とよぶ)．(iv)ある平面に関する鏡映．( v )ある平面に関する鏡映と，**その平面に平行な**あるベクトルの平行移動の**可換な**合成(これを**すべり鏡映**とよぶ)．(vi)ある平面に関する鏡映と，その平面に垂直なある直線を軸とする回転の**可換な**合成(これを**回転鏡映**とよぶ)．(vii)恒等変換．［図 11–1］．

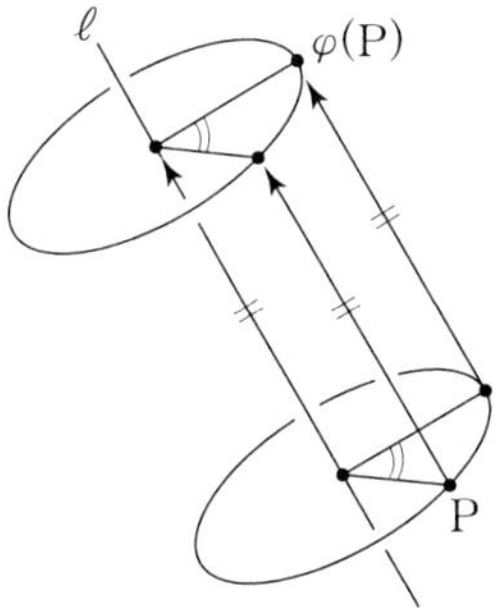


並進回転

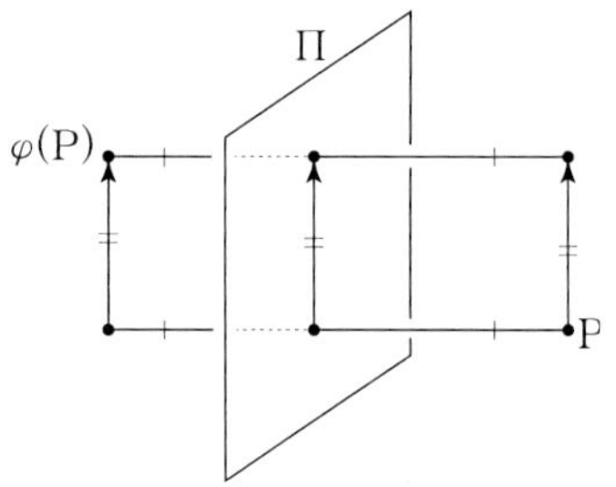


すべり鏡映

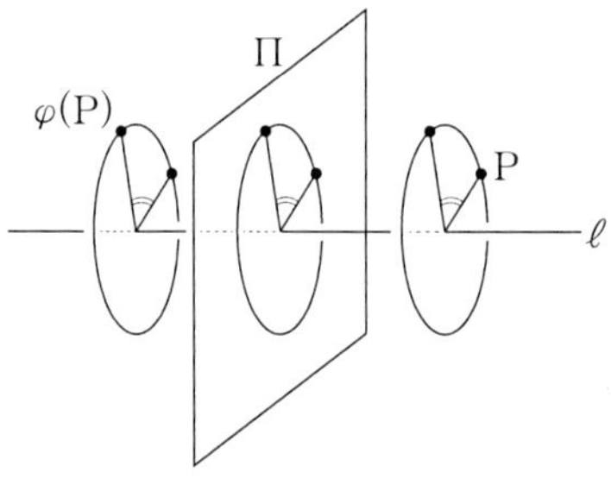


回転鏡映

**図 11–1**

## 11.2　格子と格子群

平面 $\mathbb{R}^2$ 上に，一定の距離をへだてて限りなく並んでいる平行線全体を（暫定的に）**平行線の族**とよぼう．独立の方向の，ふたつの平行線の族を一組にして，これを**格子**（**lattice**）とよぶ［図 11–2］.

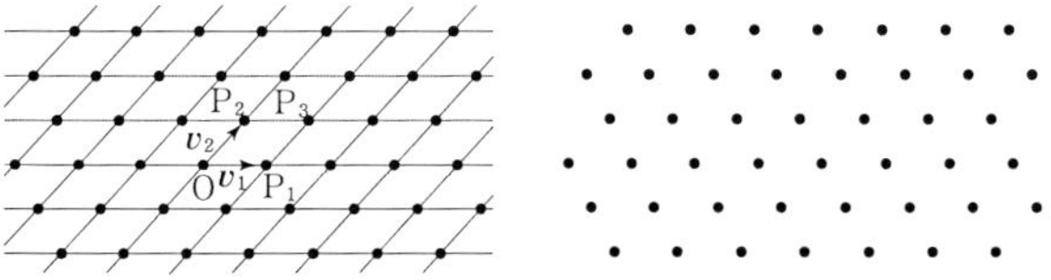


格子　　　　格子

**図 11–2**

格子において，直線の交点を**格子点**とよぶ.

しかし，本質的に重要なのは，格子点全体の集合

$$L := \{\mathrm{P} \in \mathbb{R}^2 \mid \mathrm{P}\text{は格子の格子点}\} \tag{5}$$

なので，（用語を濫用して）L をも**格子**とよぶ（図 11–2，右図）．また，格子点 4 点を頂点とする平行四辺形で辺上と内部に格子点を含まないものを，**基本平行四辺形**とよぶ．（基本平行四辺形は，ひとつの形と限らず，いろいろある．）

（便宜的仮定であるが）$\mathbb{R}^2$ の原点 O が格子点であるとする：$\mathrm{O} \in \mathrm{L}$．図 11–2，左図のように，$\square \mathrm{OP_1P_3P_2}$ を基本平行四辺形として，$\boldsymbol{v}_1 := \overrightarrow{\mathrm{OP_1}}$，$\boldsymbol{v}_2 := \overrightarrow{\mathrm{OP_2}}$ とおく．このとき，任意の格子点 $\mathrm{P} \in \mathrm{L}$ を終点とするベクトル $\boldsymbol{v} := \overrightarrow{\mathrm{OP}}$ は，$\boldsymbol{v}_1$ の整数倍と $\boldsymbol{v}_2$ の整数倍の和に書ける：

$$\boldsymbol{v} := \overrightarrow{\mathrm{OP}} = m_1\boldsymbol{v}_1 + m_2\boldsymbol{v}_2 \quad (m_1, m_2 \in \mathbb{Z}) \tag{6}$$

（$\mathbb{Z}$ は整数全体の集合．）しかも，この表し方は，（$\boldsymbol{v}_1$，$\boldsymbol{v}_2$ が独立なので）唯一とおりである.

逆に，(6) の右辺であらわされるベクトル $\boldsymbol{v}=\overrightarrow{\mathrm{OP}}$ の終点 P は格子点である．

いま，

$$\Gamma_{\mathrm{L}}:=\{\boldsymbol{v}\in\mathbb{R}^2 \mid \boldsymbol{v}=m_1\boldsymbol{v}_1+m_2\boldsymbol{v}_2,\ m_1, m_2\in\mathbb{Z}\} \tag{7}$$

とおくと，これはベクトルの加群 $\mathbb{R}^2$ の部分加群である．これを**格子群**と呼ぶ．また

$$\mathrm{T}_{\mathrm{L}}:=\{\tau_v\in\mathrm{T}(\mathbb{R}^2) \mid \boldsymbol{v}\in\Gamma_{\mathrm{L}}\}=\Phi(\Gamma_{\mathrm{L}}) \tag{8}$$

は平行移動全体の群 $\mathrm{T}(\mathbb{R}^2)$ の部分群であり，(2) の $\Phi$ によって $\Gamma_{\mathrm{L}}$ と同型である．これをも (用語を濫用して) **格子群**とよぶことにする．

上に述べたことは，$n(\geqq 3)$ 次元空間 $\mathbb{R}^n$ についても同様である：$\mathbb{R}^n$ において，一定の距離をへだてて限りなく並んでいる平行超平面全体を (暫定的に) **平行超平面の族**とよぼう．独立な方向の，$n$ 個の平行超平面族を一組にして，これを**格子**とよぶ．ことなる族にぞくする $n$ 個の超平面の交点を**格子点**とよぶ．さらに格子点全体の集合

$$\mathrm{L}:=\{\mathrm{P}\in\mathbb{R}^n \mid \mathrm{P}\text{は格子の格子点}\}$$

をも**格子**とよぶ．**基本平行超 $2n$ －面体**も，$n=2$ の基本平行四辺形と同様に定義される．$\mathbb{R}^n$ の原点 O は (便宜上) 格子点であるとする：$\mathrm{O}\in\mathrm{L}$．また

$$\begin{aligned}\Gamma_{\mathrm{L}}:&=\{\boldsymbol{v}=m_1\boldsymbol{v}_1+\cdots+m_n\boldsymbol{v}_n \mid m_1,\cdots,m_n\in\mathbb{Z}\}\\&=\{\boldsymbol{v}=\overrightarrow{\mathrm{OP}} \mid \mathrm{P}\in\mathrm{L}\}\end{aligned}$$

は，ベクトルの加群 $\mathbb{R}^n$ の部分加群である．これを**格子群**とよぶ．(ここで，$\boldsymbol{v}_1=\overrightarrow{\mathrm{OP}_1}$，…，$\boldsymbol{v}_n=\overrightarrow{\mathrm{OP}_n}$ の点 $\mathrm{P}_1,\cdots,\mathrm{P}_n$ は O と共に，ある基本平行超 $2n$ －面体の頂点集合にぞくしている．) また，$\Gamma_{\mathrm{L}}$ に同型な，$\mathrm{T}(\mathbb{R}^n)$ の部分群 $\mathrm{T}_{\mathrm{L}}:=\Phi(\Gamma_{\mathrm{L}})$ をも，やはり**格子群**とよぶ．

## 11.3　くり返し文様の群

**文様**（**模様**）とは，調度，器物，衣服などの表面に装飾された図形のことであるが，その中で特に，同じ図形が四方に，くり返しあらわれ，（あたかも）平面全体に拡がっている（ように感じさせる）文様を，**くり返し文様**（**pattern**）とよぶ．

図 11–3 は日本の伝統文様である，くり返し文様の二例で，左は**七宝**（しっぽう）**つなぎ**，右は**青海波**（せいがいは）とよばれる．

**図 11–3**

いま，図 11–3 の左の七宝（cloisonné）つなぎを $\mathcal{C}$ と名づけて，この $\mathcal{C}$ について考えよう．いま

$$\mathrm{L} := \{\mathrm{P} \in \mathbb{R}^2 \mid \mathrm{P}\ \text{は}\ \mathcal{C}\ \text{の}\ 4\ \text{円の交点}\} \tag{9}$$

とおくと，L は $\mathbb{R}^2$ の格子（(5) 参照）である．((9) では，格子点が（みやすいように）$\mathcal{C}$ の 4 円の交点としているが，任意の一点を四方に平行移動しても（別の）格子がえられる．）

便宜上，$\mathbb{R}^2$ の原点 O も L の一点とする．そして格子群

$$\Gamma(\mathcal{C}) := \Gamma_{\mathrm{L}} = \{\boldsymbol{v} \in \overrightarrow{\mathrm{OP}} \mid \mathrm{P} \in \mathrm{L}\} \qquad \text{((7) 参照)}$$

を考える．さらに $\mathrm{IM}(\mathbb{R}^2)$ の部分群である格子群

$$\mathrm{T}(\mathcal{C}) := \mathrm{T}_{\mathrm{L}} = \Phi(\Gamma(\mathcal{C})) \qquad \text{((8) 参照)}$$

を考える．($\Gamma(\mathcal{C})$, $\mathrm{T}(\mathcal{C})$ は $\mathcal{C}$ できまり，格子のとり方によらない．)

$\mathrm{T}(\mathcal{C})$ にぞくする各平行移動 $\tau_a$ $(\boldsymbol{a}\in\Gamma(\mathcal{C}))$ は，あきらかに $\mathcal{C}$ を $\mathcal{C}$ に写す：$\tau_a(\mathcal{C})=\mathcal{C}$.

いま

$$\mathrm{G}(\mathcal{C}):=\{\varphi\in\mathrm{IM}(\mathbb{R}^2)\mid \varphi(\mathcal{C})=\mathcal{C}\} \tag{10}$$

とおくと，これはあきらかに，$\mathrm{IM}(\mathbb{R}^2)$ の部分群である．これを，**くり返し文様の $\mathcal{C}$ の群**とよぶ．この群は，$\mathcal{C}$ の（**広い意味での**）**対称性**を記述していると考えられる．

$\mathrm{G}(\mathcal{C})$ にぞくする合同変換は，つぎの（i）～（ix）であり，これらにつきる（図 11-3 参照）：

（i）$\mathrm{T}(\mathcal{C})$ にぞくする平行移動.

（ii）L の各点中心の $\dfrac{k\pi}{2}$ - 回転 $(k=1,2,3)$.

（iii）各円の中心を中心とする $\dfrac{k\pi}{2}$ - 回転 $(k=1,2,3)$.

（iv）となり合う L の 2 点の中点を中心とする $\pi$ - 回転.

（v）L の点をとおる水平線，垂直線，傾き $\pm1$ の直線に関する鏡映.

（vi）各円の中心をとおる傾き $\pm1$ の直線に関する鏡映.

（vii）（v）と（vi）の鏡映と，鏡映の不動点集合である直線方向の（i）の平行移動の，可換な合成である，すべり鏡映.

（viii）円の中心と，その円上にある L の点を結ぶ線分の垂直二等分線に関する，すべり鏡映.

（ix）恒等変換.

つぎに，群 $\mathrm{G}(\mathcal{C})$ の構造について調べよう．はじめに $\mathrm{G}(\mathcal{C})$ の部分群 $\mathrm{T}(\mathcal{C})$ は，あきらかに

$$\mathrm{T}(\mathcal{C})=\mathrm{G}(\mathcal{C})\cap\mathrm{T}(\mathbb{R}^2)$$

$(\mathrm{T}(\mathbb{R}^2)$ は $\mathbb{R}^2$ の平行移動全体の群）である．このことから，$\mathrm{T}(\mathcal{C})$ は $\mathrm{G}(\mathcal{C})$ の正規部分群であることがわかる．なぜなら，$\tau$ を $\mathrm{T}(\mathcal{C})$ の任意の元，$\varphi$ を $\mathrm{G}(\mathcal{C})$ の任意の元とすると，$\varphi\tau\varphi^{-1}$ は $\mathrm{G}(\mathcal{C})$ の元であり，平行移動でもある，すなわち $\mathrm{T}(\mathcal{C})$ の元である：

「$\mathrm{T}(\mathcal{C})$ は $\mathrm{G}(\mathcal{C})$ の正規部分群である.」　　(11)

さらに，(4) の準同型写像 $\Lambda$ を $\mathrm{G}(\mathcal{C})$ に作用させたものを，同じ記号 $\Lambda$ であらわすと，準同型写像

$$\Lambda : \mathrm{G}(\mathcal{C}) \longrightarrow \mathrm{O}(2) \tag{12}$$

が生じるが，これについて，つぎの (あ), (い), (う) がなりたつ：

(あ) $\mathrm{Ker}(\Lambda) = \mathrm{T}(\mathcal{C}) = \mathrm{G}(\mathcal{C}) \cap \mathrm{T}(\mathbb{R}^2)$.

(い) $\mathrm{G}(\mathcal{C})/\mathrm{T}(\mathcal{C}) \cong \Lambda(\mathrm{G}(\mathcal{C}))$.

(う) $\Lambda(\mathrm{G}(\mathcal{C})) = C_4 + C_4 B_{\ell_0}$ (剰余類分解)，ここで $C_4$ は，O 中心，角 $\dfrac{\pi}{2}$ の回転 $A_{\pi/2}$ で生成された位数 4 の巡回群：$C_4 = \{A_{k\pi/2}\ (k=1,2,3), E\}$．$B_{\ell_0}$ は $x$- 軸に関する鏡映．$C_4 B_{\ell_0} = B_{\ell_0} C_4 = \{B_{\ell_j}\ (j=0,1,2,3) = \mathrm{O}$ をとおる傾き $\tan\dfrac{j\pi}{4}$ の直線 $\ell_j$ ($\ell_2$ は垂直線) に関する鏡映$\}$.

(あ) は，(12) の $\Lambda$ の定義から，あきらかであり，(い) は準同型定理よりえられる．

(う) を示そう．準同型写像 $\Lambda$ は，(4) からわかるように，つぎの (う-1) と (う-2) であたえられる：

(う-1) $\varphi$ がある点中心，角 $\theta$ の回転ならば，$\Lambda(\varphi)$ は O 中心，角 $\theta$ の回転である．

(う-2) $\varphi$ がある直線に関する鏡映，または，すべり鏡映ならば，$\Lambda(\varphi)$ はその直線に平行で O をとおる直線に関する鏡映である．

これら (う-1), (う-2) と，上述の $\mathrm{G}(\mathcal{C})$ に入る合同変換 (ⅰ) ～

(ix) を合わせると

$$\Lambda(\mathrm{G}(\mathcal{C}))=\{A_{k\pi/2}\,(k=1,2,3),\ B_{\ell_j}\,(j=0,1,2,3),\ E\}$$

であることがわかる．さらにこれが

$$\Lambda(\mathrm{G}(\mathcal{C}))=C_4+C_4B_{\ell_0}\quad（剰余類分解）$$

であることは，$\mathrm{O}(2)$ が $\mathrm{O}(2)=\mathrm{SO}(2)+\mathrm{SO}(2)B_{\ell_0}$（剰余類分解）であることから，わかる．以上で（う）が示された．

一般に，くり返し文様 $\mathcal{P}$ に対し，$\mathcal{P}$ **の群** $\mathrm{G}(\mathcal{P})$ とは，つぎで定義される $\mathrm{IM}(\mathbb{R}^2)$ の部分群である：

$$\mathrm{G}(\mathcal{P}):=\{\varphi\in\mathrm{IM}(\mathbb{R}^2)\mid\varphi(\mathcal{P})=\mathcal{P}\}.$$

$\mathrm{G}(\mathcal{P})$ は，くり返し文様 $\mathcal{P}$ の（**広い意味での**）**対称性**を記述していると考えられる．

七宝つなぎ $\mathcal{C}$ の $\mathrm{G}(\mathcal{C})$ の場合と同様に，$\mathrm{G}(\mathcal{P})$ に対しつぎがなりたつ（証明も同様である）：

**命題 11.2**　くり返し文様 $\mathcal{P}$ の群 $\mathrm{G}(\mathcal{P})$ は，つぎの性質 (i)，(ii) を持っている：

(i) $\mathrm{G}(\mathcal{P})$ の正規部分群
$\mathrm{T}(\mathcal{P}):=\mathrm{G}(\mathcal{P})\cap\mathrm{T}(\mathbb{R}^2)$ は，格子群（(8) 参照）である．

(ii) 商群 $\mathrm{G}(\mathcal{P})/\mathrm{T}(\mathcal{P})$ は有限群で，$\mathrm{O}(2)$ の有限部分群 $\Lambda(\mathrm{G}(\mathcal{P}))$（$\Lambda$ は (4) の $\Lambda$）と同型である．

## 11.4　結晶群

**定義 11.3**　$n$ 次元合同変換群 $\mathrm{IM}(\mathbb{R}^n)$ の部分群 $G$ が，つぎの性質 (i), (ii) を持つとき，$G$ を $n$ **次元結晶群**とよぶ：
(i) $G$ の正規部分群 $\mathrm{T}_G := G \cap \mathrm{T}(\mathbb{R}^n)$ は格子群である．
(ii) 商群 $G/\mathrm{T}_G$ は有限群で，$\mathrm{O}(n)$ の有限部分群 $\Lambda(G)$ と同型である ($\Lambda$ は (4) の $\Lambda$)．

命題 11.2 は，つぎの定理につよめられる．

**定理 11.4**　くり返し文様の群は 2 次元結晶群 (別名　**平面結晶群**) である．逆に，任意の 2 次元結晶群 $G$ に対し，$G = \mathrm{G}(\mathcal{P})$ となるくり返し文様 $\mathcal{P}$ が存在する．すなわち，2 次元結晶群とは，くり返し文様の群に他ならない．

この定理の前半は命題 11.2 よりわかるが,「逆に…」の方は，ここではすぐに証明は出来ない．こちらは，本書の終りの方で行なうことにする．

3 次元結晶群は,「結晶群」の名の由来である結晶 (crystal) に関係している．すなわち，結晶 $\mathcal{C}$ (七宝つなぎの記号と同じで，記号の濫用) に対し

$$\mathrm{G}(\mathcal{C}) := \{\varphi \in \mathrm{IM}(\mathbb{R}^3) \mid \varphi(\mathcal{C}) = \mathcal{C}\}$$

を，**結晶 $\mathcal{C}$ の群**とよぶ．これは 3 次元結晶群である．

**注意**　しかし，結晶学の方では，3 次元結晶群とよばず，**空間群**とよんでいる．　**注意終**

図 11-4 は，食塩 (salt) の結晶 $\mathcal{S}$ の基本平行六面体 (この場合は立方体) の模型図で，ナトリウム Na と塩素 Cl が立方体の中に，図のように配置されている [図 11-4].

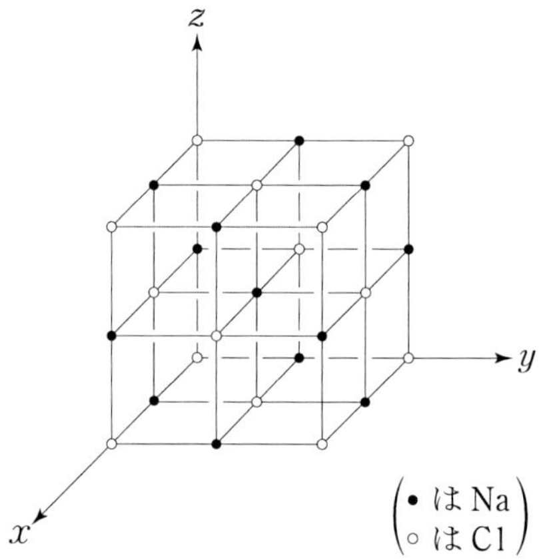


**図 11-4**

$G(\mathcal{S})$ がどのような合同変換よりなっているかを調べることは，読者にゆだねる．

## 11.5　2 次元結晶群は 17 種

くり返し文様は無数にあると言ってよいが，くり返し文様の群，すなわち 2 次元結晶群は，**同型なものを同じ種とし，同型でない**

**ものを違う種とすると**，わずか 17 種しかない：

> **定理 11.5（フェドロフ（E.Fedorov））**　2 次元結晶群は 17 種あり，17 種のみである．

この定理は昔からよく知られているが，その証明は簡単でない．本書の最終目標は，この定理を証明することである．

図 11-5 は，ことなる 17 種の群を持つくり返し文様の図例を 5 組に分けて並べている［図 11-5-1～図 11-5-5］．

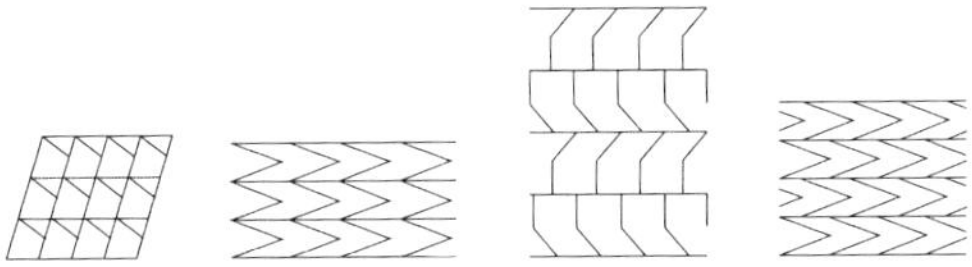

$p1$　　$pm$　　$pg$　　$cm$

**図 11-5-1**

$p2$　　$pmm$　　$pgg$　　$cmm$　　$pmg$

**図 11-5-2**

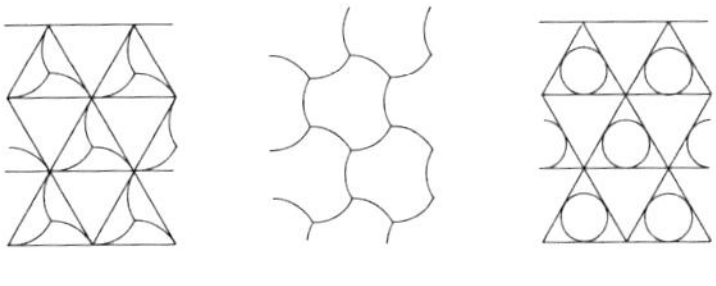

$p3$　　$p31m$　　$p3m1$

**図 11-5-3**

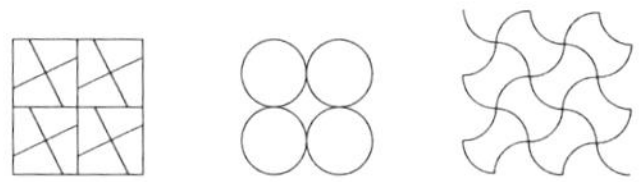

$p4$　　$p4m$　　$p4g$

**図 11–5–4**

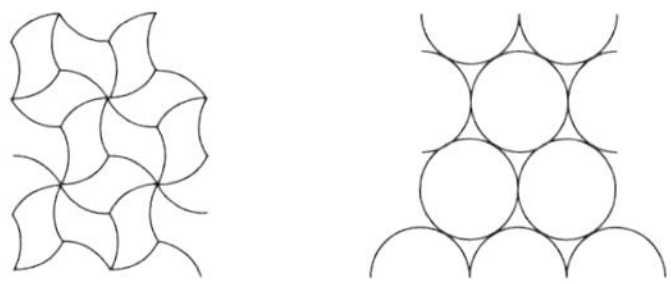

$p6$　　$p6m$

**図 11–5–5**

これらの図例は，ビックス [8] からの引用である．

各くり返し文様についている $p1, pm, \cdots$ 等の記号はコセクター，モーザー [3] が用いた記号である．また，5 組に分けたのは，その種に属する群に含まれる回転の回転角によって分けたものである．(第 1 組には，その群に回転が含まれないくり返し文様が並んでいる．) これらのことは，後に詳しく説明する．

図 11–3 の七宝つなぎと青海波は，それぞれ，p4m と cm にぞくする．

なお，定理 11.5 の高次元版として，つぎが知られている．(種の定義は，上述の 2 次元結晶群の場合と同様である)：

**定理 11.6**

( i ) (**フェドロフ (E.Fedorov)**) 3 次元結晶群は 219 種あり，219 種のみである．

( ii ) (**ブラウン (H.Brown)，他**) 4 次元結晶群は 4783 種あり，4783 種のみである．

( iii ) (**ビーベルバッハ (L.Bieberbach)**) $n$ 次元結晶群のことなる種の数は有限である．

**注意**　結晶学では，3 次元結晶群 (空間群) は 230 種となっている．結晶学では「種」の定義を，同型による定義ではなく，より (少し) 強い条件による定義を用いているため，種の数がふえている．

**注意終**

# 第 12 節　二次元結晶群の性質（I）

## 12.1 前節の復習と補足

本節から，4 節に分けて，2 次元結晶群の性質を論じて，その後，(同型による) 分類をおこなう．

さて，前節は格子を定義し，その後格子群を定義したが，本節は 2 次元格子群を先に定義しよう．

独立な二方向の 2 次元ベクトル $\boldsymbol{v}, \boldsymbol{w}$ を用いて，ベクトルの加群

$$\Gamma := \{m\boldsymbol{v} + n\boldsymbol{w} \mid m, n \in \mathbb{Z}\} \tag{1}$$

( $\mathbb{Z}$ ：整数全体の集合) を考え，これを **2 次元格子群**，あるいは単に，**格子群**とよぶ．さらに，平面 $\mathbb{R}^2$ の平行移動全体の群 $\mathrm{T}(\mathbb{R}^2)$ の部分群

$$\mathrm{T}_\Gamma := \{\tau_v^m \tau_w^n = \tau_{mv+nw} \mid m, n \in \mathbb{Z}\}$$

をも**格子群**とよぶ．($\tau_v(\boldsymbol{x}) := \boldsymbol{x} + \boldsymbol{v}$ $(\boldsymbol{x} \in \mathbb{R}^2)$.)

$\Gamma$ も $\mathrm{T}_\Gamma$ も，どちらも格子群とよばれるが，混乱を避けるため (本書では) $\Gamma$ の方を**ベクトル格子群**とよぶことにする．$\Gamma$ と $\mathrm{T}_\Gamma$ は，同型写像

$$m\boldsymbol{v} + n\boldsymbol{w} \longmapsto \tau_{mv+nw}$$

によって，群として同型である：$\Gamma \cong \mathrm{T}_\Gamma$．

なお，ベクトル格子群 $\Gamma$ の定義式 (1) でのベクトル $\boldsymbol{v}, \boldsymbol{w}$ は，一組と限らず，$\Gamma$ に対し，いろいろな取り方がある．

つぎに，平面 $\mathbb{R}^2$ 上に点 $\mathrm{P}_0$ をとり固定する．ベクトル格子群 $\Gamma$

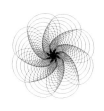

に対し，平面上の点の集合

$$\mathrm{L} := \{\mathrm{P} \in \mathbb{R}^2 \mid \overrightarrow{\mathrm{P_0P}} \in \Gamma\} \qquad (2)$$

を**(2 次元) 格子**とよぶ．また，L の各点を**格子点**とよぶ．4 格子点を頂点とする平行四辺形が基本平行四辺形であるとは，図の $\square \mathrm{P_0P_1P_3P_2}$ のように，内部と辺上に他の格子点がないことである［図 12-1］．(基本平行四辺形は，ひとつの形と限らず，いろいろある．)

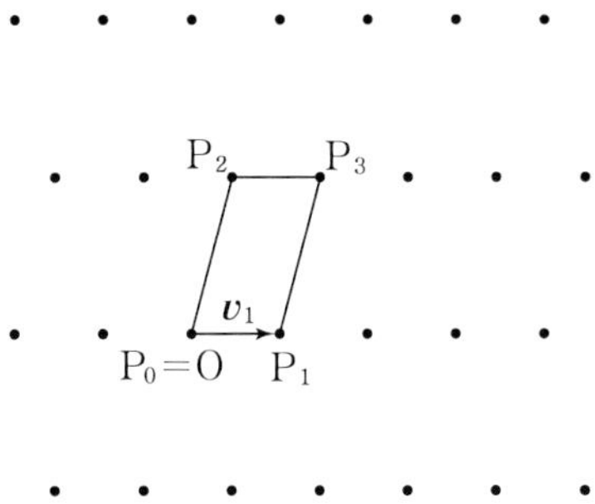


**図 12-1**

格子 L の定義式 (2) において，$\mathrm{P_0}$ を他の点 $\mathrm{P'_0}$ に代えて，格子

$$\mathrm{L'} := \{\mathrm{P'} \in \mathbb{R}^2 \mid \overrightarrow{\mathrm{P'_0P'}} \in \Gamma\}$$

を考えると

$$\tau_{u_0}(\mathrm{L}) = \mathrm{L'} \quad (\boldsymbol{u}_0 := \overrightarrow{\mathrm{P_0P'_0}})$$

となっていて，平行移動 $\tau_{u_0}$ によって L と L′ は，**平面図形として合同**である．

そのため，(2 次元) ベクトル格子群 $\Gamma$ に対し格子 L を考えるときは，$\mathrm{P_0}$ を原点 O と仮定してかまわない：

$$\mathrm{P_0} = \mathrm{O}, \quad \mathrm{L} := \{\mathrm{P} \in \mathbb{R}^2 \mid \overrightarrow{\mathrm{OP}} \in \Gamma\} \qquad (2)'$$

**注意**　以上のことは，少し修正することにより，$n$ ($n \geqq 3$) 次元の場合にも同様に定義される：$n$ 次元格子群，$n$ 次元ベクトル格子群，($n$ 次元) 格子，格子点，基本平行 (超) $2n$ 面体.

**注意終**

**定義 11.3** (再掲，ただし 2 次元の場合)

2 次元合同変換群 $\mathrm{IM}(\mathbb{R}^2)$ の部分群 $G$ が，**2 次元結晶群** (別名　**平面結晶群**) であるとは，$G$ がつぎの条件 (i)，(ii) をみたすことである：

(i) $G$ の正規部分群 $\mathrm{T}_G := G \cap \mathrm{T}(\mathbb{R}^2)$ が格子群である.

(ii) 商群 $G/\mathrm{T}_G$ ($\cong \Lambda(G)$) が有限群である.

この定義で，$\Lambda(G)$ は準同型写像 $\Lambda$ による $G$ の像であり，$\Lambda$ は

$$\Lambda : G \longrightarrow \mathrm{O}(2) \quad (2 \text{ 次直交群})$$

$$\varphi = \begin{pmatrix} A & \boldsymbol{a} \\ {}^t\boldsymbol{0} & 1 \end{pmatrix} \longmapsto A$$

であって，合同変換 $\varphi : \boldsymbol{x} \longmapsto A\boldsymbol{x} + \boldsymbol{a}$ は，3 次正方行列 (大行列 - 小行列の記法で書いている) と同一視されている.

$\mathrm{T}_G$ を $G$ の**格子群**とよび，$\mathrm{T}_G$ と $\begin{pmatrix} E & \boldsymbol{v} \\ {}^t\boldsymbol{0} & 1 \end{pmatrix} \longmapsto \boldsymbol{v}$ で同型なベクトル格子群を $\Gamma_G$ と書き，こちらを **$G$ のベクトル格子群**とよぼう.

前節でのべたように，くり返し文様の群は 2 次元結晶群であり，逆も言える.

## 12.2　O(2) の有限部分群

2 次元結晶群 $G$ に対し，(定義より) $\Lambda(G)$ $(\cong G/\mathrm{T}_G)$ は $\mathrm{O}(2)$ の有限部分群である．そこでまず，$\mathrm{O}(2)$ にどのような有限部分群があるかを調べよう．

その前に，用語を定義する：一般に，群 $G$ の元 $a$ で生成される ($G$ の部分群である) 巡回群 $\langle a\rangle := \{a^m \mid m\in\mathbb{Z}\}$ の位数が $n$ のとき，**$a$ の位数は $n$ である**という．$\langle a\rangle$ が無限群のときは，**$a$ の位数は $+\infty$ である**と言う．

**定理 12.1**　2 次元直交群 $\mathrm{O}(2)$ の有限部分群 $H$ は，つぎの (i), (ii) (のみ) である．

(i) $H=C_n$ $(n=1,2,\cdots)$.

(ii) $H=C_n+B_\ell C_n$ $(n=1,2,\cdots)$．ここで $C_n:=\langle A_{2\pi/n}\rangle$,

$$A_{2\pi/n}:=\begin{pmatrix}\cos(\frac{2\pi}{n}) & -\sin(\frac{2\pi}{n})\\ \sin(\frac{2\pi}{n}) & \cos(\frac{2\pi}{n})\end{pmatrix}\ (\text{O 中心，角 }\frac{2\pi}{n}\text{ の回転})$$

$$B_\ell:=\begin{pmatrix}\cos(\eta) & \sin(\eta)\\ \sin(\eta) & -\cos(\eta)\end{pmatrix}\ \left(\begin{matrix}\ell\text{ に関する鏡映，}\ell\text{ は}\\ \text{O をとおり傾き }\tan\left(\frac{\eta}{2}\right)\text{ の直線}\end{matrix}\right)$$

である．$C_n$ は位数 $n$ の巡回群，$C_n+B_\ell C_n$ は $H$ の剰余類分解 $(B_\ell C_n=C_nB_\ell)$ である．(とくに $n=1$ のときは，$C_1=\{E\}$, $C_1+B_\ell C_1=\{E,B_\ell\}$.)

▶ **証 明**　2 次特殊直交群 $\mathrm{SO}(2)=\{A\in\mathrm{O}(2) \mid \det(A)=1\}$ ($\det(A)$ は $A$ の行列式) は，行列式をとる準同型写像

$$\det : \mathrm{O}(2) \longrightarrow \{1, -1\}$$

の核なので，O(2) は

$$\mathrm{O}(2) = \mathrm{SO}(2) + B_{\ell_0}\mathrm{SO}(2) \quad (B_{\ell_0}\mathrm{SO}(2) = \mathrm{SO}(2)B_{\ell_0})$$

と剰余類分解される．ここに

$$B_{\ell_0} := \begin{pmatrix} 1 & 0 \\ 0 & -1 \end{pmatrix} \text{（}x\text{-軸 }\ell_0\text{ に関する鏡映）}$$

である．そして

$$\mathrm{SO}(2) = \left\{ A_\theta := \begin{pmatrix} \cos\theta & -\sin\theta \\ \sin\theta & \cos\theta \end{pmatrix} \middle| \theta \in \mathbb{R} \right\},$$

$$B_{\ell_0}\mathrm{SO}(2) = \{ B_\ell \text{ （}\ell\text{ に関する鏡映）} \mid \ell \text{ は O をとおる直線} \}$$

となっている．

（i）はじめに SO(2) の有限部分群を決定しよう．角 $\theta$ の回転 $A_\theta$ の $n$ 乗は $(A_\theta)^n = A_{n\theta}$ $(n \in \mathbb{Z})$ であることに注意する．これが単位行列 $E$ となるのは

$$n\theta = 2k\pi, \text{ すなわち } \theta = \frac{2k\pi}{n}$$

となる整数 $k$ が存在するとき，そのときのみである．

とくに $A_{2k\pi/n}$ の位数がちょうど $n$ なのは，$n$ と $k$ が互いに素，すなわち $(n, k) = 1$ のときである．($(n, k)$ は $n$ と $k$ の最大公約数をあらわす．)

さらに，その場合

$$\langle A_{2k\pi/n} \rangle = \langle A_{2\pi/n} \rangle$$

がなりたつ．なぜなら，$\langle A_{2k\pi/n} \rangle \subset \langle A_{2\pi/n} \rangle$ は当然だが，$\langle A_{2k\pi/n} \rangle \supset \langle A_{2\pi/n} \rangle$ の方は，数論の基本命題

「0 でない整数 $a, b$ の最大公約数 $(a, b)$ を $d$ とおくとき，
$ma + \ell b = d$ をみたす整数 $m, \ell$ が存在する．」　(3)

を $a=k, b=n, d=1$ に用いると

$$(A_{2k\pi/n})^m = A_{2mk\pi/n} = A_{2(1-\ell n)\pi/n} = A_{2\pi/n}$$

となるので,（$\supset$ の方が）わかる.

つぎに，有限個の巡回群

$$\langle A_{2\pi/n_1}\rangle, \langle A_{2\pi/n_2}\rangle, \cdots, \langle A_{2\pi/n_s}\rangle$$

を含む SO(2) の最も小さい部分群は $\langle A_{2\pi/n}\rangle$ であることに注意する．ここに $n$ は $n_1, n_2, \cdots, n_s$ の最小公倍数である.（これは, $s=2$ の場合，$s=3$ の場合，…と考えて行けばわかる．とくに $s=2$ の場合は (3) を用いるとわかるが，詳細は読者にゆだねる.）

さて，SO(2) の有限部分群 $H$ を考える．$H$ の $E$ 以外の元を全て並べて，$A_{\theta_1}, A_{\theta_2}, \cdots, A_{\theta_s}$ とする．このとき $H$ は，あきらかに

$$\langle A_{\theta_1}\rangle, \langle A_{\theta_2}\rangle, \cdots, \langle A_{\theta_s}\rangle$$

（これらには等しいものがある）を含む SO(2) の最も小さい部分群である.

以上によって，SO(2) の有限部分群は巡回群 $\langle A_{2\pi/n}\rangle$（$n$ は正整数）であり，これらのみである.

（ii）O(2) の有限群 $H$ で SO(2) に含まれないものは，$B_\ell \in H$ とすると,

$$H = H \cap \mathrm{SO}(2) + B_\ell (H \cap \mathrm{SO}(2))$$

と剰余類分解される.（$H \cap \mathrm{SO}(2)$ は $H$ の正規部分群である.）SO(2) の有限部分群 $H \cap \mathrm{SO}(2)$ は（i）より

$$H \cap \mathrm{SO}(2) = \langle A_{2\pi/n}\rangle$$

と書けるので,（ii）は証明された.　**証明終**

**注意**　回転 $A_\theta$ と鏡映 $B_\ell$ は ($\theta \neq k\pi, k \in \mathbb{Z}$ のときは) 可換でなく

$$B_\ell A_\theta = A_{-\theta} B_\ell$$

となっている．それゆえ，$n \geqslant 3$ のときは，定理 12.1 の有限群 $C_n + B_\ell C_n$ は非可換群である．(とくに $n=3$ のときは，3 次対称群 $S_3$ に同型である．) 一方，

$$C_1 + B_\ell C_1 = \{E, B_\ell\} \cong C_2 \ (\text{巡回群})$$

$$C_2 + B_\ell C_2 = \{E, A_\pi, B_\ell, B_\ell A_\pi = A_\pi B_\ell\}$$

$$\cong C_2 \times C_2$$

は可換群 (アーベル群) である．

**一般に**，群 $G$ が位数 $2n$ ($n$ は正整数) で

$$G = \langle a \rangle + b\langle a \rangle \quad (\text{剰余類分解})$$

と書けるとき，$G$ を**位数 $2n$ の二面体群 (dihedral group)** とよぶ．ここに $\langle a \rangle$ は $a$ で生成される位数 $n$ の巡回群，$b$ は位数 2 の元で

$$ba = a^{-1}b$$

をみたす．(剰余類 $b\langle a \rangle$ の各元は位数 2 である．) $G$ を $D_{2n}$ と書くこともある．上の $C_n + B_\ell C_n$ は位数 $2n$ の二面体群である．

**注意終**

## 12.3　2 次元結晶群 $G$ に対する $\Lambda(G)$ の場合

$G$ を 2 次元結晶群とするとき，その定義より，$\Lambda(G)$ は $\mathrm{O}(2)$ の有限部分群なので，定理 12.1 より，$\Lambda(G)$ は巡回群 $C_n$ か二面体群 $C_n + B_\ell C_n$ に等しい．

しかるに $\Lambda(G)$ の場合は，おどろくべきことに，$n$ のとる値に強い制限がつく．

これを述べる前に，先ず，つぎの命題を示そう：

**命題 12.2**　$G$ を2次元結晶群とし，$\Gamma_G$ をそのベクトル格子群とする．$A$ を $\Lambda(G)$ の任意の元とするとき

$$A(\Gamma_G)=\Gamma_G$$

がなりたつ．

**▶証明**　$\Lambda^{-1}(A)$ の元，すなわち $\Lambda(\varphi)=A$ となる $G$ の元 $\varphi$ は（3次正方行列と同一視して）

$$\varphi=\begin{pmatrix} A & \boldsymbol{a} \\ {}^t\boldsymbol{0} & 1 \end{pmatrix}$$

と書ける．$\Gamma_G$ の元 $\boldsymbol{v}$ に対応する $\mathrm{T}_G$ の元

$$\tau_v=\begin{pmatrix} E & \boldsymbol{v} \\ {}^t\boldsymbol{0} & 1 \end{pmatrix}$$

に対し，$G$ の元 $\varphi\tau_v\varphi^{-1}$ を考えると

$$\begin{aligned}\varphi\tau_v\varphi^{-1}&=\begin{pmatrix} A & \boldsymbol{a} \\ {}^t\boldsymbol{0} & 1 \end{pmatrix}\begin{pmatrix} E & \boldsymbol{v} \\ {}^t\boldsymbol{0} & 1 \end{pmatrix}\begin{pmatrix} A^{-1} & -A^{-1}\boldsymbol{a} \\ {}^t\boldsymbol{0} & 1 \end{pmatrix}\\&=\begin{pmatrix} E & A\boldsymbol{v} \\ {}^t\boldsymbol{0} & 1 \end{pmatrix}\end{aligned}$$

となり，これは平行移動である．$G$ の元であって，平行移動なので，これは $\mathrm{T}_G$ の元である．ゆえに $A\boldsymbol{v}$ は $G$ のベクトル格子群 $\Gamma_G$ の元である．ゆえに

$$A(\Gamma_G)\subset\Gamma_G \tag{3}$$

が示された．$A$ の代りに $A^{-1}\,(\in\Lambda(G))$ を用いると

$$A^{-1}(\Gamma_G)\subset\Gamma_G$$

となる．この式の両辺に $A$ を作用させると

$$\Gamma_G\subset A(\Gamma_G) \tag{4}$$

がえられる．(3), (4) より

$$A(\Gamma_G)=\Gamma_G$$

がえられる.　　**証明終**

この命題を用いると，つぎの，おどろくべき定理が証明される：

**定理 12.3**　$G$ を 2 次元結晶群とする．このとき（定理 12.1 によって）$O(2)$ の有限部分群 $\Lambda(G)$ は，$\langle A_{2\pi/n}\rangle$ か $\langle A_{2\pi/n}\rangle + B_\ell \langle A_{2\pi/n}\rangle$ に等しいが，この $A_{2\pi/n}$ の位数 $n$ は，1，2，3，4，6 のいずれかに限られる.

▶**証明**　$n \geqq 7$ または $n=5$ と仮定して矛盾をみちびく.

$\boldsymbol{v}_1 = \overrightarrow{OP_1}$ を，ベクトル格子群 $\Gamma_G$ の元の中で，**最小の長さを持つベクトル**（のひとつ）とする.（図 12-1 のように，O 以外の格子点で O に最も近い点（のひとつ）を $P_1$ とし，$\boldsymbol{v}_1 := \overrightarrow{OP_1}$ とすればよい.）

命題 12.2 より，$A_{2\pi/n}(\boldsymbol{v}_1)$ もベクトル格子群 $\Gamma_G$ の元である.

$n \geqq 7$ と仮定する．このとき，$\Gamma_G$ の元であるベクトル $A_{2\pi/n}(\boldsymbol{v}_1) - \boldsymbol{v}_1$ の長さが $\boldsymbol{v}_1$ より小さくなり，$\boldsymbol{v}_1$ の取り方に矛盾する [図 12-2（$n=7$ の場合の図)].

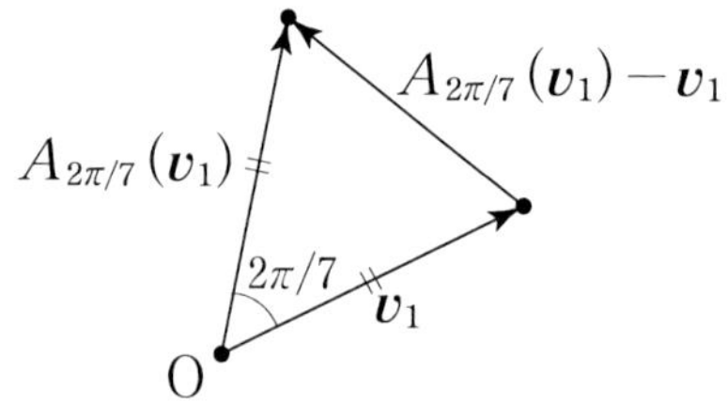


**図 12-2**

$n=5$ と仮定する．このとき $\Gamma_G$ の元であるベクトル $A_{4\pi/5}(\boldsymbol{v}_1)+\boldsymbol{v}_1$ の長さが $\boldsymbol{v}_1$ より小さくなり，$\boldsymbol{v}_1$ の取り方に矛盾する［図 12－3］．

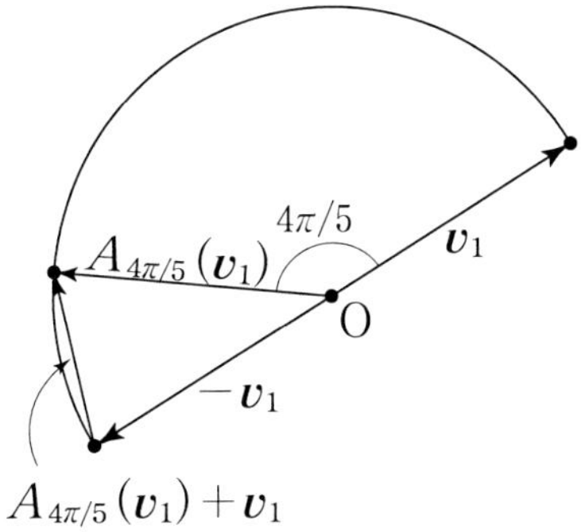


**図 12－3**

以上により，$n$ は 1, 2, 3, 4, 6 のいずれかに限られる．　**証明終**

**注意**　3 次元結晶群（別名　空間群）$G$（定義は定義 11.3（再掲）と同様）についても，定理 12.3 の類似のことがなりたつ．すなわち

『$G$ を 3 次元結晶群とする．$\mathrm{O}(3)$ の有限部分群 $\Lambda(G)$（$\cong G/\mathrm{T}_G$）にふくまれる（O を始点とする，あるベクトル $\boldsymbol{k}$ を軸とする）回転 $A^{\boldsymbol{k}}_{2\pi/n}$ の回転角 $2\pi/n$ の $n$ は，1，2，3，4，6 に限られる．』

その証明は，定理 12.3 の証明に類似している．（命題 12.2 の 3 次元版を用いる．）　**注意終**

☞**コメント**　しかし，O(3) の有限部分群の決定そのものは，容易でない．正多面体群（第9節参照）も O(3) の重要な有限部分群であるが，鏡映や回転鏡映が含まれるときは，デリケートな議論が必要になる．このことについては，岩堀長慶 [1] が参考になる．この本は O(3) の有限部分群について，あます所なく論じた本である．［**コメント終**］

## 12.4　回転についての一命題

ここまで述べたことと直接関連していることではないが，後の2次元結晶群の分類に用いる，ひとつの命題をここに述べて証明しておく：

**命題 12.4**　$A=A_\theta$ を，平面 $\mathbb{R}^2$ の，原点 O 中心，角 $\theta$（ただし，$\theta\neq k\pi, k\in\mathbb{Z}$）の回転とする．行列式がゼロでない2次正方行列 $X$ で，$X^{-1}AX$ が回転となるならば，$X$ は（必然的に）つぎの（i）か（ii）の形になる：

（i）$X=rA_\alpha$ $(r>0)$（角 $\alpha$ の回転と**相似変換** $(x,y)\longmapsto(rx,ry)$ の合成）．そしてこのとき，$X^{-1}AX=A$ となる．

（ii）$X=rB_\ell$ $(r>0.$ $B_\ell$ は O をとおる直線 $\ell$ に関する鏡映.）そしてこのとき，$X^{-1}AX=A^{-1}$ となる．

▶**証明**　$C:=X^{-1}AX$ とおき，両辺に左から $X$ をかけて

$$XC=AX \text{ または } AX-XC=0 \text{（ゼロ行列）}$$

と書いておく．さらに，回転 $A,C$ を

$$A=\begin{pmatrix} a & -b \\ b & a \end{pmatrix} \quad (a^2+b^2=1),$$

$$C=\begin{pmatrix} c & -d \\ d & c \end{pmatrix} \quad (c^2+d^2=1)$$

と書いておく．$\theta \neq k\pi$ $(k \in \mathbb{Z})$ なので

$$b \neq 0$$

に注意しておく．そして，$x, y, z, w$ を未知数，

$$X=\begin{pmatrix} x & z \\ y & w \end{pmatrix}$$

を**未知行列**として，方程式 $AX-XC=0$ すなわち

$$\begin{pmatrix} a & -b \\ b & a \end{pmatrix}\begin{pmatrix} x & z \\ y & w \end{pmatrix}-\begin{pmatrix} x & z \\ y & w \end{pmatrix}\begin{pmatrix} c & -d \\ d & c \end{pmatrix}=0$$

を考える．これを成分ごとに書いてみると，連立一次方程式

$$\left.\begin{array}{rrrrl} (a-c)x & -by & -dz & & =0 \\ bx & +(a-c)y & & -dw & =0 \\ dx & & +(a-c)z & -bw & =0 \\ & dy & +bz & +(a-c)w & =0 \end{array}\right\} \tag{5}$$

がえられる．(5) の係数の行列式

$$\Delta := \begin{vmatrix} a-c & -b & -d & 0 \\ b & a-c & 0 & -d \\ d & 0 & a-c & -b \\ 0 & d & b & a-c \end{vmatrix}$$

の値を (例えば，第1行に関して小行列展開して) 計算すると

$$\Delta=(a-c)^2\{(a-c)^2+2b^2+2d^2\}+(b^2-d^2)^2 \tag{6}$$

となる．

もし $\Delta \neq 0$ ならば，連立一次方程式 (5) は唯一の解 $(x, y, z, w) = (0, 0, 0, 0)$ を持ち $X=0$ (ゼロ行列) となってしまい，仮定に反する．

ゆえに $\Delta=0$ でなければならない．(6) における $\Delta$ の値の計算式の｛ ｝の部分は（$b\neq 0$ なので）正数である．ゆえに，$\Delta=0$ より，

$$c=a,\quad d^2=b^2$$

がえられる．そこで，ふたつの場合に分ける：

（i）$c=a,\ d=b$ の場合．

この場合は $C=A$ となり，上の連立一次方程式 (5) は ($b\neq 0$ より）

$$\left.\begin{aligned} y+z&=0\\ x-w&=0\end{aligned}\right\}$$

に帰着する．したがって

$$\begin{aligned} &r:=\sqrt{x^2+y^2},\quad (r>0)\\ &x=w=r\cos\alpha,\\ &y=-z=r\sin\alpha\end{aligned}$$

とおけば

$$\begin{aligned} X&=\begin{pmatrix} r\cos\alpha & -r\sin\alpha\\ r\sin\theta & r\cos\alpha\end{pmatrix}\\ &=r\begin{pmatrix}\cos\alpha & -\sin\alpha\\ \sin\alpha & \cos\alpha\end{pmatrix}=rA_\alpha\end{aligned}$$

となる．

（ii）$c=a,\ d=-b$ の場合．

この場合は $C=A^{-1}$ となり，上の連立一次方程式 (5) は ($b\neq 0$ より）

$$\left.\begin{aligned} y-z&=0\\ x+w&=0\end{aligned}\right\}$$

に帰着する．したがって

$$
\begin{aligned}
&r := \sqrt{x^2+y^2} \quad (r>0), \\
&x = -w = r\cos\alpha \\
&y = z = r\sin\alpha
\end{aligned}
$$

とおけば

$$
\begin{aligned}
X &= \begin{pmatrix} r\cos\alpha & r\sin\alpha \\ r\sin\alpha & -r\cos\alpha \end{pmatrix} \\
&= r\begin{pmatrix} \cos\alpha & \sin\alpha \\ \sin\alpha & -\cos\alpha \end{pmatrix} = rB_\ell
\end{aligned}
$$

となる．ここに $\ell$ は O をとおり傾き $\tan(\alpha/2)$ の直線であり，$B_\ell$ は $\ell$ に関する鏡映である．

**証明終**

# 第 13 節　二次元結晶群の性質（II）

## 13.1　前節の復習と補足

前節の話をざっと復習しよう．$\mathbb{R}^2$ 上独立二方向のベクトル $\boldsymbol{v}_1, \boldsymbol{v}_2$ で生成される加群

$$\Gamma := \{m_1\boldsymbol{v}_1 + m_2\boldsymbol{v}_2 \mid m_1, m_2 \in \mathbb{Z}\}$$

（$\mathbb{Z}$ ：整数全体の集合）

を (2 次元) ベクトル格子群とよび，それと同型な $\mathrm{IM}(\mathbb{R}^2)$ (2 次元合同変換群) の部分群を (2 次元) 格子群とよぶ．$\overrightarrow{\mathrm{OP}}$ がベクトル格子群に入るとき，P を格子点とよび，格子点全体の集合を (2 次元) 格子とよぶ．($\mathbb{R}^2$ の原点 O 自身も格子点としている．) 格子点を頂点とする平行四辺形が基本平行四辺形であるとは，辺上にも内部にも他の格子点がないもののことである．

2 次元合同変換群 $\mathrm{IM}(\mathbb{R}^2)$ の部分群 $G$ が 2 次元結晶群 (別名平面結晶群) であるとは，$G$ がつぎの条件 (ｉ), (ii) をみたすことである：

(ｉ) $G$ の正規部分群 $\mathrm{T}_G := G \cap \mathrm{T}(\mathbb{R}^2)$ が格子群である．

(ii) 商群 $G/\mathrm{T}_G\, (\cong \Lambda(G))$ が有限群である．

この定義で，$\mathrm{T}(\mathbb{R}^2)$ は平行移動全体からなる $\mathrm{IM}(\mathbb{R}^2)$ の正規部分群である．また $\Lambda(G)$ は準同型写像 $\Lambda$ による $G$ の像であり，

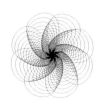

$\Lambda$ は

$$\Lambda : G \longrightarrow \mathrm{O}(2)\ (2\text{ 次直交群})$$
$$\varphi = \begin{pmatrix} A & \boldsymbol{a} \\ {}^t\boldsymbol{0} & 1 \end{pmatrix} \longmapsto A$$

であって，合同変換 $\varphi : \boldsymbol{x} \longmapsto A\boldsymbol{x} + \boldsymbol{a}$ は，3 次正方行列（大行列—小行列の記法で書いている）と同一視されている．

$\mathrm{T}_G$ を $G$ の格子群とよび．対応するベクトル格子群を $G$ のベクトル格子群とよぶ．

さて，前節でつぎの 3 命題（定理）を証明した：

**定理 12.1（再掲）**　O(2) の有限部分群は，つぎの（i），（ii）のみである：
（i）$\langle A_{2\pi/n} \rangle$ （$A_{2\pi/n}$ で生成される位数 $n$ の巡回群），$(n = 1, 2, \cdots)$．
（ii）$\langle A_{2\pi/n} \rangle + B_\ell \langle A_{2\pi/n} \rangle$（位数 $2n$ の二面体群），$(n = 1, 2, \cdots)$．
ここで $A_{2\pi/n}$ は O 中心，角 $2\pi/n$ の回転であり，$B_\ell$ は O をとおる直線 $\ell$ に関する鏡映である．（$n = 1$ のときは $A_{2\pi/1} = E$ である．）

**命題 12.2（再掲）**　$G$ を 2 次元結晶群とし，$G$ の格子群 $\mathrm{T}_G$ に対応する $G$ のベクトル格子群を $\Gamma_G$ とする．このとき $\Lambda(G)(\cong G/\mathrm{T}_G)$ の任意の元 $A$ に対し $A(\Gamma_G) = \Gamma_G$ がなりたつ．

この命題で $\mathrm{T}_G$ と $\Gamma_G$ の対応（同型対応）は

$$\begin{pmatrix} E & \boldsymbol{b} \\ {}^t\boldsymbol{0} & 1 \end{pmatrix} \longmapsto \boldsymbol{b}$$

であたえられる．

**定理 12.3（再掲）** $G$を2次元結晶群とする．このとき定理12.1（再掲）によって$O(2)$の有限部分群$\Lambda(G)$は，$\langle A_{2\pi/n}\rangle$か$\langle A_{2\pi/n}\rangle+B_\ell\langle A_{2\pi/n}\rangle$に等しいが，この$A_{2\pi/n}$の位数$n$は，1,2,3,4,6のいずれかに限られる．

さて，これらの命題，定理に加えて，つぎの命題を補足する．

**命題 13.1** $G$を2次元結晶群とし，$\varphi=\begin{pmatrix} A & \boldsymbol{a} \\ {}^t\boldsymbol{0} & 1 \end{pmatrix}$を$G$の元とする．

（i）$\mathrm{IM}(\mathbb{R}^2)$の元$\psi=\begin{pmatrix} A & \boldsymbol{b} \\ {}^t\boldsymbol{0} & 1 \end{pmatrix}$が$G$の元となるための必要十分条件は，$\boldsymbol{b}-\boldsymbol{a}$が$G$のベクトル格子群$\Gamma_G$の元となることである．

（ii）$\Lambda^{-1}(A)=T_G\,\varphi$（剰余類）

**▶証明**　（i）．$\varphi$と$\psi$が$G$の元ならば

$$\psi\circ\varphi^{-1}=\begin{pmatrix} A & \boldsymbol{b} \\ {}^t\boldsymbol{0} & 1 \end{pmatrix}\begin{pmatrix} A^{-1} & -A^{-1}\boldsymbol{a} \\ {}^t\boldsymbol{0} & 1 \end{pmatrix}=\begin{pmatrix} E & \boldsymbol{b}-\boldsymbol{a} \\ {}^t\boldsymbol{0} & 1 \end{pmatrix}$$

も$G$の元である．これは平行移動なので$\mathrm{T}_G$の元である．ゆえに$\boldsymbol{b}-\boldsymbol{a}$は$\Gamma_G$の元である．

逆に$\boldsymbol{b}-\boldsymbol{a}$が$\Gamma_G$の元ならば，$\begin{pmatrix} E & \boldsymbol{b}-\boldsymbol{a} \\ {}^t\boldsymbol{0} & 1 \end{pmatrix}$は$\mathrm{T}_G$の元なので

$$\begin{pmatrix} E & \boldsymbol{b}-\boldsymbol{a} \\ {}^t\boldsymbol{0} & 1 \end{pmatrix}\circ\varphi=\begin{pmatrix} E & \boldsymbol{b}-\boldsymbol{a} \\ {}^t\boldsymbol{0} & 1 \end{pmatrix}\begin{pmatrix} A & \boldsymbol{a} \\ {}^t\boldsymbol{0} & 1 \end{pmatrix}=\begin{pmatrix} A & \boldsymbol{b} \\ {}^t\boldsymbol{0} & 1 \end{pmatrix}$$

は$G$の元である．（ii）は（i）より（または直接，準同型定理より）あきらかである．

**証明終**

この節では，以上の命題，定理を用いて，2 次元結晶群 $G$ にぞくする回転の中心点が，いかに分布しているかについて議論する．そして次節は，$G$ にぞくする鏡映，または，すべり鏡映の**軸**（鏡映の場合は不動点集合である直線のこと）の配列について議論する．

## 13.2　回転の中心点の分布

$G$ を 2 次元結晶群とし，$\Lambda(G)$ に回転 $A_{2\pi/n}$ $(n \geqq 2)$ が含まれるとする．定理 12.3 (再掲) により，$n$ は 2,3,4,6 のいずれかである．

$\varphi$ を $\Lambda^{-1}(A_{2\pi/n})$ の元とする．これは

$$\varphi = \begin{pmatrix} A_{2\pi/n} & \boldsymbol{a} \\ {}^t\boldsymbol{0} & 1 \end{pmatrix}$$

と書ける．$\varphi$ は（唯一に定まる）$\varphi$ の不動点 Q ($\varphi(\mathrm{Q})=\mathrm{Q}$ となる点 Q) 中心，角 $2\pi/n$ の回転である．

第 10 節の図 10−2 に，点 Q が作図されている．その図を改めてここに掲げておく［図 13−1］．

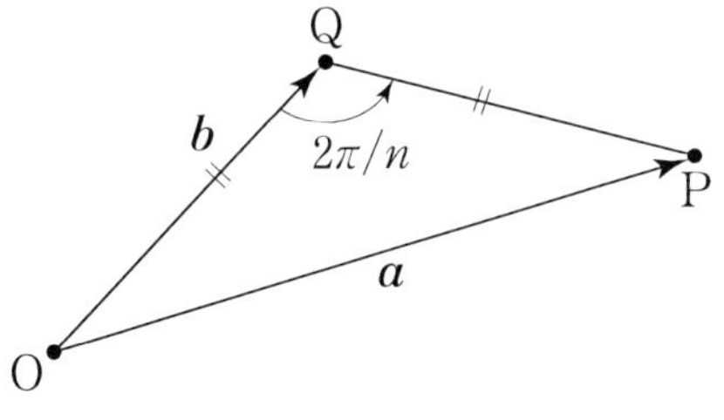


**図 13−1**

すなわち，$\boldsymbol{a}=\overrightarrow{\mathrm{OP}}$ とするとき，点 Q は頂角 $2\pi/n$ の二等辺三角形 △QOP の頂点である．そして $\boldsymbol{b}:=\overrightarrow{\mathrm{OQ}}$ は次式であたえられ

る：

$$\boldsymbol{b}=(E-A_{2\pi/n})^{-1}\boldsymbol{a} \tag{1}$$

(第 10 節, (16) 参照).

いま，$\Lambda^{-1}(A_{2\pi/n})$ の元 $\varphi_0$ をとり，固定しておく：

$$\varphi_0=\begin{pmatrix} A_{2\pi/n} & \boldsymbol{a}_0 \\ {}^t\boldsymbol{0} & 1 \end{pmatrix}.$$

$\varphi_0$ の不動点を $\mathrm{Q}_0$ とし，$\boldsymbol{b}_0=\overrightarrow{\mathrm{OQ}_0}$ とおけば，$\boldsymbol{b}_0$ は (1) より $\boldsymbol{b}_0=(E-A_{2\pi/n})^{-1}\boldsymbol{a}_0$ であたえられる.

さて，$G$ に $\mathrm{IM}(\mathbb{R}^2)$ 内で共役な，したがって $G$ と同型な

$$G':=\begin{pmatrix} E & \boldsymbol{b}_0 \\ {}^t\boldsymbol{0} & 1 \end{pmatrix}^{-1} G \begin{pmatrix} E & \boldsymbol{b}_0 \\ {}^t\boldsymbol{0} & 1 \end{pmatrix}$$

を考えよう．$\mathrm{T}_{G'}=\mathrm{T}_G$，$\Gamma_{G'}=\Gamma_G$，$\Lambda'(G')=\Lambda(G)$（$\Lambda'$ は $G'$ の $\Lambda$）となるので，$G'$ も 2 次元結晶群である.

$$\begin{pmatrix} E & \boldsymbol{b}_0 \\ {}^t\boldsymbol{0} & 1 \end{pmatrix}^{-1} \begin{pmatrix} A_{2\pi/n} & \boldsymbol{a} \\ {}^t\boldsymbol{0} & 1 \end{pmatrix} \begin{pmatrix} E & \boldsymbol{b}_0 \\ {}^t\boldsymbol{0} & 1 \end{pmatrix} = \begin{pmatrix} A_{2\pi/n} & \boldsymbol{a}-\boldsymbol{a}_0 \\ {}^t\boldsymbol{0} & 1 \end{pmatrix}$$

であり，

$$\boldsymbol{b}-\boldsymbol{b}_0=(E-A_{2\pi/n})^{-1}(\boldsymbol{a}-\boldsymbol{a}_0)$$

なので，$\Lambda^{-1}(A_{2\pi/n})$ の回転の中心の分布は，$\Lambda'^{-1}(A_{2\pi/n})$ の回転の中心の分布を，ベクトル $\boldsymbol{b}_0$ 平行移動すると得られる．それゆえ，$\Lambda'^{-1}(A_{2\pi/n})$ の方を調べればよい.

上式で，$\boldsymbol{a}=\boldsymbol{a}_0$，$\varphi=\varphi_0$ とすると，$\Lambda'^{-1}(A_{2\pi/n})$ に，原点 O 中心，回転角 $2\pi/n$ の回転が含まれているのがわかる.

そこで，**記号を濫用して，以下，$G'$ を（あらかじめ）$G$ とおき，$G$ に O 中心，回転角 $2\pi/n$ の回転**

$$\varphi_0=\begin{pmatrix} A_{2\pi/n} & \boldsymbol{0} \\ {}^t\boldsymbol{0} & 1 \end{pmatrix}$$

**が含まれているとする**．これは，**結晶群 $G$ の標準化**と言える.

このとき，命題 13.1 により，ベクトル $\boldsymbol{a}$ に対し

$$\varphi = \begin{pmatrix} A_{2\pi/n} & \boldsymbol{a} \\ {}^t\boldsymbol{0} & 1 \end{pmatrix} \tag{2}$$

が $G$ の元（したがって $\Lambda^{-1}(A_{2\pi/n})$ の元）であるための必要十分条件は，$\boldsymbol{a}$ が $G$ のベクトル格子群 $\Gamma_G$ の元であることである：

$$「\varphi \in G」\Longleftrightarrow「\boldsymbol{a} = \overrightarrow{\mathrm{OP}} \in \Gamma_G」\Longleftrightarrow「\mathrm{P}\ \text{は格子点}」 \tag{3}$$

この $\varphi$ は，図 13-1 であたえられる点 Q 中心，回転角 $2\pi/n$ の回転である．

回転の集合 $\{\varphi\} := \Lambda^{-1}(A_{2\pi/n})(= T_G\,\varphi)$ に対し，回転 $\varphi$ の中心点の集合

$$\{Q\} \tag{4}$$

を考える．この集合が平面 $\mathbb{R}^2$ 上に，どのように**分布**しているかを，以下，$n = 2, 3, 4, 6$ のそれぞれの場合に個別に分けて，見てみよう．（議論の都合上，2,4,3,6 の順で行う．）

しかし，その前に，（単なる見やすさのため）結晶群 $G$ の，もうひとつの「標準化」を行っておく．いま，O 以外の格子点で O に最も近い点（のひとつ）を $\mathrm{P}_1$ とし，$\boldsymbol{v}_1 := \overrightarrow{\mathrm{OP}_1}$ とおく．$x$ - 軸の正方向とベクトル $\boldsymbol{v}_1$ の間の角を $\eta_1$ とする．このとき，$G$ と共役な結晶群

$$G' = \begin{pmatrix} A_{\eta_1} & \boldsymbol{0} \\ {}^t\boldsymbol{0} & 1 \end{pmatrix}^{-1} G \begin{pmatrix} A_{\eta_1} & \boldsymbol{0} \\ {}^t\boldsymbol{0} & 1 \end{pmatrix}$$

の元

$$\begin{pmatrix} A_{\eta_1} & \boldsymbol{0} \\ {}^t\boldsymbol{0} & 1 \end{pmatrix}^{-1} \begin{pmatrix} A_{2\pi/n} & \boldsymbol{v}_1 \\ {}^t\boldsymbol{0} & 1 \end{pmatrix} \begin{pmatrix} A_{\eta_1} & \boldsymbol{0} \\ {}^t\boldsymbol{0} & 1 \end{pmatrix} = \begin{pmatrix} A_{2\pi/n} & A_{\eta_1}^{-1}\boldsymbol{v}_1 \\ {}^t\boldsymbol{0} & 1 \end{pmatrix}$$

を考える．

$\boldsymbol{b}$ を (1) のベクトルとすると（$(E - A_{2\pi/n})^{-1}$ と $A_{\eta_1}$ は可換なので）

$$A_{\eta_1}\boldsymbol{b} = (E - A_{2\pi/n})^{-1}(A_{\eta_1}\boldsymbol{a})$$

となる．それゆえ，$\Lambda^{-1}(A_{2\pi/n})$ の回転の中心の分布は，$\Lambda'^{-1}(A_{2\pi/n})$

($\Lambda'$ は $G'$ の $\Lambda$) の回転の中心の分布を，原点中心，角 $-\eta_1$ 回転したものである．それゆえ，$\Lambda'^{-1}(A_{2\pi/n})$ の方を調べればよい．$G'$ のベクトル格子群 $\Gamma_{G'}$ の長さ最小の元 $A_{\eta_1}^{-1}\boldsymbol{v}_1$ の終点は，$x$－軸上の正方向にある．

そこで，**以下，$G'$ を (あらかじめ) $G$ とおき，$\boldsymbol{v}_1$ の終点 $\mathrm{P}_1$ が $x$－軸の正方向の上にあるとする：**

$$\mathrm{P}_1=(x_1,0) \tag{5}$$

**(ｉ) $n=2$ の場合**　この場合は $2\pi/2=\pi$ なので，図 13－1 の二等辺三角形は，**直線 $\overrightarrow{\mathrm{OP}}$ につぶれた三角形**となる．すなわち，点 Q は線分 $\overline{\mathrm{OP}}$ の中点となり

$$\boldsymbol{b}=\overrightarrow{\mathrm{OQ}}=\frac{1}{2}\overrightarrow{\mathrm{OP}}=\frac{1}{2}\boldsymbol{a}\ \ (\boldsymbol{a}\in\Gamma_G) \tag{6}$$

である．

いま，O 以外の格子点で O に最も近い ( (5) より，$x$－軸の正方向にある) 点 $\mathrm{P}_1$ に対し，▱$\mathrm{OP_1P_3P_2}$ が基本平行四辺形となるものとする [図 13－2]．

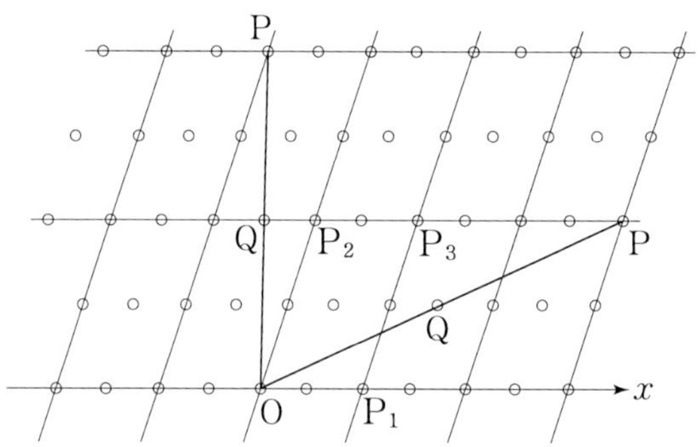


**図 13－2**

(6) より，▱$\mathrm{OP_1P_3P_2}$ の，頂点，辺の中線，対角線の交点は，(4)

の $\{Q\}$ にぞくする．ゆえに，命題 13.1 より，すべての基本平行四辺形の，頂点，辺の中点，対角線の交点は，(4) の $\{Q\}$ にぞくする．

逆に，(4) の $\{Q\}$ は，このような点からなっている (図 13–2 参照)．

かくて $\{Q\}$ は，各基本平行四辺形の，頂点 (すなわち，格子点)，辺の中点，対角線の交点からなる．図 13–2 では，$\{Q\}$ の各点が白丸で表わされている．

**(ii) $n=4$ の場合**　この場合は $2\pi/4=\pi/2$ なので，図 13–1 の二等辺三角形は，直角二等辺三角形 △QOP となる．いま $\boldsymbol{a}=\overrightarrow{\mathrm{OP}}\ (\in \Gamma_G)$ に対し

$$\boldsymbol{a}' := A_{\pi/2}(\boldsymbol{a}) = \overrightarrow{\mathrm{OR}},\quad \boldsymbol{a}+\boldsymbol{a}' = \overrightarrow{\mathrm{OS}}$$

とおけば，四辺形 □OPSR は正方形で，点 Q はその対角線の交点である [図 13–3]．

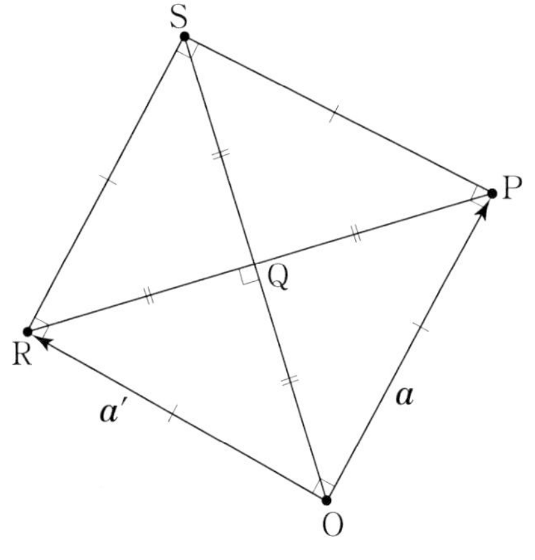


**図 13–3**

とくに，これらのことを，O 以外の格子点で O に最も近い ((5)

より，$x$-軸の正方向にある）点 $P_1$ について，$P=P_1$ として適用すると，正方形である基本平行四辺形 □$OP_1S_1R_1$ の対角線の交点 $Q_1$ が，回転

$$\varphi_1=\begin{pmatrix} A_{\pi/2} & \boldsymbol{v}_1 \\ {}^t\mathbf{0} & 1 \end{pmatrix} \quad (\boldsymbol{v}_1:=\overrightarrow{OP_1})$$

の中心点となる［図 13-4］.

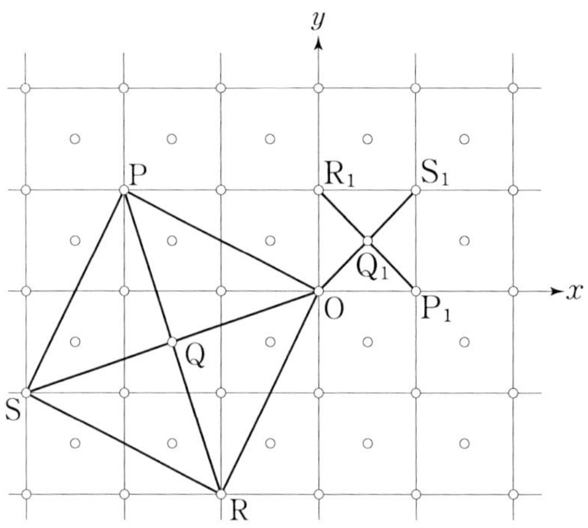


**図 13-4**

それゆえ，命題 13.1 より，すべての**基本正方形**（正方形である基本平行四辺形）の対角線の交点は，(4) の $\{Q\}$ の元となる.

逆に，$\{Q\}$ の各点は，格子点か，各基本正方形の対角線の交点よりなる．図 13-4 では，$\{Q\}$ の各点が白丸で表わされている.

なお，巡回群 $\langle A_{\pi/2}\rangle$ には，$(A_{\pi/2})^2=A_{2\pi/2}=A_\pi$ と，$(A_{\pi/2})^3=A_{3\pi/2}=A_{-\pi/2}$ が含まれている．$A_\pi$ の $\{Q\}$ については（ i ）で決定した．すなわち，各基本正方形の頂点（格子点），辺の中点，対角線の交点よりなる．$A_{-\pi/2}$ の $\{Q\}$ は，$A_{\pi/2}$ の $\{Q\}$ と全く同じ集合である.

**(iii) $n=3$ の場合**　この場合は，図 13-1 の二等辺三角形 $\triangle$QOP の頂点 Q の頂角が $2\pi/3$ である．いま $\boldsymbol{a}=\overrightarrow{\mathrm{OP}}$ $(\in \Gamma_G)$ に対し

$$\boldsymbol{a}' := A_{2\pi/3}(\boldsymbol{a}) = \overrightarrow{\mathrm{OR}}, \quad \boldsymbol{a}'' := \boldsymbol{a}+\boldsymbol{a}' = \overrightarrow{\mathrm{OS}} \tag{7}$$

とおけば，$\triangle$SOP, $\triangle$ROS は正三角形であり，点 Q は $\triangle$SOP の中心（重心）となる［図 13-5］．

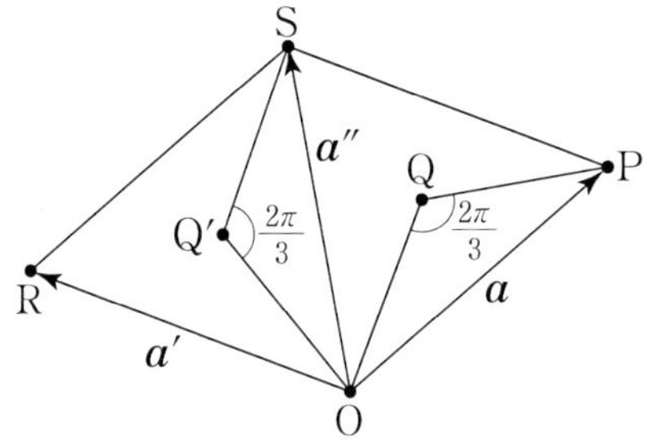


**図 13-5**

図 13-1 の二等辺三角形のことを

$$\varphi'' := \begin{pmatrix} A_{2\pi/3} & \boldsymbol{a}'' \\ {}^t\boldsymbol{0} & 1 \end{pmatrix}$$

に適用すると，二等辺三角形 $\triangle$Q′OS がえられるが，これの頂点 Q′ は正三角形 $\triangle$ROS の中心（重心）である（図 13-5 参照）．

ふたつの正三角形 $\triangle$SOP と $\triangle$ROS を合わせると，菱形（これを**正菱形**とよぼう）$\square$OPSR が生じる．

とくに，これらのことを，O 以外の格子点で O に最も近い（(5) より，$x$-軸の正方向になる）点 $\mathrm{P}_1$ について，$\mathrm{P}=\mathrm{P}_1$ として適用すると，正三角形 $\triangle \mathrm{S}_1\mathrm{OP}_1$ と正三角形 $\triangle \mathrm{R}_1\mathrm{OS}_1$ を合わせた正菱形 $\square \mathrm{OP}_1\mathrm{S}_1\mathrm{R}_1$ がえられるが，これは**基本正菱形**（正菱形である基本平行四辺形）である．そして，両正三角形の中心（重心）$\mathrm{Q}_1, \mathrm{Q}_1'$ は，共に (4) の $\{\mathrm{Q}\}$ にぞくする．

それゆえ，命題13.1により，各基本正菱形を形作っている二つの正三角形の中心（重心）は，共に(4)の{Q}にぞくする．

逆に，(4)の{Q}は，格子点と，各基本正菱形を形作っている二つの正三角形の中心（重心）よりなる［図13-6］．

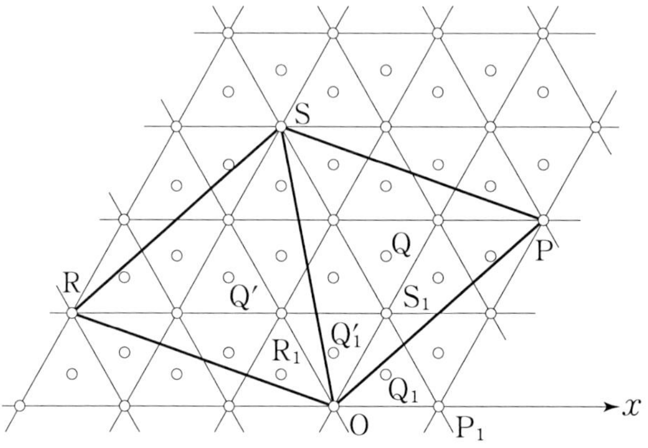


**図13-6**

このことは，つぎのように説明される：

$$\boldsymbol{v}_1 := \overrightarrow{\mathrm{OP}_1},\quad \boldsymbol{v}_2 := \overrightarrow{\mathrm{OR}_1},\quad \boldsymbol{v}_3 := \overrightarrow{\mathrm{OS}_1}$$

とおく．

$$\boldsymbol{v}_2 = A_{2\pi/3}(\boldsymbol{v}_1),\quad \boldsymbol{v}_3 = \boldsymbol{v}_1 + \boldsymbol{v}_2$$

である．このとき，中心（重心）$\mathrm{Q}_1, \mathrm{Q}'_1$ はベクトルで

$$\overrightarrow{\mathrm{OQ}_1} = \frac{1}{3}(\boldsymbol{v}_1 + \boldsymbol{v}_3) = \frac{1}{3}(2\boldsymbol{v}_1 + \boldsymbol{v}_2) \tag{8}$$

$$\overrightarrow{\mathrm{OQ}'_1} = \frac{1}{3}(\boldsymbol{v}_2 + \boldsymbol{v}_3) = \frac{1}{3}(\boldsymbol{v}_1 + 2\boldsymbol{v}_2) \tag{9}$$

と書ける（図13-6参照）．いま，$\boldsymbol{a} = \overrightarrow{\mathrm{OP}}$ $(\in \Gamma_G)$ を

$$\boldsymbol{a} = m_1\boldsymbol{v}_1 + m_2\boldsymbol{v}_2 \quad (m_1, m_2 \in \mathbb{Z})$$

とおくと，(7)の $\boldsymbol{a}', \boldsymbol{a}''$ は

$$
\begin{aligned}
\boldsymbol{a}' &= A_{2\pi/3}(\boldsymbol{a}) = m_1 A_{2\pi/3}(\boldsymbol{v}_1) + m_2 A_{2\pi/3}(\boldsymbol{v}_2) \\
&= m_1 \boldsymbol{v}_2 + m_2(-\boldsymbol{v}_3) = -m_2 \boldsymbol{v}_1 + (m_1 - m_2)\boldsymbol{v}_2, \\
\boldsymbol{a}'' &= \boldsymbol{a} + \boldsymbol{a}' = (m_1 - m_2)\boldsymbol{v}_1 + m_1 \boldsymbol{v}_2
\end{aligned}
$$

となる．それゆえ，中心（重心）Q, Q′ はベクトルで

$$
\overrightarrow{\mathrm{OQ}} = \frac{1}{3}(\boldsymbol{a} + \boldsymbol{a}'') = \frac{1}{3}\{(2m_1 - m_2)\boldsymbol{v}_1 + (m_1 + m_2)\boldsymbol{v}_2\} \tag{10}
$$

$$
\overrightarrow{\mathrm{OQ}'} = \frac{1}{3}(\boldsymbol{a}' + \boldsymbol{a}'') = \frac{1}{3}\{(m_1 - 2m_2)\boldsymbol{v}_1 + (2m_1 + m_2)\boldsymbol{v}_2\} \tag{11}
$$

と書ける．

いま，**整数** $a, b$ **が 3 を法として合同**，記号で

$$
a \equiv b \pmod 3
$$

**とは**，$a-b$ が 3 の倍数であることとする．このとき，(10) の $\{\ \}$ 内の $\boldsymbol{v}_1$ と $\boldsymbol{v}_2$ それぞれの係数 $2m_1-m_2$ と $m_1+m_2$ に対し，つぎの (あ), (い), (う) がなりたつのが容易にわかる：

(あ)「$2m_1-m_2 \equiv 0 \pmod 3$」$\Longleftrightarrow$「$m_1+m_2 \equiv 0 \pmod 3$」.

(い)「$2m_1-m_2 \equiv 2 \pmod 3$」$\Longleftrightarrow$「$m_1+m_2 \equiv 1 \pmod 3$」.

(う)「$2m_1-m_2 \equiv 1 \pmod 3$」$\Longleftrightarrow$「$m_1+m_2 \equiv 2 \pmod 3$」.

そして, (8), (9) より，つぎの主張 (ア), (イ) が容易にわかる：

(ア)「(あ) がおきる」$\Longrightarrow$「Q は格子点」

(イ)「(い) または (う) がおきる」$\Longrightarrow$「Q は，ある基本正菱形を形作っている二つの正三角形の中心（重心）のどちらかに一致する.」

(11) の $\{\ \}$ 内の $\boldsymbol{v}_1$ と $\boldsymbol{v}_2$ それぞれの係数 $m_1-2m_2\ (\equiv m_1+m_2 \pmod 3)$ と $2m_1-m_2$ に対しても，上の (あ), (い), (う) と同様のことが言え，点 Q′ に対し，上の (ア), (イ) と同様のことが言える.

以上で, (4) の {Q} は，格子点と，各基本正菱形を形作っている

二つの正三角形の中心（重心）よりなっていることがわかった．図 13-6 では，{Q} の各点が白丸で表わされている．

なお，巡回群 $\langle A_{2\pi/3}\rangle$ に含まれている，$(A_{2\pi/3})^2 = A_{4\pi/3}$ の {Q} は，$A_{2\pi/3}$ の {Q} と全く同じ集合である．

**(iv) $n=6$ の場合**　この場合は，図 13-1 の二等辺三角形 △QOP の頂点 Q の頂角が $2\pi/6=\pi/3$ となり，△QOP は正三角形となり，$\overrightarrow{\mathrm{OQ}} = A_{\pi/3}(\overrightarrow{\mathrm{OP}})$ なので，点 Q も格子点である．この場合は，$n=3$ の場合と同様に，基本平行四辺形が基本正菱形にとれ，その頂点，すなわち格子点全体が，(4) の {Q} と一致する［図 13-7］．

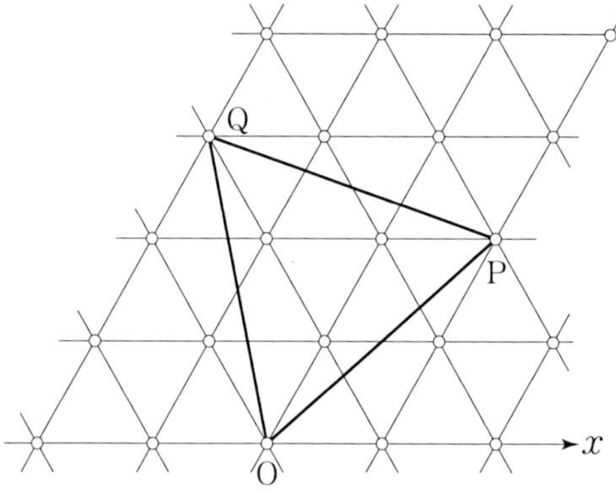


**図 13-7**

図 13-7 では，{Q} = 格子 の各点が白丸で表わされている．

なお，巡回群 $\langle A_{\pi/3}\rangle$ には，$(A_{\pi/3})^2 = A_{2\pi/3}$，$(A_{\pi/3})^3 = A_{3\pi/3} = A_{\pi}$，$(A_{\pi/3})^4 = A_{4\pi/3}$，$(A_{\pi/3})^5 = A_{5\pi/3} = A_{-\pi/3}$ が含まれている．$A_{\pi}$ の {Q} については (i) で決定した．$A_{2\pi/3}$ と $A_{4\pi/3}$ の {Q} については (iii) で決定した．$A_{-\pi/3}$ の {Q} は，$A_{\pi/3}$ の $\{Q\}$，すなわち格子点全体である．

# 第 14 節　二次元結晶群の性質 (III)

## 14.1　前節までの話から

前節までの話から，必要なことを再述しておく．

二方向のベクトル $\boldsymbol{v}_1, \boldsymbol{v}_2$ で生成される加群

$$\Gamma := \{m_1\boldsymbol{v}_1 + m_2\boldsymbol{v}_2 \mid m_1, m_2 \in \mathbb{Z}\}$$

を (2 次元) ベクトル格子群とよび，それに対応する $\mathrm{T}(\mathbb{R}^2)$ (平行移動の全体の群) の部分群を，格子群とよぶ．ベクトル $\overrightarrow{\mathrm{OP}}$ がベクトル格子群に入るとき，P を格子点とよぶ．($\mathbb{R}^2$ の原点 O も格子点としている．) 格子点全体の集合を (2 次元) 格子とよぶ．格子点を頂点とする平行四辺形が基本平行四辺形であるとは，辺上にも内部にも，他の格子点がないもののことである．

2 次元合同変換群 $\mathrm{IM}(\mathbb{R}^2)$ の部分群 $G$ が 2 次元結晶群 (別名平面結晶群) であるとは，$G$ がつぎの条件 (i), (ii) をみたすことである：

(i) $G$ の正規部分群 $\mathrm{T}_G := G \cap \mathrm{T}(\mathbb{R}^2)$ が格子群である．

(ii) 商群 $G/\mathrm{T}_G\ (\cong \Lambda(G))$ が有限群である．

この定義で，$\Lambda(G)$ は準同型写像 $\Lambda$ による $G$ の像であり，$\Lambda$ は $\Lambda : G \longrightarrow \mathrm{O}(2)$ (2 次直交群)

$$\varphi = \begin{pmatrix} A & \boldsymbol{a} \\ {}^t\boldsymbol{0} & 1 \end{pmatrix} \longmapsto A$$

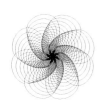

であって，合同変換 $\varphi: x \longmapsto Ax+a$ は，3 次正方行列（大行列 - 小行列の記法で書いている）と同一視されている．$\mathrm{T}_G$ を $G$ の格子群とよび，$\mathrm{T}_G$ につぎの対応で同型なベクトル格子群を，$G$ のベクトル格子群とよび $\Gamma_G$ と記す：$\begin{pmatrix} E & \boldsymbol{v} \\ {}^t\boldsymbol{0} & 1 \end{pmatrix} \longmapsto \boldsymbol{v}$

さて，第 12 節と第 13 節でつぎの二命題を証明した：

**命題 12.2（再掲）**　$G$ を 2 次元結晶群とし，$G$ の格子群 $\mathrm{T}_G$ に対応する $G$ のベクトル格子群を $\Gamma_G$ とする．このとき $\Lambda(G)\,(\cong G/\mathrm{T}_G)$ の任意の元 $A$ に対し $A(\Gamma_G)=\Gamma_G$ がなりたつ．

**命題 13.1（再掲）**　$G$ を 2 次元結晶群とし，$\varphi=\begin{pmatrix} A & \boldsymbol{a} \\ {}^t\boldsymbol{0} & 1 \end{pmatrix}$ を $G$ の元とする．

（i）$\mathrm{IM}(\mathbb{R}^2)$ の元 $\psi=\begin{pmatrix} A & \boldsymbol{b} \\ {}^t\boldsymbol{0} & 1 \end{pmatrix}$ が $G$ の元となるための必要十分条件は，$\boldsymbol{b}-\boldsymbol{a}$ が $G$ のベクトル格子群 $\Gamma_G$ の元となることである．

（ii）$\Lambda^{-1}(A)=T_G\,\varphi$（剰余類）．

前節は，これらの命題を用いて，2 次元結晶群 $G$ にぞくする回転の中心点が，いかに分布しているかを議論した．

本節は，これらの命題を用いて，2 次元結晶群 $G$ にぞくする鏡映またはすべり鏡映の軸が，いかに**配列**しているかを議論する．ここで，鏡映またはすべり鏡映の**軸**とは，鏡映の場合は，その固定点集合である直線のことであり，すべり鏡映の場合は，それを鏡映と（鏡映の軸方向への）平行移動の可換な合成に分解したときの，鏡映の軸のことである．

## 14.2　鏡映，すべり鏡映について

はじめに，鏡映とすべり鏡映について，いくつか注意をあたえる．（第 10 節にも，一部はすでに述べられている．）

$\ell$ を，原点 O をとおり傾き $\tan(\eta/2)$ の直線とし，

$$B_\ell := \begin{pmatrix} \cos(\eta) & \sin(\eta) \\ \sin(\eta) & -\cos(\eta) \end{pmatrix} \tag{1}$$

を，$\ell$ を軸とする鏡映とする．

**命題 14.1**　$\boldsymbol{a}$ を $\mathbb{R}^2$ 上のベクトルとする．このとき，つぎの（i），（ii）がなりたつ：

（i）ベクトル $\boldsymbol{a}+B_\ell(\boldsymbol{a})$ の方向は，$\ell$ の方向に一致する．

（ii）ベクトル $\boldsymbol{a}-B_\ell(\boldsymbol{a})$ の方向は，$\ell$ と直交する方向に一致する．

**▶証明**　（i）$B_\ell(\boldsymbol{a}+B_\ell(\boldsymbol{a}))=B_\ell(\boldsymbol{a})+(B_\ell)^2(\boldsymbol{a})=\boldsymbol{a}+B_\ell(\boldsymbol{a})$ なので，ベクトル $\boldsymbol{a}+B_\ell(\boldsymbol{a})$ の方向は，$\ell$ の方向と一致する．

（ii）内積 $\langle \boldsymbol{a}-B_\ell(\boldsymbol{a}),\ \boldsymbol{a}+B_\ell(\boldsymbol{a})\rangle=\langle \boldsymbol{a},\boldsymbol{a}\rangle-\langle B_\ell(\boldsymbol{a}),\ B_\ell(\boldsymbol{a})\rangle=\langle \boldsymbol{a},\boldsymbol{a}\rangle-\langle \boldsymbol{a},\boldsymbol{a}\rangle=0$ なので，$\boldsymbol{a}-B_\ell(\boldsymbol{a})$ の方向は（（i）より）$\ell$ と直交する方向である．　**証明終**

さて，$\psi$ を $\mathbb{R}^2$ の鏡映またはすべり鏡映とする．このとき $\psi$ は

$$\psi := \begin{pmatrix} B_\ell & \boldsymbol{a} \\ {}^t\boldsymbol{0} & 1 \end{pmatrix} \tag{2}$$

と書かれる．ここで $\boldsymbol{a}$ は $\mathbb{R}^2$ 上のベクトルで，$B_\ell$ は (1) であたえられる，O をとおる直線 $\ell$ を軸とする鏡映である．

(2) の $\psi$ の表現にあらわれているベクトル $\boldsymbol{a}$ を，つぎのような

和に書く：

$\boldsymbol{a}=\boldsymbol{b}+\boldsymbol{b}^*$，ここで

$$\boldsymbol{b}:=\frac{1}{2}(\boldsymbol{a}+B_\ell(\boldsymbol{a})),\quad \boldsymbol{b}^*:=\frac{1}{2}(\boldsymbol{a}-B_\ell(\boldsymbol{a})). \tag{3}$$

命題 14.1 より，$\boldsymbol{b}$ の方向は $\ell$ の方向に一致し，$\boldsymbol{b}^*$ の方向は $\ell$ と直交する方向に一致する．

(2) の $\psi$ は，つぎのように，可換な合成に分解される：

$$\psi=\tau_b\circ\mu=\mu\circ\tau_b$$

ここで

$$\tau_b:=\begin{pmatrix}E & \boldsymbol{b}\\ {}^t\boldsymbol{0} & 1\end{pmatrix},\quad \mu:=\begin{pmatrix}B_\ell & \boldsymbol{b}^*\\ {}^t\boldsymbol{0} & 1\end{pmatrix} \tag{4}$$

($\boldsymbol{b},\boldsymbol{b}^*$ は (3) の $\boldsymbol{b},\boldsymbol{b}^*$) であって，$\tau_b$ は ($\ell$ 方向の) ベクトル $\boldsymbol{b}$ の平行移動で，$\mu$ はベクトル $\overrightarrow{\mathrm{OR}}:=\dfrac{1}{2}\boldsymbol{b}^*$ の終点 $R$ をとおり $\ell$ に平行な直線 $\ell_\psi$ を軸とする鏡映である．

すなわち，$\psi$ は，$\boldsymbol{b}\neq\boldsymbol{0}$（ゼロベクトル）のとき，すべり鏡映であり，$\boldsymbol{b}=\boldsymbol{0}$ のとき，$\psi=\mu$ となり，鏡映である．どちらの場合も，$\ell_\psi$ を軸としている．

とくに，つぎの命題 (再掲) がえられる：

> **命題 10.10**　(少し表現を変えて，**再掲**)
>
> $\mathbb{R}^2$ の合同変換 $\psi=\begin{pmatrix}B_\ell & \boldsymbol{a}\\ {}^t\boldsymbol{0} & 1\end{pmatrix}$ が，($\ell$ と平行な) ある直線を軸とする鏡映であるための必要十分条件は，$B_\ell(\boldsymbol{a})=-\boldsymbol{a}$ となることである．

## 14.3　剰余類 $\mathrm{T}_G\psi$ にぞくする鏡映，すべり鏡映の軸の配列

$G$ を 2 次元結晶群とする．$G$ にぞくするすべり鏡映について，

後に用いる，新しい用語を定義しよう．$\psi$ を $G$ にぞくするすべり鏡映とし，$\psi = \mu \circ \tau_b = \tau_b \circ \mu$ と，鏡映 $\mu (= \mu^{-1})$ と（ベクトル $\boldsymbol{b}$ の方向が $\psi$ に軸方向になっている）平行移動 $\tau_b$ の可換な合成に分解したとする．（この分解はただ一通りであることが証明できる．そして，それは (4) であたえられる．）このとき，（$\tau_b = \psi \circ \mu$, $\mu = \psi \circ \tau_b^{-1}$ なので）$\mu$ と $\tau_b$ が共に $G$ の元になるか，どちらも $G$ の元にならないか，どちらか一方がおきる．$\mu$ と $\tau_b$ が共に $G$ の元になるとき，$\psi$ を **$G$ の非本質的すべり鏡映**とよび，どちらも $G$ の元とならないとき，$\psi$ を **$G$ の本質的すべり鏡映**とよぶ．

さて，(2) の $\psi = \begin{pmatrix} B_\ell & \boldsymbol{a} \\ {}^t\boldsymbol{0} & 1 \end{pmatrix}$ を，**$G$ にぞくする**，鏡映またはすべり鏡映とする．直線 $\ell$ は，原点 O をとおり傾きが $\tan(\eta/2)$ の直線である．（$\eta/2 = \pi/2$ のときは垂直線である．）いま，角 $\eta/2$ の存在する範囲を $-\dfrac{\pi}{2} < \dfrac{\eta}{2} \leqq \dfrac{\pi}{2}$ とする．つぎに，$\ell^*$ を，O をとおり $\ell$ に直交する直線とする．便宜上，$\ell$ と $\ell^*$ の**正方向**を，図 14-1 の矢印の方向する［図 14-1］．（$\ell^*$ の正方向は $\ell$ の正方向を $\pi/2$ 回転したものである．）

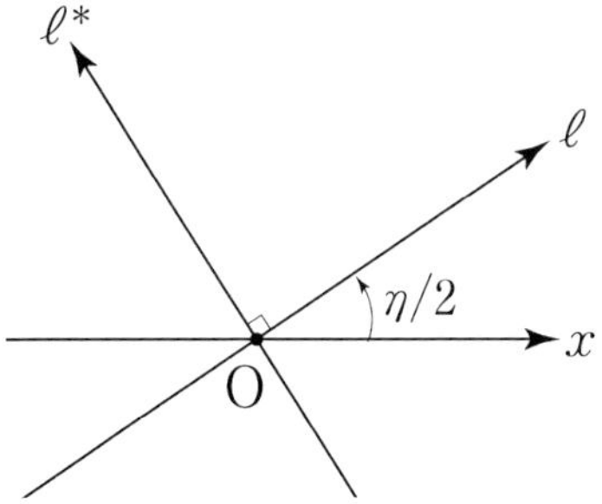


**図 14-1**

**命題 14.2**　2 次元結晶群 $G$ が，鏡映またはすべり鏡映

$$\psi = \begin{pmatrix} B_\ell & \boldsymbol{a} \\ {}^t\boldsymbol{0} & 1 \end{pmatrix}$$

を含むとする．このとき，$G$ のベクトル格子群 $\Gamma_G$ は，$\ell$ の正方向と同じ方向のベクトルも，$\ell^*$ の正方向と同じ方向のベクトルも含む．

▶**証明**　$\boldsymbol{v}$ を $\Gamma_G$ にぞくする (方向が $\ell, \ell^*$ のどちらの方向でもない) ベクトルとする．命題 12.2 (再掲) により，$B_\ell(\boldsymbol{v})$ も $\Gamma_G$ にぞくするベクトルである．ゆえに，$\pm(\boldsymbol{v}+B_\ell(\boldsymbol{v}))$ も $\pm(\boldsymbol{v}-B_\ell(\boldsymbol{v}))$ も $\Gamma_G$ にぞくするが，命題 14.1 より，前者は $\ell$ と同方向のベクトルであり，後者は $\ell^*$ と同方向のベクトルである．$\pm$ のどちらかが正方向である．　**証明終**

いま，$\ell, \ell^*$ **の正方向と同じ方向をもち，長さが最小である** $\Gamma_G$ **のベクトルを，それぞれ，**$\boldsymbol{v}_\ell, \boldsymbol{v}_{\ell^*}$ **とする**．このとき，$\ell, \ell^*$ と同方向である $\Gamma_G$ のベクトルは，それぞれ $m\boldsymbol{v}_\ell, n\boldsymbol{v}_{\ell^*}$ $(m, n \in \mathbb{Z})$ と書くことができる．

ベクトル $\boldsymbol{a}$ を (3) の $\boldsymbol{b}$ と $\boldsymbol{b}^*$ の和に分解する：$a = b + b^*$．ベクトル $\boldsymbol{b}, \boldsymbol{b}^*$ の方向は，それぞれ $\ell, \ell^*$ の方向である．$\boldsymbol{b}$ と $\boldsymbol{b}^*$ を，つぎのように書く：

$$\boldsymbol{b} = m\boldsymbol{v}_\ell + \boldsymbol{b}_0, \quad \boldsymbol{b}^* = m^*\boldsymbol{v}_{\ell^*} + \boldsymbol{b}_0^* \tag{5}$$

ここに $m, m^*$ は整数で，$\boldsymbol{b}_0, \boldsymbol{b}_0^*$ は (ゼロベクトルか，または) それぞれ，$\ell, \ell^*$ の**正方向と同じ方向のベクトル**で，長さが $\boldsymbol{v}_\ell$ の長さ，$\boldsymbol{v}_{\ell^*}$ の長さより小さい：

$$0 \leqslant \|\boldsymbol{b}_0\| < \|\boldsymbol{v}_\ell\|, \quad 0 \leqslant \|\boldsymbol{b}_0^*\| < \|\boldsymbol{v}_{\ell^*}\| \tag{6}$$

このような $m, \boldsymbol{b}_0$ (および $m^*, \boldsymbol{b}_0^*$) が唯一組存在することは，整数を正の整数で割り算して商と余りを出す操作と類似の操作で示

すことができる．

(5) の $\boldsymbol{b}_0$ と $\boldsymbol{b}_0^*$ を加えて $\boldsymbol{a}_0 := \boldsymbol{b}_0 + \boldsymbol{b}_0^*$ とおく．(5) より

$$\boldsymbol{a}_0 = \boldsymbol{a} - (m\boldsymbol{v}_\ell + m^*\boldsymbol{v}_{\ell^*}) \tag{7}$$

である．ゆえに

$$\psi_0 := \begin{pmatrix} B_\ell & \boldsymbol{a}_0 \\ {}^t\boldsymbol{0} & 1 \end{pmatrix} = \tau_{-m\boldsymbol{v}_\ell - m^*\boldsymbol{v}_{\ell^*}} \circ \psi \tag{8}$$

は $G$ の元である．そして (3) より

$$\boldsymbol{b}_0 = \frac{1}{2}(\boldsymbol{a}_0 + B_\ell(\boldsymbol{a}_0)),\ \boldsymbol{b}_0^* = \frac{1}{2}(\boldsymbol{a}_0 - B_\ell(\boldsymbol{a}_0)) \tag{9}$$

と書ける．

(8) より，剰余類 $\mathrm{T}_G\psi = \psi\mathrm{T}_G$ は，剰余類 $\mathrm{T}_G\psi_0 = \psi_0\mathrm{T}_G$ に等しい：$\mathrm{T}_G\psi = \mathrm{T}_G\psi_0$.

この小節の目的は，この剰余類にぞくする鏡映またはすべり鏡映の軸の配列を決定することである．そのため，以下，$\psi$ の代りに $\psi_0$ を用いて議論する．

**命題 14.3**　(5), (6) のベクトル $\boldsymbol{b}_0$ は，$\boldsymbol{0}$（ゼロベクトル）か $\dfrac{1}{2}\boldsymbol{v}_\ell$ に等しい．

▶**証明**　$G$ の元である $(\psi_0)^2$ を計算すると, (9) より,

$$(\psi_0)^2 = \begin{pmatrix} E & \boldsymbol{a}_0 + B_\ell(\boldsymbol{a}_0) \\ {}^t\boldsymbol{0} & 1 \end{pmatrix} = \begin{pmatrix} E & 2\boldsymbol{b}_0 \\ {}^t\boldsymbol{0} & 1 \end{pmatrix}$$

となり，これは平行移動である．ゆえに $2\boldsymbol{b}_0 \in \Gamma_G$ であるが, (6) より $2\boldsymbol{b}_0$ は $\boldsymbol{0}$ か $\boldsymbol{v}_\ell$ に等しい．　**証明終**

この命題により，二つのケースが生じる．

### ケース 1： $b_0 = \frac{1}{2}\boldsymbol{v}_\ell$ の場合

いま，$G$ の代りに，$G$ に固定されたベクトル $\boldsymbol{c}_0$ の平行移動で共役な，したがって $G$ と同型な

$$G' := \tau_{c_0} G \tau_{c_0}^{-1} \tag{10}$$

での，軸の配列を調べ，後に $G$ に戻ることにする．（$\mathrm{T}_{G'} = \mathrm{T}_G$，$\Gamma_{G'} = \Gamma_G$，$\Lambda'(G') = \Lambda(G)$（$\Lambda'$ は $G'$ の $\Lambda$）となるので，$G'$ も 2 次元結晶群である.）$G'$ の元 $\psi_0' := \tau_{c_0}\psi_0\tau_{c_0}^{-1}$ を用いると

$$\Lambda'^{-1}(B_\ell) = \mathrm{T}_{G'}\psi_0' \text{（剰余類）}$$

である．しかるに $\psi_0'$ は計算すると

$$\psi_0' = \begin{pmatrix} B_\ell & \boldsymbol{a}_0 + \boldsymbol{c}_0 - B_\ell(\boldsymbol{c}_0) \\ {}^t\boldsymbol{0} & 1 \end{pmatrix} \tag{11}$$

となる．$\boldsymbol{c}_0 - B_\ell(\boldsymbol{c}_0)$ の方向は $\ell^*$ - 方向なので，$\boldsymbol{c}_0$ として，あらかじめ，$\ell^*$ - 方向のベクトルとしてよい.

ケース 1 の場合は

$$\boldsymbol{c}_0 := \frac{1}{4}\boldsymbol{v}_{\ell^*} - \frac{1}{2}\boldsymbol{b}_0^* \tag{12}$$

とする．このとき $\psi_0'$ は

$$\psi_0' = \begin{pmatrix} B_\ell & \boldsymbol{a}_0 + 2\boldsymbol{c}_0 \\ {}^t\boldsymbol{0} & 1 \end{pmatrix} = \begin{pmatrix} B_\ell & \frac{1}{2}(\boldsymbol{v}_\ell + \boldsymbol{v}_{\ell^*}) \\ {}^t\boldsymbol{0} & 1 \end{pmatrix} \tag{13}$$

となる．いま

$$\overrightarrow{\mathrm{OP}_1} := \boldsymbol{v}_\ell,\ \overrightarrow{\mathrm{OP}_2} := \boldsymbol{v}_{\ell^*},\ \overrightarrow{\mathrm{OP}_3} = \boldsymbol{v}_\ell + \boldsymbol{v}_{\ell^*},$$
$$\overrightarrow{\mathrm{OQ}_0} := \frac{1}{2}(\boldsymbol{v}_\ell + \boldsymbol{v}_{\ell^*})$$

とおくと，格子点を頂点とする四辺形 $\mathrm{OP_1P_3P_2}$ は長方形であり，$\mathrm{Q_0}$ はその対角線の交点である.

この長方形の辺上には，格子点はない．内部にはどうであろうか.

> **命題 14.4**　長方形 □$\mathrm{OP_1P_3P_2}$ の内部に，もし格子点が存在するとすれば，それは対角線の交点 $\mathrm{Q_0}$ でなければならない．

▶**証明**　長方形 □$\mathrm{OP_1P_3P_2}$ の内部に格子点が存在すると仮定し，それを $R$ とおく．ベクトル $\boldsymbol{u} := \overrightarrow{\mathrm{OR}}$ は，$G'$ のベクトル格子群 $\Gamma_{G'}$ $(=\Gamma_G)$ の元なので，命題 12.2 (再掲) より，$B_\ell(\boldsymbol{u})$ も $\Gamma_{G'}$ の元となる．それゆえ $\boldsymbol{u}+B_\ell(\boldsymbol{u})$ も $\boldsymbol{u}-B_\ell(\boldsymbol{u})$ も $\Gamma_{G'}$ の元となる．それらは，図 14–2 でわかるように，それぞれ $\boldsymbol{v}_\ell, \boldsymbol{v}_{\ell^*}$ でなければならない [図 14–2].

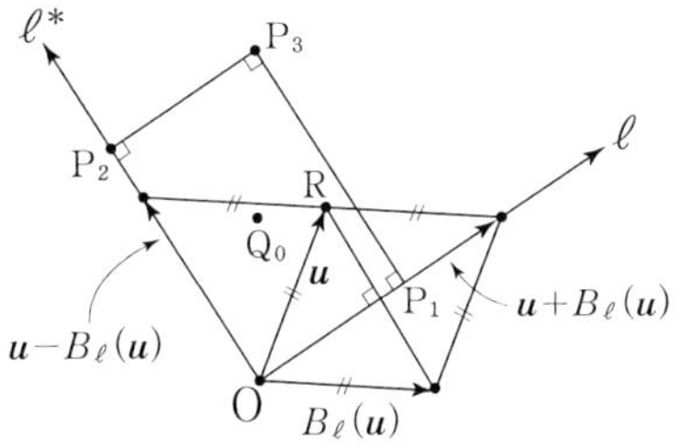


**図 14–2**

すなわち，$\boldsymbol{u}+B_\ell(\boldsymbol{u}) = \boldsymbol{v}_\ell$，$\boldsymbol{u}-B_\ell(\boldsymbol{u}) = \boldsymbol{v}_{\ell^*}$.

ゆえに $\boldsymbol{u} = \dfrac{1}{2}(\boldsymbol{v}_\ell + \boldsymbol{v}_{\ell^*})$，$R = \mathrm{Q_0}$.　　**証明終**

この命題により，ケース 1 をさらに二つに分ける必要が生じる．

## ▶▶▶ ケース 1-a：$\mathrm{Q_0}$ が格子点，すなわち $\boldsymbol{u}_0 := \dfrac{1}{2}(\boldsymbol{v}_\ell + \boldsymbol{v}_{\ell^*})$ が $\Gamma_{G'}$ $(=\Gamma_G)$ の元である場合

いま $\overrightarrow{\mathrm{OQ_0^*}} := B_\ell(\boldsymbol{u}_0)$ とおくと，四辺形 $\mathrm{OQ_0^*P_1Q_0}$ は菱形であ

る．そして，それは $\Gamma_{G'}$ の基本菱形（菱形で基本平行四辺形）である．

それゆえ，$\Gamma_{G'}$ $(=\Gamma_G)$ の元は，つぎのどちらかの形となる：

$$\boldsymbol{m}_1\boldsymbol{v}_\ell+\boldsymbol{m}_2\boldsymbol{v}_{\ell^*},\ \boldsymbol{u}_0+\boldsymbol{m}_1\boldsymbol{v}_\ell+\boldsymbol{m}_2\boldsymbol{v}_{\ell^*} \quad (m_1, m_2\in\mathbb{Z}) \tag{14}$$

一方，$\Gamma_{G'}\psi'_0$ の元 $\psi'=\tau_{c_0}\circ\psi\circ\tau_{c_0}^{-1}$ $(\psi\in\Gamma_G\psi_0)$ は（(13) と命題 13.1（再掲）より）

$$\psi'=\begin{pmatrix}B_\ell & \boldsymbol{v}\\ {}^t\boldsymbol{0} & 1\end{pmatrix}\ (v\in\Gamma_{G'}=\Gamma_G)$$

と書かれる．ゆえに,(14) より，$\psi'$ は

（あ）　$\psi'=\begin{pmatrix}B_\ell & m_1\boldsymbol{v}_\ell+m_2\boldsymbol{v}_{\ell^*}\\ {}^t\boldsymbol{0} & 1\end{pmatrix}$

（い）　$\psi'=\begin{pmatrix}B_\ell & \boldsymbol{u}_0+m_1\boldsymbol{v}_\ell+m_2\boldsymbol{v}_{\ell^*}\\ {}^t\boldsymbol{0} & 1\end{pmatrix}$

のどちらかの形である．

（あ）の形の $\psi'$ は，$(m_2/2)\boldsymbol{v}_{\ell^*}$ の終点をとおり，$\ell$ に平行な直線を軸とする鏡映

$$\mu'=\begin{pmatrix}B_\ell & m_2\boldsymbol{v}_{\ell^*}\\ {}^t\boldsymbol{0} & 1\end{pmatrix}\in \mathrm{T}_{G'}\psi'_0$$

と，$(m_1\neq 0$ のとき）$\ell$ 方向のベクトル $m_1\boldsymbol{v}_\ell$ の平行移動 $\tau_{m_1v_\ell}\in G'$ の可換な合成であるすべり鏡映，すなわち，$G'$ の非本質的すべり鏡映である．($m_1=0$ のときは，$\psi'=\mu'$ は $\mathrm{T}_{G'}\psi'_0$ にぞくする鏡映である．)

（い）の形の $\psi'$ は，$\left(\dfrac{1}{4}+\dfrac{1}{2}m_2\right)\boldsymbol{v}_{\ell^*}$ の終点をとおり，$\ell$ に平行な直線を軸とする鏡映

$$\mu''=\begin{pmatrix}B_\ell & (\frac{1}{2}+m_2)\boldsymbol{v}_{\ell^*}\\ {}^t\boldsymbol{0} & 1\end{pmatrix}$$

と，$\ell$ 方向のベクトル $\left(\dfrac{1}{2}+m_1\right)\boldsymbol{v}_\ell$ の平行移動 $\tau_{(\frac{1}{2}+m_1)v_\ell}$ の可換な合成である，すべり鏡映である．$\left(\dfrac{1}{2}+m_1\right)\boldsymbol{v}_\ell\notin\Gamma_{G'}$ なので，$\psi'$ は

$G'$ の本質的すべり鏡映である．

**整数 $m_2$ を動かすことにより，** 平面上に $\psi'_0 \mathrm{T}_{G'}$ にぞくする鏡映またはすべり鏡映の軸の配列がえられる［図 14–3］．

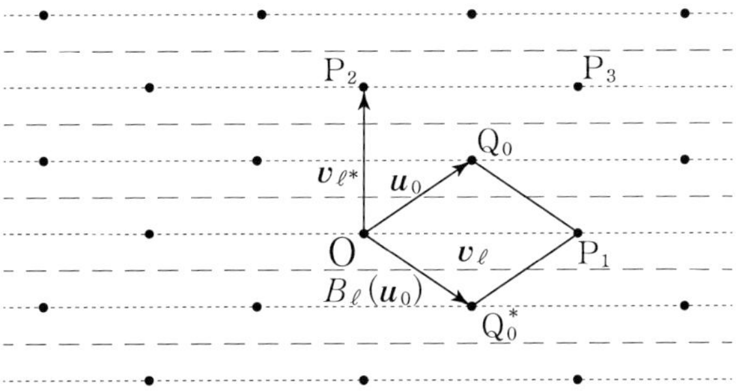


**図 14–3**

図 14–3 では，（黒丸は格子点をあらわし），点線は，$\mathrm{T}_{G'}\,\psi'_0$ にぞくする，$G'$ の鏡映または非本質的すべり鏡映の軸をあらわし，**長めの点線**は，$\mathrm{T}_{G'}\,\psi'_0$ にぞくする，$G'$ の本質的すべり鏡映の軸をあらわしている．（（図を回転させることにより）便宜上，$\ell$ に平行な線を水平に描いている．）

### ▶▶▶ ケース 1-b：Q₀ が格子点でない，すなわち

$$\boldsymbol{u}_0 = \frac{1}{2}(\boldsymbol{v}_\ell + \boldsymbol{v}_{\ell^*}) \notin \Gamma_{G'} \ (= \Gamma_G) \text{ の場合}$$

この場合は，$\Gamma_{G'}$ が $\boldsymbol{v}_\ell$ と $\boldsymbol{v}_{\ell^*}$ で生成され，長方形 □$\mathrm{OP_1P_3P_2}$ は基本長方形である．$\psi'_0 \mathrm{T}_{G'}$ の元

$$\psi' = \begin{pmatrix} B_\ell & \boldsymbol{a}' \\ {}^t\boldsymbol{0} & 1 \end{pmatrix}$$

は，ベクトル $\boldsymbol{a}'$ が

$$\boldsymbol{a}' = \boldsymbol{u}_0 + m_1 \boldsymbol{v}_\ell + m_2 \boldsymbol{v}_{\ell^*} \quad (m_1, m_2 \in \mathbb{Z})$$

と書けるものに限る．この $\psi'$ は，ベクトル $\left(\frac{1}{4}+\frac{1}{2}m_2\right)v_{\ell^*}$ の終点をとおり，$\ell$ に平行な直線を軸とする，ベクトル $\left(\frac{1}{2}+m_1\right)\boldsymbol{v}_\ell$ の，$G'$ の本質的すべり鏡映である．

（ケース 1-a と同様に）整数 $m_2$ を動かすことにより，平面上に，$\mathrm{T}_{G'}\psi'_0$ にぞくする，$G'$ の本質的すべり鏡映の軸の配列がえられる［図 14-4］.

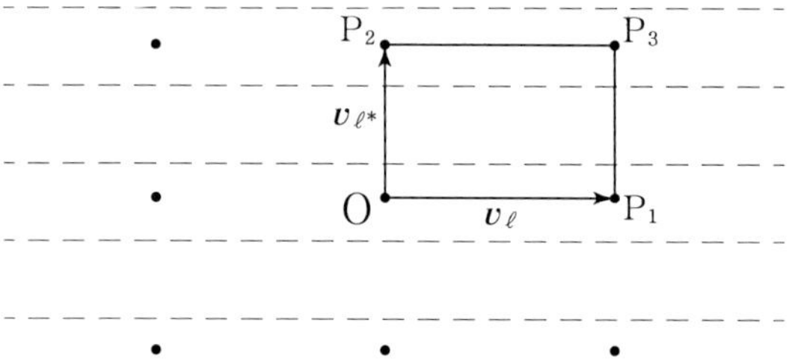


**図 14-4**

### ケース 2：$b_0=0$ の場合

この場合，(8) の元

$$\psi_0:=\begin{pmatrix} B_\ell & \boldsymbol{a}_0 \\ {}^t\boldsymbol{0} & 1 \end{pmatrix}$$

のベクトル $\boldsymbol{a}_0$ は $\boldsymbol{b}_0^*=\frac{1}{2}(\boldsymbol{a}_0-B_\ell(\boldsymbol{a}_0))$ に等しい：$\boldsymbol{a}_0=\boldsymbol{b}_0^*$．そして，$\psi_0$ は $\overrightarrow{\mathrm{OR}_0}:=\frac{1}{2}\boldsymbol{b}_0^*$ の終点 $R_0$ をとおり，$\ell$ に平行な直線を軸とする鏡映である．ケース 1 の場合と同様に，$G$ の代りに，$G$ と平行移動で共役な，したがって $G$ と同型な

$$G':=\tau_{c_0}G\tau_{c_0}^{-1}$$

での，軸の配列を調べ，後に $G$ に戻ることにする．ここで，ベクトル $\boldsymbol{c}_0$ は，このケース 2 の場合は

$$\boldsymbol{c}_0 := \frac{1}{2}\boldsymbol{a}_0 = \frac{1}{2}\boldsymbol{b}_0^* \tag{15}$$

とする．この $G'$ は

$$\psi_0' = \tau_{c_0}\psi_0\tau_{c_0}^{-1} = \begin{pmatrix} B_\ell & \mathbf{0} \\ {}^t\mathbf{0} & 1 \end{pmatrix}$$

すなわち，鏡映 $B_\ell$ を含む．そして剰余類 $\mathrm{T}_{G'}\psi_0'$ の元は

$$\begin{pmatrix} B_\ell & \boldsymbol{v} \\ {}^t\mathbf{0} & 1 \end{pmatrix} \quad (\boldsymbol{v} \in \Gamma_{G'} (= \Gamma_G))$$

の形のものに限られる．

さて，ケース 2 の場合も，ケース 1 と同様に，命題 14.4 がなりたつ．証明も全く同様である．したがって，この場合も，さらに二つのケースに細分される：

### ▶▶ ケース 2-a：$\boldsymbol{u}_0 = \frac{1}{2}(\boldsymbol{v}_\ell + \boldsymbol{v}_{\ell^*}) \in \Gamma_{G'} (= \Gamma_G)$ の場合

この場合は，ケース 1-a と全く同じことがおきて，(整数 $m_2$ を動かすことにより生じる) $\mathrm{T}_{G'}\psi_0'$ に含まれる鏡映またはすべり鏡映の軸の配列は，図 14-3 と全く同じである：ケース 2-a = ケース 1-a.

### ▶▶ ケース 2-b：$\boldsymbol{u}_0 = \frac{1}{2}(\boldsymbol{v}_\ell + \boldsymbol{v}_{\ell^*}) \notin \Gamma_{G'} (= \Gamma_G)$ の場合

この場合は，$\Gamma_{G'}$ が $\boldsymbol{v}_\ell$ と $\boldsymbol{v}_{\ell^*}$ で生成されるので，$\psi_0'\mathrm{T}_{G'}$ にぞくする鏡映またはすべり鏡映は

$$\begin{pmatrix} B_\ell & m_1 v_\ell + m_2 \boldsymbol{v}_{\ell^*} \\ {}^t\mathbf{0} & 1 \end{pmatrix} = \tau_{m_1 v_\ell + m_2 v_{\ell^*}} \circ B_\ell$$

と書け，それは鏡映か $G'$ の非本質的すべり鏡映である．

整数 $m_2$ を動かすことにより，平面上に $\psi_0'\mathrm{T}_{G'}$ にぞくする鏡映または $G'$ の非本質的すべり鏡映の軸の配列がえられる［図 14-5］.

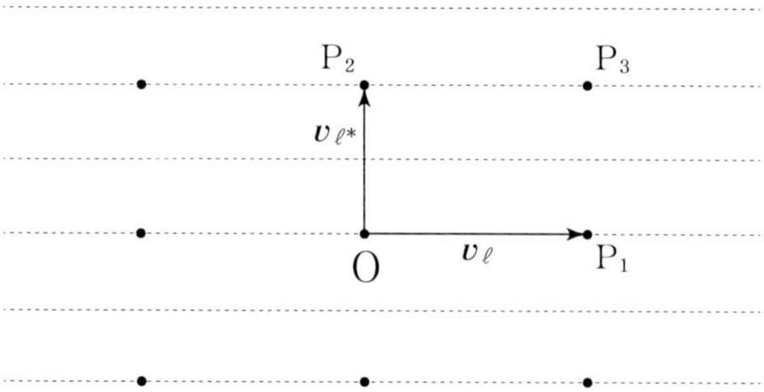


**図 14–5**

以上で，$G'$ の剰余類 $\mathrm{T}_{G'}\psi'$ $(\psi' = \tau_{c_0}\psi\tau_{c_0}^{-1})$ にぞくする鏡映またはすべり鏡映の軸の配列は，上述の (1–a) = (2–a), (1–b), (2–b) の，三つのタイプに限ることがわかった.

このことを，もとの $G$ の方に戻って考えると，$G$ の剰余類 $\psi\mathrm{T}_G$ にぞくする鏡映またはすべり鏡映の軸の配列のタイプも，(1–a) = (2–a), (1–b), (2–b) のいずれかであって，単に全体を $\ell^*$ – 方向に平行移動したものであることが ( (12), (15) より) わかる．こうして，次の命題の ( i ) がえられる．( ii ) は (11) よりえられる：

**命題 14.5**　$\psi = \begin{pmatrix} B_\ell & \boldsymbol{a} \\ {}^t\boldsymbol{0} & 1 \end{pmatrix}$ を，2 次元結晶群 $G$ にぞくする鏡映またはすべり鏡映とする.

( i ) 剰余類 $\mathrm{T}_G\psi$ にぞくする鏡映またはすべり鏡映の軸の配列のタイプは, (1–a) = (2–a), (1–b), (2–b) の三つに限られる.

( ii ) $\boldsymbol{c}$ をベクトルとする．$G_1 = \tau_c G \tau_c^{-1}$ の剰余類 $\mathrm{T}_{G_1}\psi_1$ $(\psi_1 := \tau_c\psi\tau_c^{-1})$ にぞくする鏡映またはすべり鏡映の軸の配列は，$G$ の剰余類 $\mathrm{T}_G\psi$ にぞくする鏡映またはすべり鏡映の軸の配列を，$\ell^*$ – 方向に平行移動したものである.

つぎに論じるべきは，$\ell$ と $\ell'$ を，O をとおる異なる直線として，$\Lambda(G)$ に $B_\ell$ と $B_{\ell'}$ が含まれている場合の，剰余類 $\Lambda^{-1}(B_\ell)$ と $\Lambda^{-1}(B_{\ell'})$ にぞくする鏡映またはすべり鏡映の軸の配列の関係であるが，詳しくは後にゆずるとして，ここでは一つの注意をあたえておく．

$\ell$ を傾き $\tan(\eta/2)$ の直線，$\ell'$ を傾き $\tan(\nu/2)$ の直線とすると，(加法定理より)

$$B_\ell B_{\ell'} = A_\theta$$

は，角 $\theta := \eta - \nu$ の回転となる．この式は

$$B_{\ell'} = B_\ell A_\theta, \quad B_\ell = A_\theta B_{\ell'}$$

とも書きかえられる．したがって，

> **補題 14.6**　2 次元結晶群 $G$ の $\Lambda(G)$ が鏡映を含むとする．このとき，$\Lambda(G)$ にことなる二つ以上の鏡映が含まれる必要十分条件は，$\Lambda(G)$ に回転が含まれることである．

これより，とくに

> **命題 14.7**　$G$ を，**回転を含まない**，2 次元結晶群とし，$\psi = \begin{pmatrix} B_\ell & \boldsymbol{a} \\ {}^t\boldsymbol{0} & 1 \end{pmatrix}$ を $G$ にぞくする鏡映またはすべり鏡映とする．このとき，$G$ にぞくする鏡映またはすべり鏡映は，すべて剰余類 $\mathrm{T}_G\psi$ にぞくする．したがって，その軸の配列のタイプは，(1 - a)= (2 - a), (1 - b), (2 - b) のいずれかである．

# 第 15 節　二次元結晶群の性質 (IV)

## 15.1　前節までの話から

2 次元合同変換 $\varphi: \boldsymbol{x} \longmapsto A\boldsymbol{x}+\boldsymbol{a}$ $(A \in \mathrm{O}(2))$ は，3 次正方行列と同一視して

$$\varphi = \begin{pmatrix} A & \boldsymbol{a} \\ {}^t\boldsymbol{0} & 1 \end{pmatrix}$$

と書ける．（大行列 – 小行列の記法で書いている.）

2 次元合同変換は 5 種類ある：平行移動，(ある点を中心とする) 回転，(ある直線を軸とする) 鏡映，(ある直線を軸とする) すべり鏡映，恒等変換.

これらを 2 次元合同変換群 $\mathrm{IM}(\mathbb{R}^2)$ の元とみるとき，平行移動とすべり鏡映は位数が $+\infty$ であり，鏡映は位数 2，回転は位数 $n\,(n=2,3,\cdots)$ である.

$\mathbb{R}^2$ 上独立二方向のベクトル $\boldsymbol{v}, \boldsymbol{w}$ で生成される加群

$$\Gamma := \{m\boldsymbol{v}+n\boldsymbol{w} \mid m, n \in \mathbb{Z}\}$$

をベクトル格子群とよび，それに対応する，平行移動のつくる可換群

$$T := \left\{ \begin{pmatrix} E & \boldsymbol{a} \\ {}^t\boldsymbol{0} & 1 \end{pmatrix} \middle| \, \boldsymbol{a} \in \Gamma \right\}$$

を，(2 次元) 格子群とよぶ．$T$ と $\Gamma$ は，同型写像

$$\tau_{\boldsymbol{a}} := \begin{pmatrix} E & \boldsymbol{a} \\ {}^t\boldsymbol{0} & 1 \end{pmatrix} \longmapsto \boldsymbol{a}$$

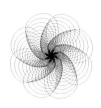

でもって，同型 $T \cong \Gamma$ である．

$\mathrm{IM}(\mathbb{R}^2)$ の部分群 $G$ が 2 次元結晶群であるとは，( i ) $T_G := G \cap \mathrm{T}(\mathbb{R}^2)$（$\mathrm{T}(\mathbb{R}^2)$ は平行移動全体からなる $\mathrm{IM}(\mathbb{R}^2)$ の正規部分群）が格子群であり，( ii ) $\Lambda(G)\,(\cong G/T_G)$ が $\mathrm{O}(2)$ の有限部分群であることである．

ここで $\Lambda$ は，$T_G$ を核とする準同型写像

$$\Lambda : G \longrightarrow \mathrm{O}(2),\ \begin{pmatrix} A & \boldsymbol{a} \\ {}^t\boldsymbol{0} & 1 \end{pmatrix} \longmapsto A$$

であり，$\Lambda(G)$ はその像である．$T_G$ と，それに対応するベクトル格子群 $\Gamma_G$ を，それぞれ，$G$ の格子群，$G$ のベクトル格子群とよぶ．

一般に，$\mathrm{O}(2)$ の有限部分群は，巡回群 $\langle A_{2\pi/n}\rangle$ か二面体群 $\langle A_{2\pi/n}\rangle + B_\ell \langle A_{2\pi/n}\rangle$（$n$ は正整数）のいずれかである．ここで

$$A_\theta := \begin{pmatrix} \cos\theta & -\sin\theta \\ \sin\theta & \cos\theta \end{pmatrix},\quad B_\ell := \begin{pmatrix} \cos(\eta) & \sin(\eta) \\ \sin(\eta) & -\cos(\eta) \end{pmatrix}$$

は，それぞれ，原点 O 中心，角 $\theta$ の回転と，O をとおり傾き $\tan(\eta/2)$ の直線 $\ell$ を軸とする鏡映である．

しかるに，2 次元結晶群 $G$ の $\Lambda(G)$ の場合は，（上のどちらの場合でも）$A_{2\pi/n}$ の $n$ は，$n = 1, 2, 3, 4, 6$ のいずれかに限られる（第 12 節参照）．

なお，鏡映 $B_\ell$ の $\ell$ について，つぎのように，とりきめておく：角 $\eta/2$ は，$-\pi/2 < \eta/2 \leqq \pi/2$ とし，$\ell$ **の正方向**とは，$x$－軸の正方向を角 $\eta/2$ 回転した方向である．（$\eta/2 = \pi/2$ のときは，垂直線の上方向である．）

## 15.2　2 次元結晶群間の同型写像

ここで，後の 2 次元結晶群の分類に直接用いる命題（定理）をい

くつか述べて，証明をあたえる．

> **命題 15.1**　$G_1$ と $G_2$ を同型な2次元結晶群とし，$\Phi: G_1 \longrightarrow G_2$ を同型写像とする．このとき，つぎの(ⅰ),(ⅱ)がなりたつ：
>
> (ⅰ) $\Phi$ は $T_1 := T_{G_1}$ を $T_2 := T_{G_2}$ に写し，同型写像 $\Phi: T_1 \longrightarrow T_2$ をみちびく．
>
> (ⅱ) $\Phi$ は，同型写像 $\hat{\Phi}: \Lambda_1(G_1) \longrightarrow \Lambda_2(G_2)$ をみちびく．($\Lambda_1, \Lambda_2$ はそれぞれ $G_1, G_2$ の $\Lambda$．)

▶**証明**　(ⅰ)．$T_1, T_2$ に対応するベクトル格子群をそれぞれ

$$\Gamma_1 = \{m_1 \boldsymbol{v}_1 + n_1 \boldsymbol{w}_1 \mid m_1, n_1 \in \mathbb{Z}\},$$
$$\Gamma_2 = \{m_2 \boldsymbol{v}_2 + n_2 \boldsymbol{w}_2 \mid m_2, n_2 \in \mathbb{Z}\}$$

とする．はじめに

$$\Phi(T_1) \subset T_2 \tag{1}$$

を示そう．そのためには，($\boldsymbol{v}_1, \boldsymbol{w}_1$ が $\Gamma_1$ を生成するので)

$$\varphi := \Phi(\tau_{v_1}),\quad \psi := \Phi(\tau_{w_1}) \tag{2}$$

が $T_2$ に入ることを示せばよい．

背理法を用いる．いま，**$\varphi$ が $T_2$ に入らないと仮定して，矛盾をみちびこう**．($\psi$ が $T_2$ に入らないと仮定しても，同様の議論で矛盾がみちびかれる．)

$\tau_{v_1}$ の位数が $+\infty$ で，$\Phi$ が同型写像なので，$\varphi$ の位数も $+\infty$ である．それゆえ，仮定により，$\varphi$ はすべり鏡映でなければならない：

$$\varphi = \begin{pmatrix} B_\ell & \boldsymbol{a} \\ {}^t\boldsymbol{0} & 1 \end{pmatrix} \tag{3}$$

いま，$\varphi^2$ を計算してみると

$$\varphi^2 = \begin{pmatrix} E & \boldsymbol{a} + B_\ell(\boldsymbol{a}) \\ {}^t\boldsymbol{0} & 1 \end{pmatrix} = \tau_{a+B_\ell(a)} \tag{4}$$

となる．これは平行移動で $G_2$ の元，すなわち $T_2$ の元である．ゆえに，$\boldsymbol{a}+B_\ell(\boldsymbol{a})$ は $\Gamma_2$ にぞくするベクトルである．一方，$B_\ell(\boldsymbol{a}+B_\ell(\boldsymbol{a}))=\boldsymbol{a}+B_\ell(\boldsymbol{a})$ なので，$\boldsymbol{a}+B_\ell(\boldsymbol{a})$ は $\ell$ と同方向のベクトルである．$\ell$ の正方向と同じ方向を持ち，長さが最小の $\Gamma_2$ のベクトルを $\boldsymbol{v}_\ell$ とおくと，$\boldsymbol{a}+B_\ell(\boldsymbol{a})$ は $\boldsymbol{v}_\ell$ の整数倍になる：$k\in\mathbb{Z}, k\neq 0$ で，

$$\boldsymbol{a}+B_\ell(\boldsymbol{a})=k\boldsymbol{v}_\ell,\quad \varphi^2=\tau_{k\boldsymbol{v}_\ell}=(\tau_{\boldsymbol{v}_\ell})^k \tag{5}$$

一方，$\varphi, \psi$ は群 $G_2$ の元として，つぎの性質 (a), (b) をみたしている：

(a) $\varphi\circ\psi=\psi\circ\varphi$（可換）.

(b) 整数 $m, n$ に対し，もし $\varphi^m=\psi^n$ ならば，$m=0, n=0$ である．（$\varphi^0=\psi^0:=$ 恒等変換.）

これらの性質 (a), (b) は，$\tau_{v_1}, \tau_{w_1}$ が群 $G_1$ の元として性質 (a), (b) をみたし，$\Phi$ が同型写像であることからわかる．

さて，$\psi$ の位数も $+\infty$ なので，$\psi$ は平行移動か，すべり鏡映かの，いづれかである．どちらと仮定しても矛盾が生じることを示す．

いま，$\psi$ が平行移動：$\psi=\tau_v$（$\boldsymbol{v}\in\Gamma_2$）と仮定する．性質 (a) の $\varphi\circ\psi=\psi\circ\varphi$ の両辺を計算すると，等号

$$\begin{pmatrix} B_\ell & \boldsymbol{a}+B_\ell(\boldsymbol{v}) \\ {}^t\boldsymbol{0} & 1 \end{pmatrix}=\begin{pmatrix} B_\ell & \boldsymbol{a}+\boldsymbol{v} \\ {}^t\boldsymbol{0} & 1 \end{pmatrix}$$

がえられ，したがって $B_\ell(\boldsymbol{v})=\boldsymbol{v}$ がえられる．これは，$\Gamma_2$ のベクトル $\boldsymbol{v}$ の方向が $\ell$ の方向と一致していることを示す．ゆえに $\boldsymbol{v}$ は $\boldsymbol{v}_\ell$ の整数倍である：$k'\in\mathbb{Z}, k'\neq 0$ で

$$\boldsymbol{v}=k'\boldsymbol{v}_\ell,\quad \psi=\tau_{k'\boldsymbol{v}_\ell}=(\tau_{\boldsymbol{v}_\ell})^{k'} \tag{6}$$

(5), (6) より，$\varphi^{2k'}=\psi^k$ がえられる．これは性質 (b) に矛盾する．

つぎに，$\psi$ がすべり鏡映 $\psi=\begin{pmatrix} B_{\ell'} & \boldsymbol{b} \\ {}^t\boldsymbol{0} & 1 \end{pmatrix}$ と仮定する．直線 $\ell, \ell'$ をそれぞれ傾き $\tan(\eta/2)$，$\tan(\nu/2)$ の，O をとおる直線とし，$-\pi/2<\eta/2\leqq\pi/2$，$-\pi/2<\nu/2\leqq\pi/2$ とする．性質 (a) より $B_\ell B_{\ell'}=B_{\ell'}B_\ell$ がえられる．両辺を計算すると $A_{\eta-\nu}=A_{\nu-\eta}$ がえられる．これより，$\eta-\nu=0$ か $\eta-\nu=\pm\pi$ がえられ，したがって

$$\ell=\ell' \text{ か } \ell\perp\ell' \text{（直交）}$$

のどちらかとなる．

$\ell=\ell'$ と仮定する．$\varphi\circ\psi=\psi\circ\varphi$ の両辺を計算すると，$\tau_{\boldsymbol{a}+B_\ell(\boldsymbol{b})}=\tau_{\boldsymbol{b}+B_\ell(\boldsymbol{a})}$ がえられ，$\boldsymbol{a}+B_\ell(\boldsymbol{b})=\boldsymbol{b}+B_\ell(\boldsymbol{a})$ がえられる．ゆえに $\boldsymbol{b}-\boldsymbol{a}=B_\ell(\boldsymbol{b}-\boldsymbol{a})$ となる．いま $\boldsymbol{c}:=\boldsymbol{b}-\boldsymbol{a}$ とおくと，$\psi\circ\varphi^{-1}=\tau_{\boldsymbol{c}}$ は $T_2$ の元となるので，$\boldsymbol{c}$ は $\Gamma_2$ にぞくするベクトルである．（$\varphi\neq\psi$ なので）$\boldsymbol{c}$ はゼロベクトルでない．$\boldsymbol{c}$ は $\ell$ と同方向の $\Gamma_2$ のベクトルゆえ，$\boldsymbol{v}_\ell$ の整数倍である：$\boldsymbol{c}=k''\boldsymbol{v}_\ell$，$(k''\in\mathbb{Z}, k''\neq0)$．さて，$\psi=\tau_{\boldsymbol{c}}\circ\varphi=\varphi\circ\tau_{\boldsymbol{c}}$ と (4), (5) より

$$\begin{aligned}\psi^2&=(\tau_{\boldsymbol{c}})^2\circ\varphi^2=\tau_{2\boldsymbol{c}+\boldsymbol{a}+B_\ell(\boldsymbol{a})}\\&=\tau_{(2k''+k)\boldsymbol{v}_\ell}=(\tau_{\boldsymbol{v}_\ell})^{2k''+k}\end{aligned}$$

となるので，再び (5) より，$\psi^{2k}=\varphi^{2(2k''+k)}$ となり，性質 (b) に矛盾する．

$\ell\perp\ell'$ と仮定する．このとき

$$\varphi\circ\psi=\begin{pmatrix} A_\pi & \boldsymbol{a}+B_\ell(\boldsymbol{b}) \\ {}^t\boldsymbol{0} & 1 \end{pmatrix}=\begin{pmatrix} -E & \boldsymbol{a}+B_\ell(\boldsymbol{b}) \\ {}^t\boldsymbol{0} & 1 \end{pmatrix}$$

は，$\dfrac{1}{2}(\boldsymbol{a}+B_\ell(\boldsymbol{b}))=\overrightarrow{\mathrm{OP}}$ の終点 P 中心の $\pi$－回転であり，位数 2 である．すなわち $(\varphi\circ\psi)^2=\iota$（恒等変換）．左辺は（$\varphi\circ\psi=\psi\circ\varphi$ より）$\varphi^2\circ\psi^2$ なので，$\varphi^2=\psi^{-2}$ となる．これは性質 (b) に矛盾する．

こうして，いづれの場合も矛盾が生じたので，$\varphi$ はすべり鏡映でなく，平行移動であることがわかった．同様の議論で，$\psi$ も平

行移動である．かくて (1)，すなわち

$$\Phi(T_1) \subset T_2$$

がえられた．同様の議論を $\Phi^{-1}$ に用いると，$\Phi^{-1}(T_2) \subset T_1$ となる．この式の両辺に $\Phi$ を作用させると $\Phi\Phi^{-1}(T_2) \subset \Phi(T_1)$，すなわち $T_2 \subset \Phi(T_1)$．これと (1) より

$$\Phi(T_1) = T_2 \tag{7}$$

がえられる．それゆえ，$\Phi$ を $T_1$ に制限した写像を，同じく $\Phi$ と書けば，$\Phi : T_1 \longrightarrow T_2$ は同型写像である．

(ii)．$\Phi$ と $\Lambda_2$ の合成 $\Lambda_2 \circ \Phi$ は，$G_1$ から $\Lambda_2(G_2)$ の上への準同型写像である：$\Lambda_2 \circ \Phi : G_1 \longrightarrow G_2 \longrightarrow \Lambda_2(G_2)$．その核は，(i) より，$T_1$ である．ゆえに，準同型定理により，同型写像 $G_1/T_1 \longrightarrow \Lambda_2(G_2)$ が生じる．一方，$G_1/T_1$ は $\Lambda_1(G_1)$ に同型なので，結局，同型写像

$$\hat{\Phi} : \Lambda_1(G_1) \longrightarrow \Lambda_2(G_2)$$

が生じる．この同型写像は，$\Phi$ よりみちびかれたものである．

**証明終**

---

**命題 15.2**　$G_1$ と $G_2$ を 2 次元結晶群とする．もし，$\Lambda_1(G_1)$ と $\Lambda_2(G_2)$（$\Lambda_1$ と $\Lambda_2$ はそれぞれ $G_1, G_2$ の $\Lambda$）が 10 個の有限群

$$\langle A_{2\pi/n} \rangle,\ \langle A_{2\pi/n} \rangle + B_\ell \langle A_{2\pi/n} \rangle \quad (n = 1, 2, 3, 4, 6)$$

の，**ことなる** 2 つと一致するならば，$G_1$ と $G_2$ は同型でない．

---

▶**証明**　背理法で示す．もし $G_1$ と $G_2$ が同型ならば，命題 15.1 より，$\Lambda_1(G_1)$ と $\Lambda_2(G_2)$ は同型となる．しかるに，10 個の有限群は，一組の例外を除いて，同型でない（第 12 節参照）．その例外とは

$$\langle A_{2\pi/2}\rangle=\{E,A_\pi\} \text{ と } \langle A_{2\pi/1}\rangle+B_\ell\langle A_{2\pi/1}\rangle=\{E,B_\ell\}$$

であり，これらは，共に位数2の巡回群で，同型である．いま

$$\Lambda_1(G_1)=\{E,A_\pi\},\quad \Lambda_2(G_2)=\{E,B_\ell\}$$

と仮定する．このとき

$$G_1=T_1+A_\pi T_1,\quad G_2=T_2+B_\ell T_2 \quad (\text{剰余類分解})$$

$(T_1:=T_{G_1}, T_2:=T_{G_2})$ である．いま，同型写像

$$\Phi:G_1\longrightarrow G_2$$

が存在すると仮定する．命題15.1より $\Phi(T_1)=T_2$ なので，

$$\Phi(A_\pi T_1)=B_\ell T_2 \tag{8}$$

である．$A_\pi T_1$ の各元 $\begin{pmatrix} A_\pi & \boldsymbol{a} \\ {}^t\boldsymbol{0} & 1 \end{pmatrix}$ は，ある点中心の $\pi$ －回転で，位数2である．一方，$B_\ell T_2$ の各元は $\begin{pmatrix} B_\ell & \boldsymbol{b} \\ {}^t\boldsymbol{0} & 1 \end{pmatrix}$ という形をしていて，この中には必ず，すべり鏡映がふくまれている（前節参照）．すべり鏡映の位数は $+\infty$ なので，(8) に矛盾する．

したがって，同型写像 $\Phi$ は存在しない．　**証明終**

---

**命題 15.3**　$\ell$ と $\ell'$ を，O をとおる直線とする．$G$ を

$$\Lambda(G)=\langle A_{2\pi/n}\rangle+B_\ell\langle A_{2\pi/n}\rangle \quad (n \text{ は } 1, 2, 3, 4, 6 \text{ のいづれか})$$

となる2次元結晶群とする．このとき，回転で $G$ と共役な，したがって $G$ と同型な，2次元結晶群 $G'$ で

$$\Lambda'(G')=\langle A_{2\pi/n}\rangle+B_{\ell'}\langle A_{2\pi/n}\rangle \quad (\Lambda' \text{ は } G' \text{ の } \Lambda)$$

となるものが存在する．

---

▶ **証明**　$\ell$ の傾きを $\tan(\eta/2)$, $\ell'$ の傾きを $\tan(\nu/2)$ とする．$\theta:=(\nu-\eta)/2$ とおくと，(加法定理より)

$$A_\theta B_\ell A_\theta^{-1}=B_{\ell'}$$

となる．ゆえに

$$G' := \begin{pmatrix} A_\theta & \mathbf{0} \\ {}^t\mathbf{0} & 1 \end{pmatrix} G \begin{pmatrix} A_\theta & \mathbf{0} \\ {}^t\mathbf{0} & 1 \end{pmatrix}^{-1}$$

は，$G$ と共役な 2 次元結晶群で，その格子群 $T_{G'}$ は

$$\begin{aligned} T_{G'} &= \begin{pmatrix} A_\theta & \mathbf{0} \\ {}^t\mathbf{0} & 1 \end{pmatrix} T_G \begin{pmatrix} A_\theta & \mathbf{0} \\ {}^t\mathbf{0} & 1 \end{pmatrix}^{-1} \\ &= \left\{ \begin{pmatrix} E & A_\theta(\boldsymbol{v}) \\ {}^t\mathbf{0} & 1 \end{pmatrix} \middle| \boldsymbol{v} \in \Gamma_G \right\} \end{aligned}$$

である．そして $\Lambda'(G')$ は

$$\Lambda'(G') = A_\theta \Lambda(G) A_\theta^{-1} = \langle A_{2\pi/n} \rangle + B_{\ell'} \langle A_{2\pi/n} \rangle$$

となっている．　**証明終**

**命題 15.4**　$G$ と $G'$ を同型な 2 次元結晶群とし，$\Phi : G \longrightarrow G'$ を同型写像，$\hat{\Phi} : \Lambda(G) \longrightarrow \Lambda'(G')$（$\Lambda'$ は $G'$ の $\Lambda$）を $\Phi$ よりみちびかれた同型写像とする．

（i）もし $\Lambda(G) = \langle A_{2\pi/n} \rangle$（$n$ は 1，2，3，4，6 のいづれか）ならば，$\Lambda'(G') = \langle A_{2\pi/n} \rangle$ である．

（ii）もし $\Lambda(G) = \langle A_{2\pi/n} \rangle + B_\ell \langle A_{2\pi/n} \rangle$（$n$ は 1,2,3,4,6 のいづれか）ならば，$\Lambda'(G') = \langle A_{2\pi/n} \rangle + B_{\ell'} \langle A_{2\pi/n} \rangle$ であって，$\hat{\Phi}(\langle A_{2\pi/n} \rangle) = \langle A_{2\pi/n} \rangle$，$\hat{\Phi}(B_\ell \langle A_{2\pi/n} \rangle) = B_{\ell'} \langle A_{2\pi/n} \rangle$ である．（$\ell, \ell'$ は O をとおる直線である．）

▶**証明**　$\Lambda'(G')$ は，$m$ を 1，2，3，4，6 のいづれかとして，$\langle A_{2\pi/m} \rangle$ か $\langle A_{2\pi/m} \rangle + B_{\ell'} \langle A_{2\pi/m} \rangle$ のどちらかである．

さて，2 次元結晶群 $G''$ をつぎのようにとる：

(あ) $\Lambda'(G')=\langle A_{2\pi/m}\rangle$ のときは，$G'':=G'$ とする．このとき（当然）

$$\Lambda''(G'')=\langle A_{2\pi/m}\rangle \ (\Lambda'' \text{ は } G'' \text{ の } \Lambda) \tag{9}$$

である．

(い) $\Lambda'(G')=\langle A_{2\pi/m}\rangle+B_{\ell'}\langle A_{2\pi/m}\rangle$ のときは，命題 15.3 で $G$ を $G'$ に換え，$\ell$ と $\ell'$ を交換して

$$G'':=\begin{pmatrix} A_{-\theta} & 0 \\ {}^t\mathbf{0} & 1 \end{pmatrix} G' \begin{pmatrix} A_{-\theta} & 0 \\ {}^t\mathbf{0} & 1 \end{pmatrix}^{-1} \quad \left(\theta=\frac{\nu-\eta}{2}\right)$$

とおく．このとき

$$\Lambda''(G'')=\langle A_{2\pi/m}\rangle+B_{\ell}\langle A_{2\pi/m}\rangle \tag{10}$$

である．

$G''$ は $G'$ と，したがって，$G$ と同型である．(合成された) 同型写像を $\Psi: G \longrightarrow G''$ とおくと，$\Psi$ は同型写像

$$\hat{\Psi}: \Lambda(G) \longrightarrow \Lambda''(G'')$$

をみちびく．

(9) と (10) より，命題 15.2 が適用できる．すなわち，

( i ) もし $\Lambda(G)=\langle A_{2\pi/n}\rangle$ ならば，$\Lambda'(G')=\Lambda''(G'')=\langle A_{2\pi/n}\rangle$.

( ii ) もし $\Lambda(G)=\langle A_{2\pi/n}\rangle+B_{\ell}\langle A_{2\pi/n}\rangle$ ならば，$\Lambda''(G'')=\langle A_{2\pi/n}\rangle+B_{\ell}\langle A_{2\pi/n}\rangle$ である．ゆえに，$\Lambda'(G')=\langle A_{2\pi/n}\rangle+B_{\ell'}\langle A_{2\pi/n}\rangle$ となる．さらに，この場合，(命題 15.2 の証明と同様の議論で) $\hat{\Psi}(\langle A_{2\pi/n}\rangle)=\langle A_{2\pi/n}\rangle$, $\hat{\Psi}(B_{\ell}\langle A_{2\pi/n}\rangle)= B_{\ell}\langle A_{2\pi/n}\rangle$ なので，

$$\hat{\Phi}(\langle A_{2\pi/n}\rangle)=\langle A_{2\pi/n}\rangle,\ \hat{\Phi}(B_{\ell}\langle A_{2p/n}\rangle)=B_{\ell'}\langle A_{2\pi/n}\rangle$$

となる．　**証明終**

**注意**　一般に，位数 $n$ の巡回群 $\langle a\rangle$ から自身への同型写像は，$r$ を $n$ と素な整数として，写像 $a^k \longmapsto a^{kr}$ $(k=0,1,\cdots,n-1)$ に限る．$n$ が 1，2，3，4，6 のどれかの場合は，$a^k \longmapsto a^k$（恒等写像）と $a^k \longmapsto a^{-k}$ だけである．　**注意終**

**命題 15.5**　$G, G'$ を同型な 2 次元結晶群とし，$\Phi: G \longrightarrow G'$ を同型写像とする．$T, T'$ をそれぞれ $G, G'$ の格子群，$\Gamma, \Gamma'$ をそれぞれ $G, G'$ のベクトル格子群とする．このとき，つぎの（i），（ii），（iii）をみたす 2 次線形変換（すなわち，行列式がゼロでない 2 次正方行列）$L$ が，唯一つ存在する：

（i）$L(\Gamma)=\Gamma'$.

（ii）$\Phi\left(\begin{pmatrix} E & \boldsymbol{v} \\ {}^t\mathbf{0} & 1 \end{pmatrix}\right)=\begin{pmatrix} E & L(\boldsymbol{v}) \\ {}^t\mathbf{0} & 1 \end{pmatrix}$ $(\boldsymbol{v} \in \Gamma)$.

（iii）$\hat{\Phi}(A)=LAL^{-1}$ $(A \in \Lambda(G))$，ここに $\hat{\Phi}: \Lambda(G) \longrightarrow \Lambda'(G')$ は $\Phi$ よりみちびかれる同型写像である．

▶**証明**　命題 15.1 より，$\Phi$ は同型写像 $\Phi: T \longrightarrow T'$ をみちびき，したがって，加群の同型写像 $L: \Gamma \longrightarrow \Gamma'$ をみちびく．これら $\Phi$ と $L$ の関係は

$$\Phi\left(\begin{pmatrix} E & \boldsymbol{v} \\ {}^t\mathbf{0} & 1 \end{pmatrix}\right)=\begin{pmatrix} E & L(\boldsymbol{v}) \\ {}^t\mathbf{0} & 1 \end{pmatrix} \quad (\boldsymbol{v} \in \Gamma) \tag{11}$$

であたえられる．いま

$$\Gamma=\{m_1 \boldsymbol{v}_1+m_2 \boldsymbol{v}_2 \mid m_1, m_2 \in \mathbb{Z}\}$$

とおき

$$\boldsymbol{v}_1' := L(\boldsymbol{v}_1),\ \boldsymbol{v}_2' := L(\boldsymbol{v}_2) \tag{12}$$

とおけば，$\Gamma'=\{m_1 \boldsymbol{v}_1'+m_2 \boldsymbol{v}_2' \mid m_1, m_2 \in \mathbb{Z}\}$ であり

$$L(m_1 \boldsymbol{v}_1+m_2 \boldsymbol{v}_2)=m_1 \boldsymbol{v}_1'+m_2 \boldsymbol{v}_2' \tag{13}$$

である.

さて, (13) の同型写像 $L$ を, 線形写像 $L:\mathbb{R}^2 \longrightarrow \mathbb{R}^2$ に,

$$L(a_1\boldsymbol{v}_1 + a_2\boldsymbol{v}_2) := a_1\boldsymbol{v}_1' + a_2\boldsymbol{v}_2' \ (a_1, a_2 \in \mathbb{R})$$

と拡張しておく. (拡張の仕方は, $\boldsymbol{v}_1, \boldsymbol{v}_2$ が (線形) 独立ゆえ, これひとつしかない.) $\boldsymbol{v}_1', \boldsymbol{v}_2'$ が (線形) 独立なので, $L$ は線形変換である. (11), (13) より, ( i ), ( ii ) が示された.

(iii) を示そう. $A \in \Lambda(G)$ をひとつとり, ($T$ による剰余類) $\Lambda^{-1}(A)$ から, $\varphi := \begin{pmatrix} A & \boldsymbol{a} \\ {}^t\boldsymbol{0} & 1 \end{pmatrix}$ をひとつとる. このとき, $\Lambda^{-1}(A)$ の他の元 $\psi$ は, $\boldsymbol{v} \in \Gamma$ を用いて,

$$\psi = \begin{pmatrix} A & \boldsymbol{a}+\boldsymbol{v} \\ {}^t\boldsymbol{0} & 1 \end{pmatrix} = \begin{pmatrix} E & \boldsymbol{v} \\ {}^t\boldsymbol{0} & 1 \end{pmatrix} \circ \varphi$$

と書ける. いま $A' := \hat{\Phi}(A)$ とおき,

$$\varphi' := \Phi(\varphi) = \begin{pmatrix} A' & \boldsymbol{a}' \\ {}^t\boldsymbol{0} & 1 \end{pmatrix},$$

$$\psi' := \Phi(\psi) = \begin{pmatrix} A' & (\boldsymbol{a}+\boldsymbol{v})' \\ {}^t\boldsymbol{0} & 1 \end{pmatrix} \tag{14}$$

とおく. このとき ( ii ) より,

$$\begin{aligned} \psi' = \Phi(\psi) &= \Phi\left(\begin{pmatrix} E & \boldsymbol{v} \\ {}^t\boldsymbol{0} & 1 \end{pmatrix}\right) \circ \Phi(\varphi) \\ &= \begin{pmatrix} E & L(\boldsymbol{v}) \\ {}^t\boldsymbol{0} & 1 \end{pmatrix}\begin{pmatrix} A' & \boldsymbol{a}' \\ {}^t\boldsymbol{0} & 1 \end{pmatrix} \\ &= \begin{pmatrix} A' & \boldsymbol{a}'+L(\boldsymbol{v}) \\ {}^t\boldsymbol{0} & 1 \end{pmatrix} \end{aligned} \tag{15}$$

となる. (14), (15) より

$$(\boldsymbol{a}+\boldsymbol{v})' = \boldsymbol{a}' + L(\boldsymbol{v}) \tag{16}$$

がえられる. つぎに, 等式

$$\begin{pmatrix} A & \boldsymbol{a} \\ {}^t\boldsymbol{0} & 1 \end{pmatrix}\begin{pmatrix} E & \boldsymbol{v} \\ {}^t\boldsymbol{0} & 1 \end{pmatrix}\begin{pmatrix} A & \boldsymbol{a} \\ {}^t\boldsymbol{0} & 1 \end{pmatrix}^{-1} = \begin{pmatrix} E & A(\boldsymbol{v}) \\ {}^t\boldsymbol{0} & 1 \end{pmatrix} \tag{17}$$

($\boldsymbol{v} \in \Gamma$) の両辺に $\Phi$ を作用させると, ( $\Phi$ は同型写像なので)

$$\begin{pmatrix} A' & \boldsymbol{a}' \\ {}^t\boldsymbol{0} & 1 \end{pmatrix}\begin{pmatrix} E & L(\boldsymbol{v}) \\ {}^t\boldsymbol{0} & 1 \end{pmatrix}\begin{pmatrix} A' & \boldsymbol{a}' \\ {}^t\boldsymbol{0} & 1 \end{pmatrix}^{-1} = \begin{pmatrix} E & LA(\boldsymbol{v}) \\ {}^t\boldsymbol{0} & 1 \end{pmatrix}$$

がえられる．左辺は（計算すると）$\begin{pmatrix} E & A'L(\boldsymbol{v}) \\ {}^t\boldsymbol{0} & 1 \end{pmatrix}$ なので，等式 $A'L(\boldsymbol{v}) = LA(\boldsymbol{v})$ がえられる．この等式は任意の $\boldsymbol{v} \in \Gamma$ でなり立ち，$\Gamma$ には（線形）独立な 2 元 $\boldsymbol{v}_1, \boldsymbol{v}_2$ が含まれているので，線形写像としての等式

$$A'L = LA$$

がえられる．ゆえに

$$\hat{\Phi}(A) = A' = LAL^{-1} \ \ (A \in \Lambda(G)).$$

**証明終**

つぎの定理を述べる前に，前節で出てきた用語を再び定義する：

$\psi$ を 2 次元結晶群 $G$ にぞくする，すべり鏡映とし，これを $\psi = \mu \circ \tau_b = \tau_b \circ \mu$ と，直線 $\ell_\psi$ を軸とする鏡映 $\mu$ と，$\ell_\psi$ と同方向のベクトル $\boldsymbol{b}$ による平行移動 $\tau_b$ の，可換な合成に分解するとき，もし $\mu$ も $\tau_b$ も $G$ の元となるときは，$\psi$ を $G$ の**非本質的すべり鏡映**とよび，$\mu, \tau_b$ のどちらも $G$ の元でないときは，$\psi$ を $G$ の**本質的すべり鏡映**とよぶ．

**定理 15.6**　$G$ と $G'$ を同型な2次元結晶群とし，$\Phi: G \longrightarrow G'$ を同型写像とする．このとき，つぎの（i），（ii）がなりたつ：

（i）$\Phi$ は，$G$ の（ア）平行移動，（イ）位数 $m$（$m$ は 2, 3, 4, 6 のどれか）の回転，（ウ）鏡映，（エ）非本質的すべり鏡映，（オ）本質的すべり鏡映，をそれぞれ $G'$ の（ア），（イ），（ウ），（エ），（オ）に写す．

（ii）$\Lambda(G), \Lambda'(G')$（$\Lambda'$ は $G'$ の $\Lambda$）がそれぞれ鏡映 $B_\ell, B_{\ell'}$ を含むとして $\hat{\Phi}(B_\ell)=B_{\ell'}$ とする（命題 15.4，（ii）参照）．このとき．剰余類 $\Lambda^{-1}(B_\ell)$ にぞくする鏡映またはすべり鏡映の軸の配列のタイプと，$(\Lambda')^{-1}(B_{\ell'})$ にぞくする鏡映またはすべり鏡映の軸の配列のタイプは同じである（前節参照，3つのタイプがある）．

**▶証明**

（i）命題 15.1 により，$\Phi$ は $T:=T_G$ を $T':=T_{G'}$ に写す．すなわち，$\Phi$ は「$G$ の（ア）を $G'$ の（ア）に写す．」

つぎに，命題 15.4 により，$\Phi$ は「$G$ の回転を $G'$ の回転に写す．」そして「$G$ の鏡映またはすべり鏡映を $G'$ の鏡映またはすべり鏡映に写す．」ことがわかる．さらに，$\Phi$ が同型写像ゆえ，「回転 $\varphi$ が位数 $m$ なら，回転 $\Phi(\varphi)$ も位数 $m$ である．」ゆえに $\Phi$ は「$G$ の（イ）を $G'$ の（イ）に写す．」

つぎに，$\Lambda(G), \Lambda'(G')$ がそれぞれ鏡映 $B_\ell$，$B_{\ell'}$ を含むとし，$\hat{\Phi}(B_\ell)=B_{\ell'}$ とする．また，$L$ を命題 15.5 の線形変換とする．$\Gamma:=\Gamma_G$，$\Gamma':=\Gamma_{G'}$ とする．このとき，つぎがなりたつ：

「$\Gamma$ の元 $\boldsymbol{v}$ の方向が $\ell$ の方向と同じなら，$\Gamma'$ の元 $\boldsymbol{v}':=L(\boldsymbol{v})$ の

方向は $\ell'$ の方向と同じである.」

なぜなら，命題15.5より，$B_{\ell'}=\hat{\Phi}(B_\ell)= LB_\ell L^{-1}$ と書けるので，

$$B_{\ell'}(\boldsymbol{v}')=LB_\ell L^{-1}(\boldsymbol{v}')=LB_\ell(\boldsymbol{v})=L(\boldsymbol{v})=\boldsymbol{v}'$$

となるからである.

さて，$\Lambda(\varphi)=B_\ell$ となる $G$ の（ウ），（エ），（オ）の元 $\varphi$ は，群 $G$ **の元として**，それぞれ，つぎの特長を持っていることに注意する：

「$\varphi$ が（ウ）鏡映ならば，$\varphi$ の位数は2であり，$\ell$ と同じ方向をもつ $\Gamma$ の任意のベクトル $\boldsymbol{v}$ に対し，$\tau_v\circ\varphi$ の位数は $+\infty$ である.」

「$\varphi$ が（エ）非本質的すべり鏡映ならば，$\varphi$ の位数は $+\infty$ であり，$\ell$ と同じ方向をもつ $\Gamma$ のひとつのベクトル $\boldsymbol{v}_0$ に対し $\tau_{v_0}\circ\varphi$ が位数2となる.」

「$\varphi$ が（オ）本質的すべり鏡映ならば，$\varphi$ の位数は $+\infty$ であり，$\ell$ と同じ方向をもつ $\Gamma$ の任意のベクトル $\boldsymbol{v}$ に対し $\tau_v\circ\varphi$ は位数 $+\infty$ である.」

$\varphi'=\Phi(\varphi)$ は，$\Phi$ が同型写像なので，$\varphi$ と同様の（$\ell$ を $\ell'$ に，$\Gamma$ を $\Gamma'$ に，$\boldsymbol{v}$ を $\boldsymbol{v}'$ に，$\boldsymbol{v}_0$ を $\boldsymbol{v}_0'$ に換えた）特長をもっている.

ゆえに，$\varphi$ が $G$ の（ウ），（エ），（オ）ならば，$\Phi(\varphi)$ はそれぞれ，$G'$ の（ウ），（エ），（オ）である.

以上で（i）が証明できた.（ii）は（i）と前節の議論より，あきらかである. **証明終**

次節から，いよいよ，2次元結晶群の分類をおこなう.

# 第 4 章
# 二次元結晶群の分類

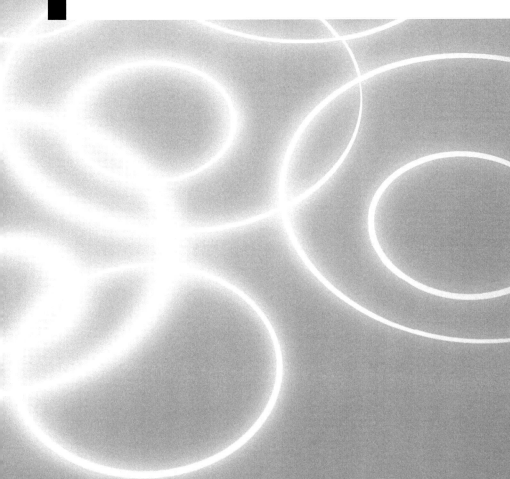

# 第 16 節　二次元結晶群の分類（I）

## 16.1　分類とは？

第 12 節から第 15 節まで, 4 節にわたって, 2 次元結晶群の諸性質を調べた．そこで得られた結果を用いて, 3 節に分けて, 2 次元結晶群の分類を行なう．

ここで「分類」とは，同型のものを同じ類（同じ種類）と見て，すべての種類を，もれなく，重複することなく列挙することである．

分類を考えるときは,（前節までの記号を用いて）2 次元結晶群 $G$ の $\Lambda(G)$ は, 10 個の有限群

$$\langle A_{2\pi/n}\rangle,\ \langle A_{2\pi/n}\rangle + B_\ell \langle A_{2\pi/n}\rangle \quad (n = 1, 2, 3, 4, 6) \qquad (1)$$

の，いずれかひとつに等しいとしてよい．（$\Lambda : G \longrightarrow \mathrm{O}(2)$ は準同型，$\Lambda(G)$ はその像．$A_\theta$ は O 中心，角 $\theta$ の回転，$B_\ell$ は O をとおる直線 $\ell$ を軸とする鏡映である．）

逆に (1) の中から，ひとつ取り出したとき，$\Lambda(G)$ がそれに等しいような $G$ が存在することを示す必要がある．前節の命題 15.2 より，他の 2 次元結晶群 $G'$ の $\Lambda'(G')$（$\Lambda'$ は $G'$ の $\Lambda$）が, (1) のひとつとして $\Lambda(G)$ と異なれば，$G'$ は $G$ に同型でなく，$G'$ は $G$ と種類が異なる．したがって（$G$ の存在がわかれば）少なくとも 10 種類の 2 次元結晶群が存在することがわかる．

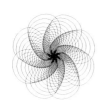

つぎに，$\Lambda'(G')=\Lambda(G)$ となる 2 次元結晶群 $G'$ で，$G$ と同型でないものが存在するか，存在するとすれば，何種類存在するのか，と言うことも，つきとめねばならない．このような 2 次元結晶群 $G$ や $G'$ の「存在」を示す方法として，ここで採用するのは，ビックス [8] に従って，くり返し文様を提示して，そのくり返し文様の群が，件(くだん)の群に同型であることを示すという方法である．

以下，(1) の個々の有限群それぞれの場合について，2 次元結晶群 $G$ の存在，$\Lambda'(G')=\Lambda(G)$ となる他種の $G'$ の存在等を議論する．

## 16.2　鏡映，すべり鏡映を含まない 2 次元結晶群の分類

ここでは，鏡映，すべり鏡映を含まない 2 次元結晶群の分類を行なう．この場合の分類は，鏡映，すべり鏡映を含む場合に比べると，単純である．

### ▶▶ ケース 1：$\Lambda(G)=\langle A_{2\pi/1}\rangle=\{E\}$ の場合

この場合は $G=T_G$（格子群）である．（ふたつの（2 次元）格子群は，つねに同型なので）この場合の 2 次元結晶群は，唯一種類である．存在に関しては，独立な 2 方向のベクトル $\boldsymbol{v}_1,\boldsymbol{v}_2$ を任意にとり，これらから生成されるベクトル格子群 $\Gamma:=\{m_1\boldsymbol{v}_1+m_2\boldsymbol{v}_2 \mid m_1,m_2\in\mathbb{Z}\}$ を作り，対応する格子群

$$T:=\left\{\begin{pmatrix} E & \boldsymbol{v} \\ {}^t\boldsymbol{0} & 1 \end{pmatrix} \middle| \boldsymbol{v}\in\Gamma\right\}$$

を作ればよい．この場合は，2 次元結晶群 $G:=T$ の存在はあきらかだが，それと同型な群を持つ．くり返し文様の例を図 16-1 にあたえておく［図 16-1］.

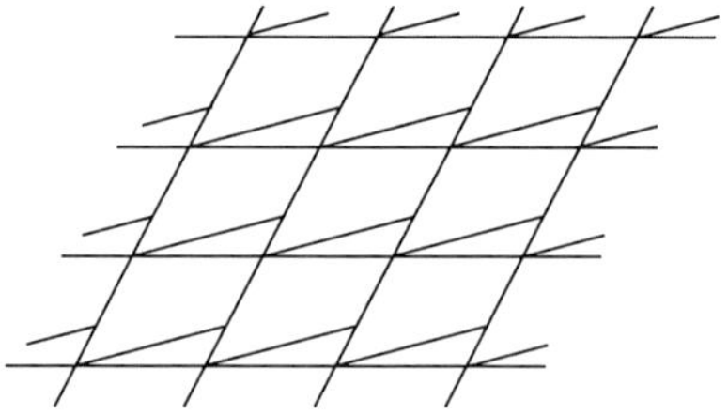

図 16 − 1 (p1)

このくり返し文様は，基本平行四辺形の内部に，図のような一本の線分を描いたくり返し文様で，あきらかに，回転，鏡映，すべり鏡映の対称性を持たず，平行移動の対称性のみを持っている．

この種類の 2 次元結晶群は，p1 と総称される．

## ケース 2：$\Lambda(G)=\langle A_{2\pi/2}\rangle=\{E,-E\}$の場合

この場合は，($G$ を平行移動で共役な $G_1$ に取り換えることにより)

$$G=T+T\begin{pmatrix}-E & 0\\ {}^t\mathbf{0} & 1\end{pmatrix}\text{（剰余類分解）}\tag{2}$$

としてよい (第 13 節参照)．ここに $T:=T_G$ は $G$ の格子群である．

この場合も 2 次元結晶群は，唯一種類である．まず，このことを示そう．そのためには，$G'$ を $\Lambda'(G')=\langle A_{2\pi/2}\rangle=\{E,-E\}$ となる 2 次元結晶群とするとき，同型写像 $\Phi:G'\longrightarrow G$ が存在することを示せばよい．$G$ と同様に

$$G'=T'+T'\begin{pmatrix}-E & 0\\ {}^t\mathbf{0} & 1\end{pmatrix}\tag{3}$$

としてよい．ここに $T':=T_{G'}$ は $G'$ の格子群である．

$\Gamma,\Gamma'$ をそれぞれ $T,T'$ に対応するベクトル格子群とし，

$$\Gamma=\{m\boldsymbol{v}_1+n\boldsymbol{v}_2 \mid m,n\in\mathbb{Z}\},$$
$$\Gamma'=\{m\boldsymbol{w}_1+n\boldsymbol{w}_2 \mid m,n\in\mathbb{Z}\}$$

として，同型写像 $L:\Gamma'\longrightarrow\Gamma$ を

$$L(m\boldsymbol{w}_1+n\boldsymbol{w}_2):=m\boldsymbol{v}_1+n\boldsymbol{v}_2 \tag{4}$$

と定義する．この同型写像 $L$ を，つぎのように，2 次元ベクトル空間 $\mathbb{R}^2$ の線形変換 $L:\mathbb{R}^2\longrightarrow\mathbb{R}^2$ に拡張する：

$$L(a\boldsymbol{w}_1+b\boldsymbol{w}_2):=a\boldsymbol{v}_1+b\boldsymbol{v}_2 \ \ (a,b\in\mathbb{R}) \tag{5}$$

この線形変換 $L$ を用いて，(3) の群 $G'$ から (2) の群 $G$ への写像 $\Phi:G'\longrightarrow G$ をつぎのように定義する：

$$\begin{aligned}\Phi\left(\begin{pmatrix}E & \boldsymbol{w}\\ {}^t\mathbf{0} & 1\end{pmatrix}\right)&:=\begin{pmatrix}E & L(\boldsymbol{w})\\ {}^t\mathbf{0} & 1\end{pmatrix} \ \ (\boldsymbol{w}\in\Gamma')\\ \Phi\left(\begin{pmatrix}-E & \boldsymbol{w}\\ {}^t\mathbf{0} & 1\end{pmatrix}\right)&:=\begin{pmatrix}-E & L(\boldsymbol{w})\\ {}^t\mathbf{0} & 1\end{pmatrix} \ \ (\boldsymbol{w}\in\Gamma')\end{aligned} \tag{6}$$

このように定義された写像 $\Phi$ が，$G'$ から $G$ への一対一写像であることは，$G',G$ の形（(3)，(2)）よりあきらかである．それゆえ，$\Phi$ が準同型写像であること，すなわち $\varphi,\psi\in G'$ に対し

$$\Phi(\varphi\circ\psi)=\Phi(\varphi)\circ\Phi(\psi) \tag{7}$$

をみたすことを示せば，$\Phi$ は同型写像となる．

(7) を示すために，$\varphi,\psi$ が (3) における剰余類 $T'$，$T'\begin{pmatrix}-E & 0\\ {}^t\mathbf{0} & 1\end{pmatrix}$ のどちらかに属する場合に場合分けして示す必要があるが，ここでは，$\varphi,\psi$ が共に $T'\begin{pmatrix}-E & 0\\ {}^t\mathbf{0} & 1\end{pmatrix}$ に属する場合のみ (7) を示そう．（他の場合は，より簡単に示される．）$\varphi,\psi$ を次のように書いておく：

$$\varphi:=\begin{pmatrix}-E & \boldsymbol{w}\\ {}^t\mathbf{0} & 1\end{pmatrix},\ \ \psi:=\begin{pmatrix}-E & \boldsymbol{w}'\\ {}^t\mathbf{0} & 1\end{pmatrix} \ \ (\boldsymbol{w},\boldsymbol{w}'\in\Gamma').$$

このとき

$$\Phi(\varphi\circ\psi)=\Phi\left(\begin{pmatrix} E & \boldsymbol{w}-\boldsymbol{w}' \\ {}^t\boldsymbol{0} & 1 \end{pmatrix}\right)=\begin{pmatrix} E & L(\boldsymbol{w}-\boldsymbol{w}') \\ {}^t\boldsymbol{0} & 1 \end{pmatrix}$$
$$=\begin{pmatrix} E & L(\boldsymbol{w})-L(\boldsymbol{w}') \\ {}^t\boldsymbol{0} & 1 \end{pmatrix}=\begin{pmatrix} -E & L(\boldsymbol{w}) \\ {}^t\boldsymbol{0} & 1 \end{pmatrix}\begin{pmatrix} -E & L(\boldsymbol{w}') \\ {}^t\boldsymbol{0} & 1 \end{pmatrix}$$
$$=\Phi(\varphi)\circ\Phi(\psi)$$

となり，(7) が示された．

したがって，$\Lambda(G)=\langle A_\pi\rangle=\{E,-E\}$ となる 2 次元結晶群 $G$ は，1 種類しかない．

$G$ の存在は，逆に，$T$ を任意の格子群とするとき，(2) の形の集合 (2 次元合同変換群の部分集合) が群であることを示せばよい．それは計算で容易に示すことができる．

存在を示す他の方法として，この群に同型な群を持つ，くり返し文様の例をあげておく (図 16-2)．

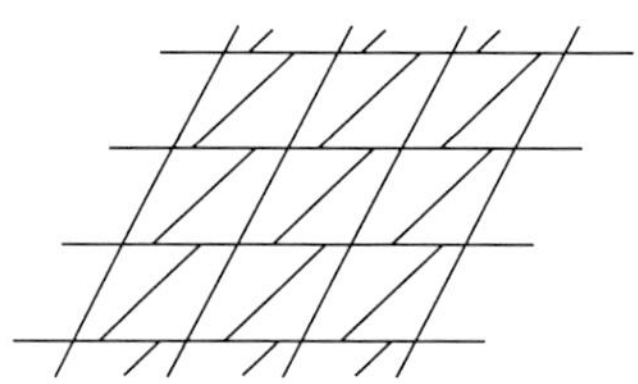

**図 16 – 2 (p 2)**

このくり返し文様は，各基本平行四辺形の上辺と下辺の四等分点を線で結んでいる．したがってその線は，平行四辺形の対角線の交点をとおる．

このくり返し文様は，各基本平行四辺形の，頂点，辺の中点，対角線の交点を中心点とする $\pi$ –回転の対称性を持つ．一方，このくり返し文様はあきらかに，鏡映，すべり鏡映の対称性は持っていない．それゆえ，この文様の群 $G$ の $\Lambda(G)$ は $\langle A_\pi\rangle$ に等しい (第 13 節，図 13-2 参照)．

この種類の 2 次元結晶群は，p2 と総称される．

### ケース 3：$\Lambda(G)=\langle A_{2\pi/3}\rangle$ の場合

この場合の $G$ の格子群 $T:=T_G$ に対応するベクトル格子群 $\Gamma=\Gamma_G$ は，特別な形をしている．すなわち，$\Gamma$ のベクトルの終点からなる格子が，平面を正三角形分割したときの，正三角形の頂点全体に一致している．そして $G$ は

$$G=T+T\begin{pmatrix} A_{2\pi/3} & \mathbf{0} \\ {}^t\mathbf{0} & 1 \end{pmatrix}+T\begin{pmatrix} A_{4\pi/3} & \mathbf{0} \\ {}^t\mathbf{0} & 1 \end{pmatrix} \tag{8}$$

としてよい．ここで，剰余類 $T\begin{pmatrix} A_{2\pi/3} & \mathbf{0} \\ {}^t\mathbf{0} & 1 \end{pmatrix}$，$T\begin{pmatrix} A_{4\pi/3} & \mathbf{0} \\ {}^t\mathbf{0} & 1 \end{pmatrix}$ の各元は，それぞれ $(2\pi/3)$ – 回転，$(4\pi/3)$ – 回転であり，それらの中心点は，格子点すなわち正三角形の頂点か，正三角形の中心（重心）のいづれかである（第 13 節参照）．

この場合も，$G$ は唯一種類のみである．まず，そのことを示そう．$G'$ を $\Lambda'(G')=\langle A_{2\pi/3}\rangle$ となる他の 2 次元結晶群として，同型写像 $\Phi:G'\longrightarrow G$ を作ればよい．$G'$ も

$$G'=T'+T'\begin{pmatrix} A_{2\pi/3} & \mathbf{0} \\ {}^t\mathbf{0} & 1 \end{pmatrix}+T'\begin{pmatrix} A_{4\pi/3} & \mathbf{0} \\ {}^t\mathbf{0} & 1 \end{pmatrix} \tag{9}$$

としてよい．ここに $T'$ は $T$ と同様の性質を持つ $G'$ の格子群である．$\Gamma'$ を $T'$ に対応するベクトル格子群とする．このとき，

$$\Gamma=\{m\boldsymbol{v}_1+n\boldsymbol{v}_2 \mid m,n\in\mathbb{Z}\},$$
$$\Gamma'=\{m\boldsymbol{w}_1+n\boldsymbol{w}_2 \mid m,n\in\mathbb{Z}\},$$

ただし

$$\boldsymbol{v}_2:=\boldsymbol{v}_1+A_{2\pi/3}(\boldsymbol{v}_1),\quad \boldsymbol{w}_2:=\boldsymbol{w}_1+A_{2\pi/3}(\boldsymbol{w}_1) \tag{10}$$

と書ける．そこで，同型写像 $L:\Gamma'\longrightarrow\Gamma$ を

$$L(m\boldsymbol{w}_1+n\boldsymbol{w}_2):=m\boldsymbol{v}_1+n\boldsymbol{v}_2\ \ (m,n\in\mathbb{Z})$$

と定義し，(5) のように，$L$ を線形変換 $L:\mathbb{R}^2\longrightarrow\mathbb{R}^2$ に拡張しておく．このとき，可換性

$$LA_{2\pi/3}=A_{2\pi/3}L,\ LA_{4\pi/3}=A_{4\pi/3}L \tag{11}$$

がなりたつ．後者は，$A_{4\pi/3}=A_{2\pi/3}^2\,(=A_{2\pi/3}^{-1})$ なので，前者よりみちびかれる．(11) の前者の等式を示すには，( $\mathbb{R}^2$ の各ベクトルが $\boldsymbol{w}_1,\boldsymbol{w}_2$ の線形結合 $a\boldsymbol{w}_1+b\boldsymbol{w}_2$ $(a,b\in\mathbb{R})$ として書けるので) 前者の両辺を $\boldsymbol{w}_1,\boldsymbol{w}_2$ に作用させたものが，それぞれ等しいことを示せばよい．

(10) を用いて計算すると，

$$\begin{aligned}
&LA_{2\pi/3}(\boldsymbol{w}_1)=L(\boldsymbol{w}_2-\boldsymbol{w}_1)=L(\boldsymbol{w}_2)-L(\boldsymbol{w}_1)=\boldsymbol{v}_2-\boldsymbol{v}_1,\\
&A_{2\pi/3}L(\boldsymbol{w}_1)=A_{2\pi/3}(\boldsymbol{v}_1)=\boldsymbol{v}_2-\boldsymbol{v}_1,\\
&LA_{2\pi/3}(\boldsymbol{w}_2)=L(-\boldsymbol{w}_1)=-L(\boldsymbol{w}_1)=-\boldsymbol{v}_1,\\
&A_{2\pi/3}L(\boldsymbol{w}_2)=A_{2\pi/3}(\boldsymbol{v}_2)=-\boldsymbol{v}_1
\end{aligned}$$

となるので, (11) の等式が成り立つ．

このLを用いて, (9) の群 $G'$ から (8) の群 $G$ への写像 $\Phi:G'\longrightarrow G$ をつぎのように定義する：

$$\begin{aligned}
&\Phi\left(\begin{pmatrix}E & \boldsymbol{w}\\ {}^t\mathbf{0} & 1\end{pmatrix}\right):=\begin{pmatrix}E & L(\boldsymbol{w})\\ {}^t\mathbf{0} & 1\end{pmatrix}\quad(\boldsymbol{w}\in\Gamma'),\\
&\Phi\left(\begin{pmatrix}A_{2\pi/3} & \boldsymbol{w}\\ {}^t\mathbf{0} & 1\end{pmatrix}\right):=\begin{pmatrix}A_{2\pi/3} & L(\boldsymbol{w})\\ {}^t\mathbf{0} & 1\end{pmatrix}\quad(\boldsymbol{w}\in\Gamma'),\\
&\Phi\left(\begin{pmatrix}A_{4\pi/3} & \boldsymbol{w}\\ {}^t\mathbf{0} & 1\end{pmatrix}\right):=\begin{pmatrix}A_{4\pi/3} & L(\boldsymbol{w})\\ {}^t\mathbf{0} & 1\end{pmatrix}\quad(\boldsymbol{w}\in\Gamma').
\end{aligned}$$

このように定義された写像 $\Phi$ が，$G'$ から $G$ への，一対一写像であることは，$G',G$ の形 ( (9), (8)) より，あきらかである．それゆえ，$\Phi$ が準同型写像であること，すなわち，任意の $\varphi,\psi\in G'$ に対し

$$\Phi(\varphi\circ\psi)=\Phi(\varphi)\circ\Phi(\psi) \tag{12}$$

がなりたつことを示せば，$\Phi$ は同型写像になる．

(12) を示すには，$\varphi,\psi$ が (9) の 3 つの剰余類のどれかに属する場合に場合分けして示す必要がある．いづれの場合も，(11) を用いることにより, (12) を示すことができる．たとえば

$$\varphi=\begin{pmatrix} A_{2\pi/3} & \boldsymbol{w} \\ {}^t\boldsymbol{0} & 1 \end{pmatrix},\ \psi=\begin{pmatrix} A_{4\pi/3} & \boldsymbol{w}' \\ {}^t\boldsymbol{0} & 1 \end{pmatrix}\ \ (\boldsymbol{w},\boldsymbol{w}'\in\Gamma')$$

のときは

$$\begin{aligned}\Phi(\varphi\circ\psi)&=\Phi\left(\begin{pmatrix} E & \boldsymbol{w}+A_{2\pi/3}(\boldsymbol{w}') \\ {}^t\boldsymbol{0} & 1 \end{pmatrix}\right)\\&=\begin{pmatrix} E & L(\boldsymbol{w})+LA_{2\pi/3}(\boldsymbol{w}') \\ {}^t\boldsymbol{0} & 1 \end{pmatrix}\\&=\begin{pmatrix} E & L(\boldsymbol{w})+A_{2\pi/3}L(\boldsymbol{w}') \\ {}^t\boldsymbol{0} & 1 \end{pmatrix}\\&=\begin{pmatrix} A_{2\pi/3} & L(\boldsymbol{w}) \\ {}^t\boldsymbol{0} & 1 \end{pmatrix}\begin{pmatrix} A_{4\pi/3} & L(\boldsymbol{w}') \\ {}^t\boldsymbol{0} & 1 \end{pmatrix}\\&=\Phi(\varphi)\circ\Phi(\psi)\end{aligned}$$

となる．かくて $\Phi:G'\longrightarrow G$ は同型写像になる．

したがって，$\Lambda(G)=\langle A_{2\pi/3}\rangle$ となる 2 次元結晶群は，（高々）一種類しかない．

この群 $G$ の「存在」は，上の条件をみたす格子群 $T$ を用いて，集合 $G$ を (8) のように定義し，それが群であることをたしかめることによって示される．

存在を示す他の方法として，この群に同型な群を持つ，くり返し文様の例をあげておく［図 16-3］．

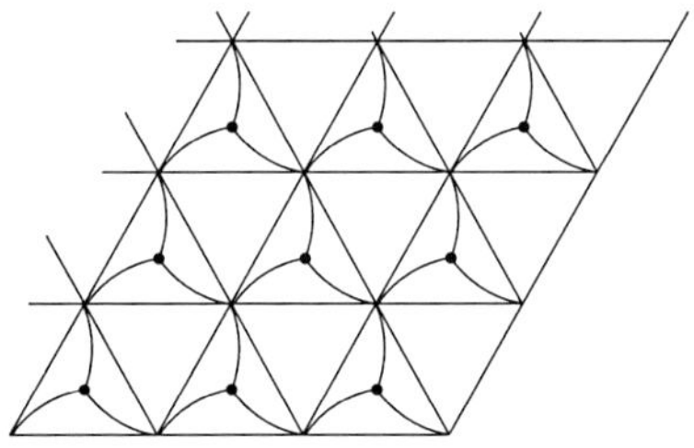

**図 16－3（p3）**

このくり返し文様は，ひとつおきの正三角形の各々にプロペラが描かれている．プロペラの各羽は，となりの正三角形の重心を中心とする円弧で，正三角形の頂点と重心を端点とし，頂点で辺に接している．

このくり返し文様は，各正三角形の頂点と重心を中心点として $(2\pi/3)$ – 回転対称性を持つが，鏡映，すべり鏡映の対称性は持たない．ゆえに，このくり返し文様の群 $G$ の $\Lambda(G)$ は $\langle A_{2\pi/3}\rangle$ に等しい．

この種類の 2 次元結晶群は p3 と総称される．

### ケース 4： $\Lambda(G)=\langle A_{2\pi/4}\rangle$ の場合

この場合の $G$ の格子群 $T:=T_G$ に対応するベクトル格子群 $\Gamma:=\Gamma_G$ は，そのベクトルの終点からなる格子が，正方格子（基本平行四辺形が正方形）になっている．そして $G$ は，$A:=A_{\pi/2}$ とおくと，

$$G=T+T\begin{pmatrix}A & 0\\ {}^t0 & 1\end{pmatrix}+T\begin{pmatrix}A^2 & 0\\ {}^t0 & 1\end{pmatrix}+T\begin{pmatrix}A^3 & 0\\ {}^t0 & 1\end{pmatrix} \tag{13}$$

としてよい．ここで，剰余類 $T\begin{pmatrix}A & 0\\ {}^t0 & 1\end{pmatrix}$, $T\begin{pmatrix}A^3 & 0\\ {}^t0 & 1\end{pmatrix}$ の各元は，それぞれ $(\pi/2)$ – 回転，$(3\pi/2)$ – 回転であり，剰余類 $T\begin{pmatrix}A^2 & 0\\ {}^t0 & 1\end{pmatrix}$ の各元は $\pi$ – 回転である．これら回転の中心点の分布は，図 16-4 に表示しておく［図 16-4］．

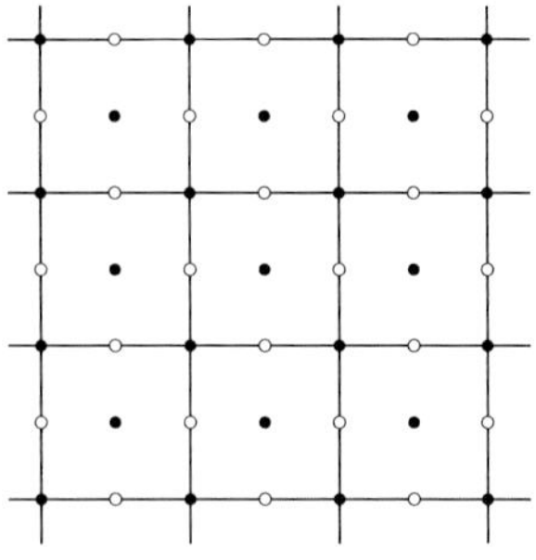

**図 16 – 4**

この図において，黒点，白点はそれぞれ，$(\pi/2)$－回転，$\pi$－回転の中心点をあらわしている（第13節，図13-2，図13-4参照．$(3\pi/2)$－回転の中心点は$(\pi/2)$－回転の中心点と一致している．）

この場合も，$G$は唯一種のみである．このことは，ケース3の場合と同様に証明できる．

この群$G$の「存在」は，上の条件をみたす格子群$T$を用いて，集合$G$を(13)のように定義し，それが群であることをたしかめることによって示される．

存在を示す他の方法として，この群に同型な群を持つ，くり返し文様の例をあげておく［図16-5］．

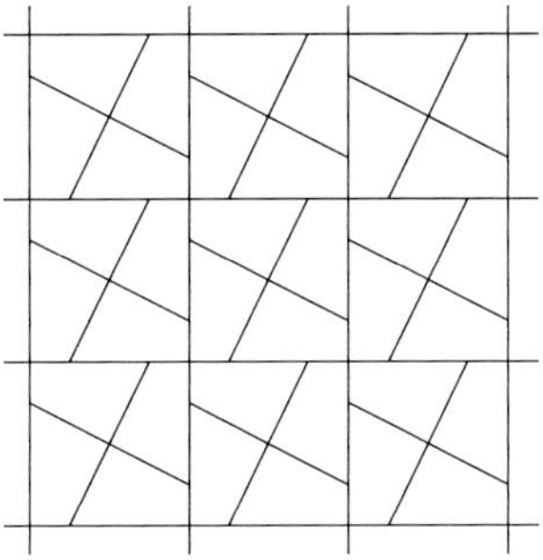

**図16－5（p4）**

この図において，各正方形の上辺と下辺の三等分点を線で結び，右辺と左辺の三等分点を線で結んで，交点が正方形の中心になっている．

このくり返し文様は，図16-4で示された黒点中心の$(\pi/2)$－回転対称性と，白点中心の$\pi$－対称性を持っているが，鏡映，すべり鏡映による対称性は持たない．それゆえ，このくり返し文様の群$G$の$\Lambda(G)$は$\langle A_{2\pi/4}\rangle$に等しい．

この種類の2次元結晶群はp4を総称される．

## ケース 5： $\Lambda(G)=\langle A_{2\pi/6}\rangle$ の場合

この場合の $G$ の格子群 $T:T_G$ に対応するベクトル格子群 $\Gamma:=\Gamma_G$ は，そのベクトルの終点からなる格子が，平面の正三角形分割の，正三角形の頂点全体と一致している．そして $G$ は，$A:=A_{\pi/3}$ とおけば

$$G=T+T\begin{pmatrix}A & \mathbf{0}\\ {}^t\mathbf{0} & 1\end{pmatrix}+T\begin{pmatrix}A^2 & \mathbf{0}\\ {}^t\mathbf{0} & 1\end{pmatrix}+T\begin{pmatrix}A^3 & \mathbf{0}\\ {}^t\mathbf{0} & 1\end{pmatrix}$$
$$+T\begin{pmatrix}A^4 & \mathbf{0}\\ {}^t\mathbf{0} & 1\end{pmatrix}+T\begin{pmatrix}A^5 & \mathbf{0}\\ {}^t\mathbf{0} & 1\end{pmatrix} \tag{14}$$

としてよい．ここで剰余類 $T\begin{pmatrix}A & \mathbf{0}\\ {}^t\mathbf{0} & 1\end{pmatrix}$, $T\begin{pmatrix}A^5 & \mathbf{0}\\ {}^t\mathbf{0} & 1\end{pmatrix}$ の各元は，それぞれ $(\pi/3)$ – 回転，$(5\pi/3)$ – 回転である．また，剰余類 $T\begin{pmatrix}A^2 & \mathbf{0}\\ {}^t\mathbf{0} & 1\end{pmatrix}$, $T\begin{pmatrix}A^4 & \mathbf{0}\\ {}^t\mathbf{0} & 1\end{pmatrix}$ の各元は，それぞれ $(2\pi/3)$ – 回転，$(4\pi/3)$ – 回転である．また，剰余類 $T\begin{pmatrix}A^3 & \mathbf{0}\\ {}^t\mathbf{0} & 1\end{pmatrix}$ の各元は，$\pi$ – 回転である．

これらの回転の中心点の分布を，図 16-6 で表示しておく [図 16-6]．（第 13 節参照．）

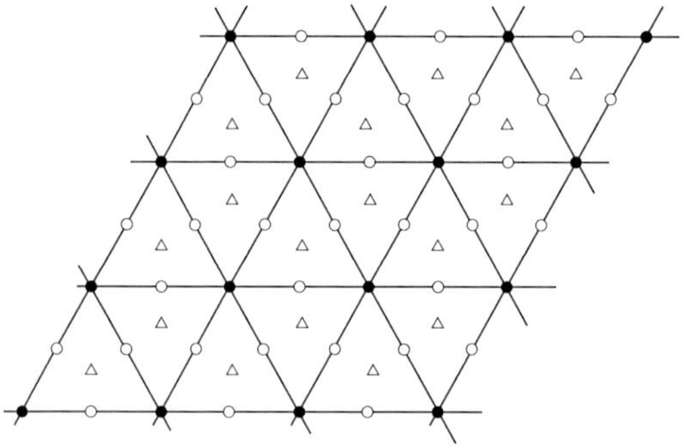

**図 16 – 6**

この図において，黒点，小三角点，白点は，それぞれ $(\pi/3)$－回転，$(2\pi/3)$－回転，$\pi$－回転の中心点をあらわしている．($(5\pi/3)$－回転，$(4\pi/3)$－回転の中心点は，それぞれ $(\pi/3)$－回転，$(2\pi/3)$－回転の中心点と一致している．)

この場合も，$G$ は唯一種のみである．このことは，ケース 3 の場合と同様に証明できる．

$G$ の「存在」についても，ケース 3 の場合と同様であるが，その群 $G$ が $\Lambda(G)=\langle A_{2\pi/6}\rangle$ となる，くり返し文様の例をあげておく［図 16-7］．

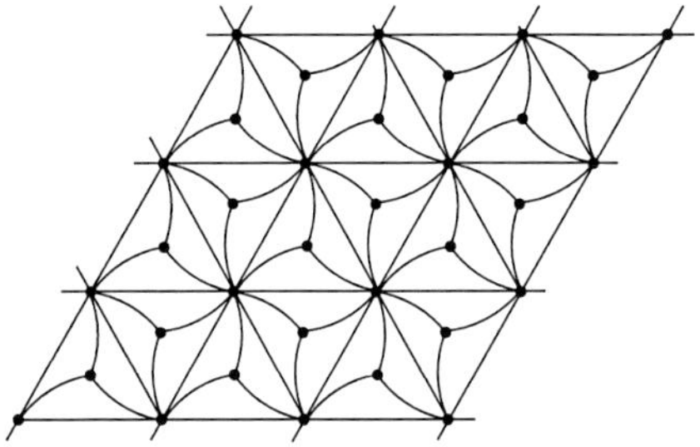

**図 16－7（p 6）**

図 16-3 では，ひとつおきの正三角形の内部にプロペラを描いたが，この図では，全ての正三角形に，同様のプロペラを描いている．このくり返し文様は，図 16-6 で示された，格子点を中心点とする $(\pi/3)$－回転対称性，正三角形の重心を中心点とする $(2\pi/3)$－回転対称性，各辺の中点を中心点とする $\pi$－回転対称性を持っているが，鏡映，すべり鏡映による対称性は持っていない．それゆえ，このくり返し文様の群 $G$ の $\Lambda(G)$ は $\langle A_{2\pi/6}\rangle$ に等しい．

この種類の 2 次元結晶群は，p6 と総称される．

# 第 17 節　二次元結晶群の分類 (II)

## 17.1　前節までの話から

$G$ を 2 次元結晶群，$\Lambda(G)$ を準同型写像 $\Lambda : G \longrightarrow \mathrm{O}(2)$ の像とするとき，$\Lambda(G)$ は $\mathrm{O}(2)$ の 10 個の部分群

$$\langle A_{2\pi/n} \rangle,\ \langle A_{2\pi/n} \rangle + B_\ell \langle A_{2\pi/n} \rangle$$

$(n = 1, 2, 3, 4, 6)$ に限られる．($A_\theta$ は原点 O を中心とする角 $\theta$ の回転，$B_\ell$ は O をとおる直線 $\ell$ に関する鏡映である．)

前節は，$G$ が鏡映，すべり鏡映を含まない場合，すなわち

$$\Lambda(G) = \langle A_{2\pi/n} \rangle \quad (n = 1, 2, 3, 4, 6)$$

の各ケースについて，$G$ の存在と分類を論じた．結論として，$n = 1, 2, 3, 4, 6$ の各ケースに，$G$ は唯一種のみ存在する——それらをそれぞれ p1, p2, p3, p4, p6 と総称する——であった．

本節と次節は，2 次元結晶群 $G$ がすべり鏡映，または鏡映，を含む場合，すなわち

$$\Lambda(G) = \langle A_{2\pi/n} \rangle + B_\ell \langle A_{2\pi/n} \rangle \quad (n = 1, 2, 3, 4, 6) \qquad (1)$$

の場合について，$G$ の存在と分類を，$n = 1, 2, 3, 4, 6$ の各ケースに分けて論じる．

議論に進む前に，第 14 節で議論したことをまとめる形で再述しておく：

$\Lambda(G)$ を (1) のどれかとする．$\ell$ を，O をとおり，傾き $\tan(\eta/2)$

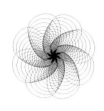

$(-\pi/2<\eta/2\leqq\pi/2)$ の直線とし，$\ell^*$ をOをとおり，$\ell$ に直交する直線とする．$\ell,\ell^*$ **の正方向**とは，$x-$ 軸の正方向を，それぞれ，角 $\eta/2$，角 $\eta/2+\pi/2$ 回転した方向と取り決めておく．($\eta/2=\pi/2$ のときは，それぞれ，$y-$ 軸の正方向，$x-$ 軸の負方向である.)

$\boldsymbol{v}_\ell, \boldsymbol{v}_{\ell^*}$ をそれぞれ，$\ell$ の正方向，$\ell^*$ の正方向と同じ方向の，$\Gamma:=\Gamma_G$ ($G$ のベクトル格子群)にぞくするベクトルで，最小の長さを持つものとする．

剰余類 $\Lambda^{-1}(B_\ell)$ の元は，全て，すべり鏡映，または鏡映であり，それらの軸は，$\ell$ と平行に，等間隔に並んでいる．軸の配列のタイプは3とおりある．それらは($G$ を $\ell^*$ と同じ方向のベクトルの平行移動で共役な，したがって同型な群に取り換えることにより)つぎのように記述される：

**『第 14 節の話のまとめ』**

(1－b)型：$\Lambda^{-1}(B_\ell)$ にぞくする元は，本質的すべり鏡映のみである．

$\Gamma=\{m\boldsymbol{v}_\ell+n\boldsymbol{v}_{\ell^*}\mid m,n\in\mathbb{Z}\}$　($\boldsymbol{v}_\ell$ と $\boldsymbol{v}_{\ell^*}$ で生成),

$\begin{pmatrix} B_\ell & (\boldsymbol{v}_\ell+\boldsymbol{v}_{\ell^*})/2 \\ {}^t\mathbf{0} & 1 \end{pmatrix}\in\Lambda^{-1}(B_\ell)$,

$\begin{pmatrix} B_\ell & \mathbf{0} \\ {}^t\mathbf{0} & 1 \end{pmatrix}\notin\Lambda^{-1}(B_\ell)$.

(2－b)型：$\Lambda^{-1}(B_\ell)$ にぞくする元は，非本質的すべり鏡映または鏡映のみである．

$\Gamma=\{m\boldsymbol{v}_\ell+n\boldsymbol{v}_{\ell^*}\mid m,n\in\mathbb{Z}\}$

$\begin{pmatrix} B_\ell & (\boldsymbol{v}_\ell+\boldsymbol{v}_{\ell^*})/2 \\ {}^t\mathbf{0} & 1 \end{pmatrix}\notin\Lambda^{-1}(B_\ell)$,

$\begin{pmatrix} B_\ell & \mathbf{0} \\ {}^t\mathbf{0} & 1 \end{pmatrix}\in\Lambda^{-1}(B_\ell)$.

(1 – a) ＝ (2 – a) 型： $\Lambda^{-1}(B_\ell)$ にぞくする元は，本質的すべり鏡映と，非本質的すべり鏡映または鏡映の両方であり，両者の軸が交互に並んでいる．

$\Gamma=\{m(\boldsymbol{v}_\ell+\boldsymbol{v}_{\ell^*})/2+n(\boldsymbol{v}_\ell-\boldsymbol{v}_{\ell^*})/2 \mid m,n\in\mathbb{Z}\}$,

$\begin{pmatrix} B_\ell & (\boldsymbol{v}_\ell+\boldsymbol{v}_{\ell^*})/2 \\ {}^t\boldsymbol{0} & 1 \end{pmatrix}\in\Lambda^{-1}(B_\ell)$, $\begin{pmatrix} B_\ell & \boldsymbol{0} \\ {}^t\boldsymbol{0} & 1 \end{pmatrix}\in\Lambda^{-1}(B_\ell)$.

## 17.2　すべり鏡映，または鏡映を含み，回転を含まない 2 次元結晶群の分類

### ケース 6： $\Lambda(G)=\langle \boldsymbol{A}_{2\pi/1}\rangle+B_\ell\langle \boldsymbol{A}_{2\pi/1}\rangle=\{E,B_\ell\}$ の場合

この場合は

$$G=T+T\begin{pmatrix} B_\ell & \boldsymbol{b}_0 \\ {}^t\boldsymbol{0} & 1 \end{pmatrix} \tag{2}$$

($T:=T_G$ は $G$ の格子群) と書ける．($\boldsymbol{b}_0:=\dfrac{1}{2}(\boldsymbol{v}_\ell+\boldsymbol{v}_{\ell^*})$)

いま，$G'$ を $\Lambda'(G')=\Lambda(G)$ ($\Lambda'$ は $G'$ の $\Lambda$) となる 2 次元結晶群とする．

$$G'=T'+T'\begin{pmatrix} B_\ell & \boldsymbol{b}'_0 \\ {}^t\boldsymbol{0} & 1 \end{pmatrix} \tag{3}$$

($T'$ は $G'$ の格子群) と書ける．

もし $\Lambda'^{-1}(B_\ell)$ が $\Lambda^{-1}(B_\ell)$ と異なる軸の配列のタイプを持つならば，$G'$ は $G$ と同型でない (第 15 節，定理 15.6 参照)．

**逆に**，もし $\Lambda'^{-1}(B_\ell)$ が $\Lambda^{-1}(B_\ell)$ と同じ軸の配列のタイプを持つならば，$G'$ は $G$ に同型になることを証明しよう．

いま，$\Lambda^{-1}(B_\ell)$ と $\Lambda'^{-1}(B_\ell)$ が同じ (1 – b) 型であるとして，$G$ と $G'$ が同型であることを示そう．(他のケース，すなわち

$\Lambda^{-1}(B_\ell)$ と $\Lambda'^{-1}(B_\ell)$ が同じ (2 – b) 型，または同じ (1 – a) = (2 – a) 型のときも，同様に $G \cong G'$ が示される．）

$T, T'$ に対応するベクトル格子群を，それぞれ $\Gamma, \Gamma'$ とするとき，上述の『第 14 節の話のまとめ』により

$$\Gamma = \{m\boldsymbol{v}_\ell + n\boldsymbol{v}_\ell^* \mid m, n \in \mathbb{Z}\},$$
$$\Gamma' = \{m\boldsymbol{w}_\ell + n\boldsymbol{w}_\ell^* \mid m, n \in \mathbb{Z}\}$$

($\boldsymbol{w}_\ell, \boldsymbol{w}_{\ell^*}$ はそれぞれ $\Gamma'$ の $\boldsymbol{v}_\ell, \boldsymbol{v}_{\ell^*}$) と書ける．

同型写像 $L : \Gamma' \longrightarrow \Gamma$ を

$$L(m\boldsymbol{w}_\ell + n\boldsymbol{w}_{\ell^*}) := m\boldsymbol{v}_\ell + n\boldsymbol{v}_{\ell^*}$$

と定義し，これを線形変換 $L : \mathbb{R}^2 \longrightarrow \mathbb{R}^2$ に

$$L(a\boldsymbol{w}_\ell + b\boldsymbol{w}_{\ell^*}) := a\boldsymbol{v}_\ell + b\boldsymbol{v}_{\ell^*} \quad (a, b \in \mathbb{R})$$

と拡張しておく．このとき，計算によって，可換性

$$LB_\ell = B_\ell L \tag{4}$$

が示される．

さて，写像 $\Phi : G' \longrightarrow G$ を

$$\Phi\left(\begin{pmatrix} E & \boldsymbol{w} \\ {}^t\boldsymbol{0} & 1 \end{pmatrix}\right) := \begin{pmatrix} E & L(\boldsymbol{w}) \\ {}^t\boldsymbol{0} & 1 \end{pmatrix} \quad (\boldsymbol{w} \in \Gamma')$$
$$\Phi\left(\begin{pmatrix} B_\ell & \boldsymbol{b}' \\ {}^t\boldsymbol{0} & 1 \end{pmatrix}\right) := \begin{pmatrix} B_\ell & L(\boldsymbol{b}') \\ {}^t\boldsymbol{0} & 1 \end{pmatrix}$$

と定義する．ここに，ベクトル $\boldsymbol{b}'$ は

$$\boldsymbol{b}' = \frac{1}{2}(\boldsymbol{w}_\ell + \boldsymbol{w}_{\ell^*}) + \boldsymbol{w} \quad (\boldsymbol{w} \in \Gamma')$$

という形をしている．

$\Phi$ が一対一写像であることは，$\Phi$ の定義よりわかる．$\Phi$ が準同型写像であることは，(4) を用いることで示される．ゆえに $\Phi$ は同型写像である．$\Phi : G' \cong G$.

かくて，$\Lambda^{-1}(B_\ell)$ が (1 – b) 型の 2 次元結晶群は，唯一種である．この種にぞくする 2 次元結晶群は，pg と総称される．

同様に，$\Lambda^{-1}(B_\ell)$ が (2 – b) 型，(1 – a) = (2 – a) 型の 2 次元

結晶群も，どちらも唯一種である．それぞれ，pm，cm と総称される．

これら 3 つのタイプの 2 次元結晶群の存在は，(直接示すことも可能だが) それぞれのタイプの群を持つ，くり返し文様を提示することで示される［図 17 – 1，図 17 – 2，図 17 – 3］．

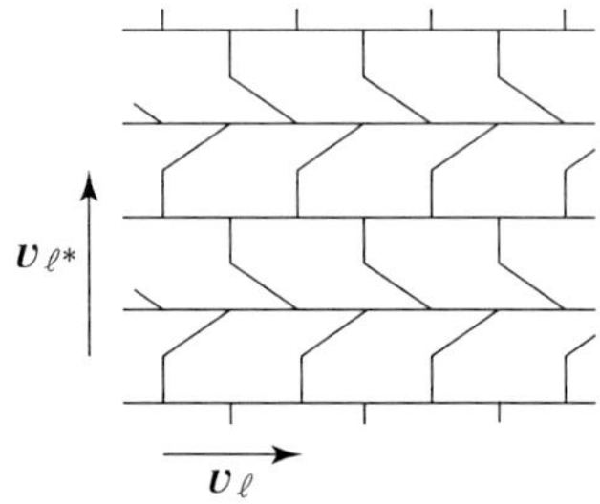


**図 17-1 (pg)**

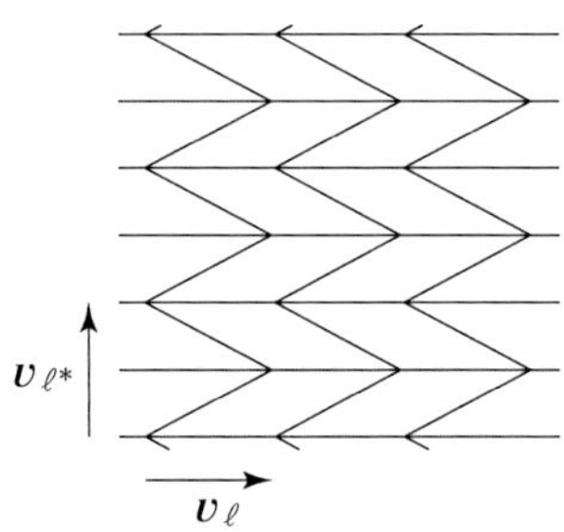


**図 17-2 (pm)**

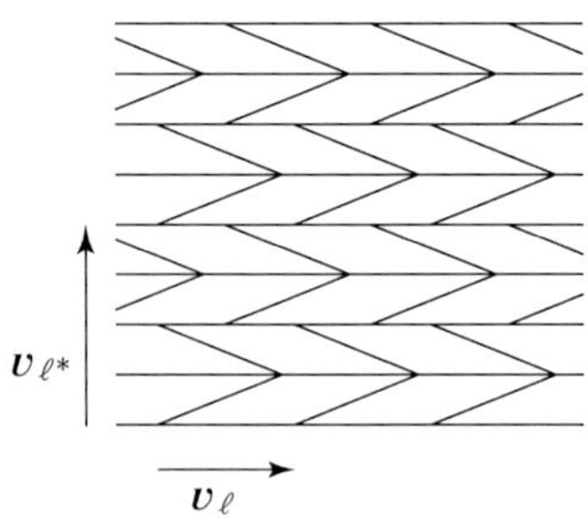


**図 17-3 (cm)**

さいごに 3 つの pg, pm, cm の群は，すべり鏡映，または鏡映の軸の配置が異なるため，互いに同型でなく，互いに異なる種であることを注意しておく．

## 17.3　すべり鏡映，または鏡映を含み，回転も含む二次元結晶群の分類（パート 1）

鏡映 $B_\ell$ の軸である（O をとおる）直線 $\ell$ が傾き $\tan(\eta/2)$ $(-\pi/2<\eta/2\leqq\pi/2)$ であるとき，$\ell=\ell(\eta/2)$ とあらわそう．このとき，計算によって，つぎの補題が容易に示される．

**補題 17.1**

（i）$\begin{pmatrix} A_\theta & \boldsymbol{a} \\ {}^t\boldsymbol{0} & 1 \end{pmatrix}\begin{pmatrix} B_{\ell(\eta/2)} & \boldsymbol{b} \\ {}^t\boldsymbol{0} & 1 \end{pmatrix}=\begin{pmatrix} B_{\ell(\frac{\eta+\theta}{2})} & \boldsymbol{a}+A_\theta(\boldsymbol{b}) \\ {}^t\boldsymbol{0} & 1 \end{pmatrix}$.

（ii）$\begin{pmatrix} B_{\ell(\eta/2)} & \boldsymbol{b} \\ {}^t\boldsymbol{0} & 1 \end{pmatrix}\begin{pmatrix} A_\theta & \boldsymbol{a} \\ {}^t\boldsymbol{0} & 1 \end{pmatrix}=\begin{pmatrix} B_{\ell(\frac{\eta-\theta}{2})} & B_{\ell(\eta/2)}(\boldsymbol{a})+\boldsymbol{b} \\ {}^t\boldsymbol{0} & 1 \end{pmatrix}$.

（iii）$\begin{pmatrix} B_{\ell(\eta/2)} & \boldsymbol{b} \\ {}^t\boldsymbol{0} & 1 \end{pmatrix}\begin{pmatrix} B_{\ell(\nu/2)} & \boldsymbol{c} \\ {}^t\boldsymbol{0} & 1 \end{pmatrix}=\begin{pmatrix} A_{\eta-\nu} & \boldsymbol{b}+B_{\ell(\eta/2)}(\boldsymbol{c}) \\ {}^t\boldsymbol{0} & 1 \end{pmatrix}$.

ただし，（i）において，角 $(\eta+\theta)/2$ が $-\pi/2<(\eta+\theta)/2\leqq\pi/2$ とならないときは，$\theta$ を $\theta+2\pi$ か $\theta-2\pi$ に取り換えて，$(\eta+\theta)/2$ がこの範囲となるように調整する．（ii）の場合も同様である．

### ▶▶ ケース 7： $\Lambda(G)=\langle A_\pi\rangle+\langle A_\pi\rangle B_\ell$ の場合

このケース 7 では（$\Lambda(G)$ における剰余類 $\langle A_\pi\rangle B_{\ell(\eta/2)}$ の代表としての）$B_{\ell(\eta/2)}$ の角 $\eta$ を，（$G$ を回転によって共役な，したがって同型な群に取り換えることにより）$\eta=0$ と**仮定してよ**

い．よってこのケース 7 では，$\ell(\eta/2)=\ell(0)$ と仮定する．この直線は $x$– 軸である．

$$B_x := B_{\ell(0)} = \begin{pmatrix} 1 & 0 \\ 0 & -1 \end{pmatrix}$$

とおく．かくて

$$\Lambda(G) = \langle A_\pi \rangle + \langle A_\pi \rangle B_x \tag{5}$$

と仮定する．

$A_\pi = -E$, $(-E)B_x = \begin{pmatrix} -1 & 0 \\ 0 & 1 \end{pmatrix} = B_{\ell(\pi/2)}$ である．これを $B_y$ と書こう：$B_y := B_{\ell(\pi/2)}$ ($y$– 軸を軸とする鏡映)．それゆえ，この場合は

$$G = T + T\begin{pmatrix} -E & \boldsymbol{a}_0 \\ {}^t\boldsymbol{0} & 1 \end{pmatrix} + T\begin{pmatrix} B_x & \boldsymbol{b}_0 \\ {}^t\boldsymbol{0} & 1 \end{pmatrix} + T\begin{pmatrix} B_y & \boldsymbol{c}_0 \\ {}^t\boldsymbol{0} & 1 \end{pmatrix} \tag{6}$$

($T := T_G$ は $G$ の格子群) と書ける．$B_y B_x = -E$ なので，補題 17.1, (iii) より，ベクトル $\boldsymbol{a}_0$ は

$$\boldsymbol{a}_0 = \boldsymbol{c}_0 + B_y(\boldsymbol{b}_0) \tag{7}$$

としてよい．(あるいは，これに $\Gamma := \Gamma_G$ ($G$ のベクトル格子群) の元を加えたベクトルとしてもよい．)

$$\boldsymbol{v}_x := \boldsymbol{v}_{\ell(0)}, \quad \boldsymbol{v}_y := \boldsymbol{v}_{\ell(\pi/2)} \tag{8}$$

は，それぞれ，$x$– 軸，$y$– 軸の正方向と同じ方向で，長さが最小の $\Gamma$ のベクトルである．

$$\ell(0)^* = \ell(\pi/2):\ y\text{– 軸}, \quad \boldsymbol{v}_{\ell(0)^*} = \boldsymbol{v}_y \tag{9}$$

である．一方，$\ell(\pi/2)^*$ は $x$– 軸であるが，その正方向は，$x$– 軸の負方向となる．それゆえ

$$\boldsymbol{v}_{\ell(\pi/2)^*} = -\boldsymbol{v}_x \tag{10}$$

である．

さて，(9), (10) と，上述の『第 14 節の話のまとめ』により，$\Gamma$ は，つぎのいずれかであるとしてよい：

（あ）$\Gamma=\{m\boldsymbol{v}_x+n\boldsymbol{v}_y \mid m, n\in\mathbb{Z}\}$,

（い）$\Gamma=\left\{m\left(\dfrac{\boldsymbol{v}_x+\boldsymbol{v}_y}{2}\right)+n\left(\dfrac{\boldsymbol{v}_x-\boldsymbol{v}_y}{2}\right)\middle| m, n\in\mathbb{Z}\right\}$.

（あ）の場合は，原点 O, $\boldsymbol{v}_x$ の終点，$\boldsymbol{v}_x+\boldsymbol{v}_y$ の終点，$\boldsymbol{v}_y$ の終点の 4 点を頂点とする長方形が基本平行四辺形である．（い）の場合は，原点 O，$(\boldsymbol{v}_x+\boldsymbol{v}_y)/2$ の終点，$\boldsymbol{v}_x$ の終点，$(\boldsymbol{v}_x-\boldsymbol{v}_y)/2$ の終点の 4 点を頂点とする菱形が基本平行四辺形である．

さらに,（あ）の場合は，$\Lambda^{-1}(B_x)$ と $\Lambda^{-1}(B_y)$（にぞくする，すべり鏡映，または鏡映の軸の配列のタイプ）が,（1 – b）型か（2 – b）型かに従って，つぎの 4 ケースに細分される：（あ – 1),（あ – 2),（あ – 3),（あ – 4).

### （あ – 1）$\Lambda^{-1}(B_x), \Lambda^{-1}(B_y)$ が共に（1 – b）型の場合

この場合は,（6）のベクトル $b_0, c_0$ は，それぞれ

$$\boldsymbol{b}_0=\frac{\boldsymbol{v}_x+\boldsymbol{v}_y}{2},\quad \boldsymbol{c}_0=\frac{\boldsymbol{v}_y-\boldsymbol{v}_x}{2}$$

としてよい．それゆえ（7）より，ベクトル $\boldsymbol{a}_0$ は

$$\boldsymbol{a}_0=\frac{\boldsymbol{v}_y-\boldsymbol{v}_x}{2}+B_y\left(\frac{\boldsymbol{v}_x+\boldsymbol{v}_y}{2}\right)=\boldsymbol{v}_y-\boldsymbol{v}_x$$

としてよいが，これは $\Gamma$ の元なので，$\boldsymbol{a}_0=\boldsymbol{0}$（ゼロベクトル）としてよい．かくて，$G$ はつぎのように書ける：

$$G=T+T\begin{pmatrix}-E & 0\\ {}^t\boldsymbol{0} & 1\end{pmatrix}+T\begin{pmatrix}B_x & (\boldsymbol{v}_x+\boldsymbol{v}_y)/2\\ {}^t\boldsymbol{0} & 1\end{pmatrix}$$
$$+T\begin{pmatrix}B_y & (\boldsymbol{v}_y-\boldsymbol{v}_x)/2\\ {}^t\boldsymbol{0} & 1\end{pmatrix}.$$

いま，$G'$ を $\Lambda'(G')=\Lambda(G)$（$\Lambda'$ は $G'$ の $\Lambda$）であって,（あ – 1）型，すなわち $\Gamma'=\{m\boldsymbol{w}_x+n\boldsymbol{w}_y \mid m, n\in\mathbb{Z}\}$（$\Gamma'$ は $G'$ の $\Gamma$，

$\boldsymbol{w}_x, \boldsymbol{w}_y$ はそれぞれ $\Gamma'$ の $\boldsymbol{v}_x, \boldsymbol{v}_y$ ) であり，$\Lambda^{-1}(B_x)$，$\Lambda'^{-1}(B_y)$ がともに (1-b) 型となる2次元結晶群とする．このとき $G'$ は $G$ と同様に

$$G' = T' + T'\begin{pmatrix} -E & \boldsymbol{0} \\ {}^t\boldsymbol{0} & 1 \end{pmatrix} + T'\begin{pmatrix} B_x & (\boldsymbol{w}_x + \boldsymbol{w}_y)/2 \\ {}^t\boldsymbol{0} & 1 \end{pmatrix} + T'\begin{pmatrix} B_y & (\boldsymbol{w}_y - \boldsymbol{w}_x)/2 \\ {}^t\boldsymbol{0} & 1 \end{pmatrix}$$

($T'$ は $G'$ の $T$) と書ける．

このような $G'$ が $G$ と同型になることを示そう．(前と同様に) 同型写像

$$L : \Gamma' \longrightarrow \Gamma,\ L(m\boldsymbol{w}_x + n\boldsymbol{w}_y) := m\boldsymbol{v}_x + n\boldsymbol{v}_y$$

$(m, n \in \mathbb{Z})$ を，線形変換

$$L : \mathbb{R}^2 \longrightarrow \mathbb{R}^2,\ L(a\boldsymbol{w}_x + b\boldsymbol{w}_y) := a\boldsymbol{v}_x + b\boldsymbol{v}_y$$

$(a, b \in \mathbb{R})$ に拡張しておく．この $L$ は，計算によって

$$LB_x = B_x L,\quad LB_y = B_y L,\quad L(-E) = (-E)L \tag{11}$$

をみたすことがわかる．写像 $\Phi : G' \longrightarrow G$ を

$$\Phi\left(\begin{pmatrix} E & \boldsymbol{w} \\ {}^t\boldsymbol{0} & 1 \end{pmatrix}\right) := \begin{pmatrix} E & L(\boldsymbol{w}) \\ {}^t\boldsymbol{0} & 1 \end{pmatrix},$$

$$\Phi\left(\begin{pmatrix} -E & \boldsymbol{w} \\ {}^t\boldsymbol{0} & 1 \end{pmatrix}\right) := \begin{pmatrix} -E & L(\boldsymbol{w}) \\ {}^t\boldsymbol{0} & 1 \end{pmatrix},$$

$$\Phi\left(\begin{pmatrix} B_x & \boldsymbol{b}' \\ {}^t\boldsymbol{0} & 1 \end{pmatrix}\right) := \begin{pmatrix} B_x & L(\boldsymbol{b}') \\ {}^t\boldsymbol{0} & 1 \end{pmatrix},$$

$$\Phi\left(\begin{pmatrix} B_y & \boldsymbol{c}' \\ {}^t\boldsymbol{0} & 1 \end{pmatrix}\right) := \begin{pmatrix} B_y & L(\boldsymbol{c}') \\ {}^t\boldsymbol{0} & 1 \end{pmatrix},$$

$(\boldsymbol{w} \in \Gamma')$ と定義する．ここで，$\boldsymbol{b}', \boldsymbol{c}'$ は，それぞれつぎの形をしているベクトルである：

$$\boldsymbol{b}' = \frac{\boldsymbol{w}_x + \boldsymbol{w}_y}{2} + m_1\boldsymbol{w}_x + m_2\boldsymbol{w}_y,$$

$$\boldsymbol{c}' = \frac{\boldsymbol{w}_y - \boldsymbol{w}_x}{2} + n_1\boldsymbol{w}_x + n_2\boldsymbol{w}_y$$

$(m_1, m_2, n_1, n_2 \in \mathbb{Z})$．$\Phi$ が一対一写像であることは，定義から明らかである．また (11) を用いると，$\Phi$ が準同型写像であることが示される．ゆえに $\Phi$ は同型写像である．

かくて，(あ－1) 型の 2 次元結晶群は，唯一種であることがわかった．この種にぞくする 2 次元結晶群は pgg と総称される．

図 17–4 と図 17–5 は，それぞれ,「軸の配列と回転の中心点の分布」と，pgg の群の存在を示す「pgg の群をもつ，くり返し文様の例」である [例 17–4，図 17–5]．

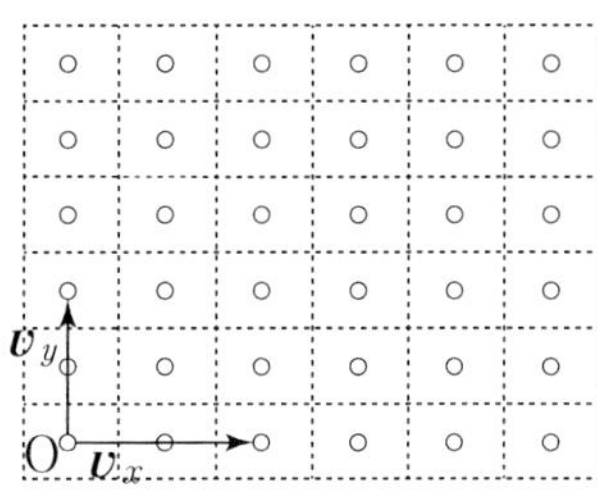


**図 17–4**

**図 17–5 (pgg)**

図 17–4 では (第 14 節**と異なり**) 点線が本質的すべり鏡映の軸をあらわしている．また，小丸が $\pi$ – 回転の中心点をあらわしている．

### （あ－2）　$\Lambda^{-1}(B_x)$ が（2－b）型，$\Lambda^{-1}(B_y)$ が（1－b）型の場合

この場合は，(6) の $\boldsymbol{b}_0$, $\boldsymbol{c}_0$ は，それぞれ $\boldsymbol{b}_0=\boldsymbol{0}$, $\boldsymbol{c}_0=(\boldsymbol{v}_y-\boldsymbol{v}_x)/2$ としてよい．それゆえ (7) より $a_0=c_0=(v_y-v_x)/2$ としてよい．ゆえに，$G$ はつぎのように書ける：

$$G=T+T\begin{pmatrix}-E & (\boldsymbol{v}_y-\boldsymbol{v}_x)/2\\ {}^t\boldsymbol{0} & 1\end{pmatrix}+T\begin{pmatrix}B_x & \boldsymbol{0}\\ {}^t\boldsymbol{0} & 1\end{pmatrix}+T\begin{pmatrix}B_y & (\boldsymbol{v}_y-\boldsymbol{v}_x)/2\\ {}^t\boldsymbol{0} & 1\end{pmatrix}$$

この場合も，（あ－1）と同様の方法で，（あ－2）型の 2 次元結晶群が，唯一種であることが示される．この種にぞくする 2 次元結晶群は，pmg と総称される．

図 17–6 と図 17–7 はそれぞれ，「軸の配列と回転の中心点の分布」と，pmg の群の存在を示す「pmg の群を持つ，くり返し文様の例」である［図 17–6，図 17–7］．

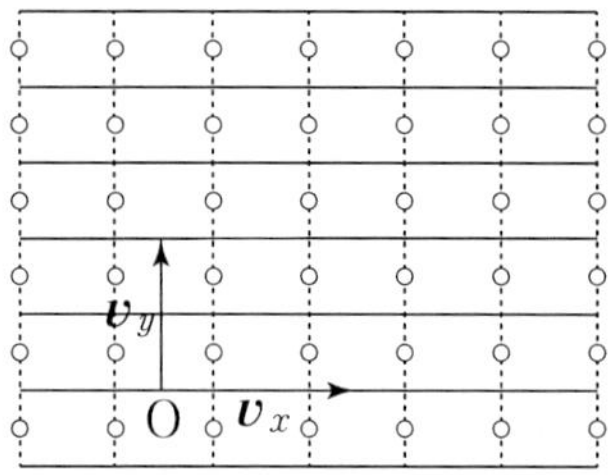


**図 17–6**

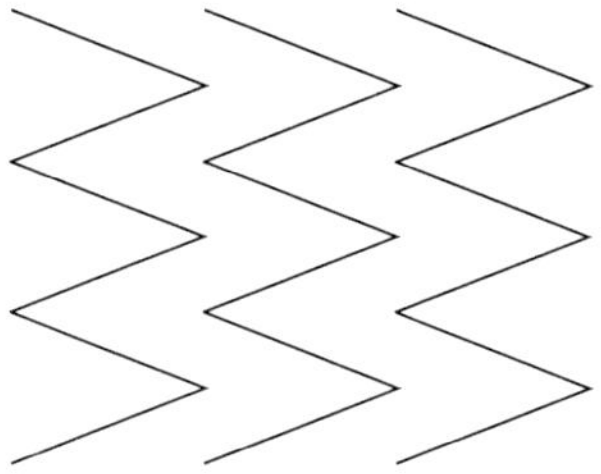

**図 17–7（pmg）**

図 17–6 では（第 14 節と異なり）点線が本質的すべり鏡映の軸をあらわし，実線が非本質的すべり鏡映または鏡映の軸をあらわしている．また，小丸が $\pi$ – 回転の中心をあらわしている．──このことは，以下の同様の図でも，同じである．

**（あ – 3）　$\Lambda^{-1}(B_x)$ が（1 – b）型，$\Lambda^{-1}(B_y)$ が（2 – b）型の場合**

この型の群 $G$ は，（あ – 2）型の群に，$B_{\ell(\pi/4)}$（$x$– 軸の正方向と $y$– 軸の正方向を交換する鏡映）で共役である．すなわち

$$\begin{pmatrix} 0 & 1 & 0 \\ 1 & 0 & 0 \\ 0 & 0 & 1 \end{pmatrix} G \begin{pmatrix} 0 & 1 & 0 \\ 1 & 0 & 0 \\ 0 & 0 & 1 \end{pmatrix}$$

は，（あ – 2）型の群である．ゆえに，$G$ も pmg の群である．

**（あ – 4）　$\Lambda^{-1}(B_x)$, $\Lambda^{-1}(B_y)$ が共に（2 – b）型の場合**

この場合は，(6) のベクトル $a_0, b_0, c_0$ は，どれも $\mathbf{0}$ としてよい．ゆえに $G$ は，つぎのように書ける：

$$G = T + T\begin{pmatrix} -E & \mathbf{0} \\ {}^t\mathbf{0} & 1 \end{pmatrix} + T\begin{pmatrix} B_x & \mathbf{0} \\ {}^t\mathbf{0} & 1 \end{pmatrix} + T\begin{pmatrix} B_y & \mathbf{0} \\ {}^t\mathbf{0} & 1 \end{pmatrix}$$

この場合も，（あ – 1）と同様の方法で，（あ – 4）型の 2 次元結晶群が唯一種であることが示される．この種にぞくする 2 次元結晶群は pmm と総称される．

図 17 – 8 と図 17 – 9 はそれぞれ，「軸の配列と回転の中心点の分布」と，pmm の群の存在を示す「pmm の群を持つ，くり返し文様の例」である［図 17 – 8，図 17 – 9］．

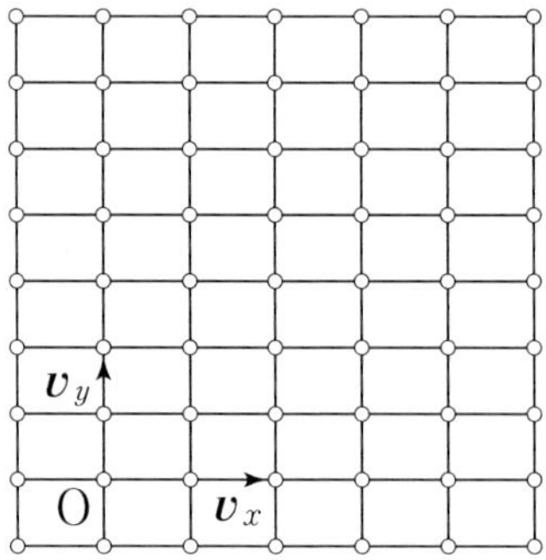


**図 17－8**

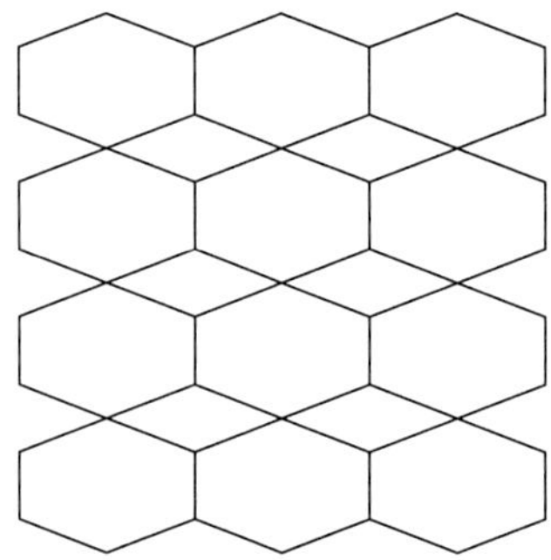

**図 17－9（pmm）**

### （い）$\Gamma=\{m(\boldsymbol{v}_x+\boldsymbol{v}_y)/2+n(\boldsymbol{v}_x-\boldsymbol{v}_y)/2 \mid m, n\in\mathbb{Z}\}$ の場合

この場合は，(6) のベクトル $a_0, b_0, c_0$ は，どれも 0 としてよい．ゆえに $G$ は次のように書ける：

$$G=T+T\begin{pmatrix}-E & 0\\ {}^t0 & 1\end{pmatrix}+T\begin{pmatrix}B_x & 0\\ {}^t0 & 1\end{pmatrix}+T\begin{pmatrix}B_y & 0\\ {}^t0 & 1\end{pmatrix}.$$

この場合も，（あ－1）と同様の方法で，（い）型の 2 次元結晶群が唯一種であることが示される．この種にぞくする 2 次元結晶群は cmm と総称される．

図 17－10 と図 17－11 はそれぞれ，「軸の配列と回転の中心点の分布」と cmm の群の存在を示す「cmm の群を持つ，くり返し文様の例」である［図 17－10，図 17－11］．

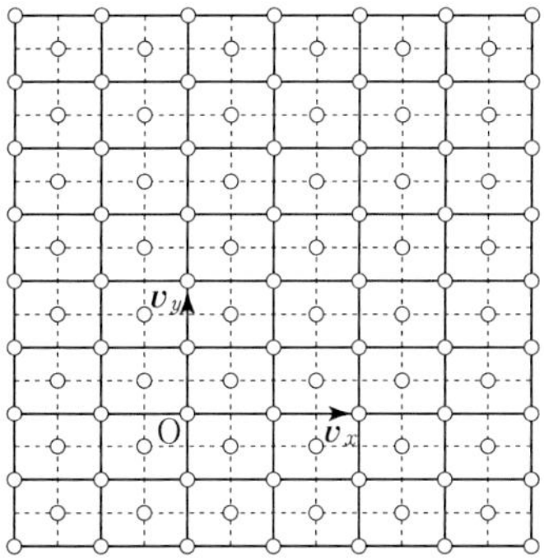


**図 17–10**

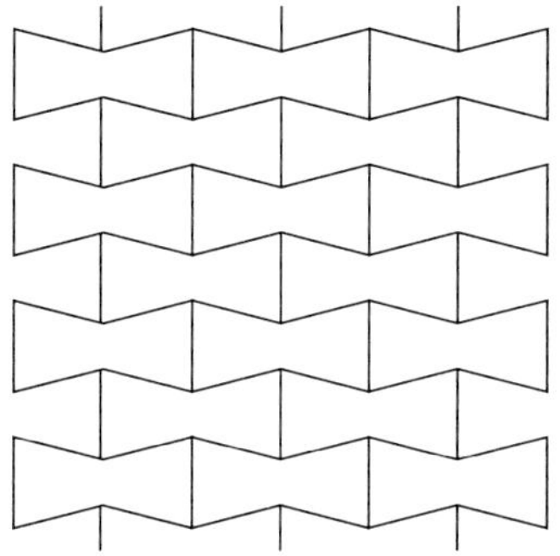

**図 17–11（cmm）**

さいごに，pgg, pmg, pmm, cmm の群は，すべり鏡映，または鏡映の軸の配列が異なるため，互いに同型でなく，互いに異なる種であることを注意しておく．

# 第18節　二次元結晶群の分類(III)

## 18.1　前節の話から

原点O中心，角 $\theta$ の回転を $A_\theta$ と書き，Oをとおる直線 $\ell$ を軸とする鏡映を $B_\ell$ と書く．なお，直線 $\ell$ が傾き $\tan(\eta/2)$ $(-\pi/2<\eta/2\leqq\pi/2)$ であるとき，$\ell=\ell(\eta/2)$ とあらわすことがある．

前節の補題17.1を再掲する．

**補題 17.1 (再掲)**

(i) $\begin{pmatrix} A_\theta & \boldsymbol{a} \\ {}^t\boldsymbol{0} & 1 \end{pmatrix}\begin{pmatrix} B_{\ell(\eta/2)} & \boldsymbol{b} \\ {}^t\boldsymbol{0} & 1 \end{pmatrix}=\begin{pmatrix} B_{\ell(\frac{\eta+\theta}{2})} & \boldsymbol{a}+A_\theta(\boldsymbol{b}) \\ {}^t\boldsymbol{0} & 1 \end{pmatrix}.$

(ii) $\begin{pmatrix} B_{\ell(\eta/2)} & \boldsymbol{b} \\ {}^t\boldsymbol{0} & 1 \end{pmatrix}\begin{pmatrix} A_\theta & \boldsymbol{a} \\ {}^t\boldsymbol{0} & 1 \end{pmatrix}=\begin{pmatrix} B_{\ell(\frac{\eta-\theta}{2})} & B_{\ell(\eta/2)}(\boldsymbol{a})+\boldsymbol{b} \\ {}^t\boldsymbol{0} & 1 \end{pmatrix}.$

(iii) $\begin{pmatrix} B_{\ell(\eta/2)} & \boldsymbol{b} \\ {}^t\boldsymbol{0} & 1 \end{pmatrix}\begin{pmatrix} B_{\ell(\nu/2)} & \boldsymbol{c} \\ {}^t\boldsymbol{0} & 1 \end{pmatrix}=\begin{pmatrix} A_{\eta-\nu} & \boldsymbol{b}+B_{\ell(\eta/2)}(\boldsymbol{c}) \\ {}^t\boldsymbol{0} & 1 \end{pmatrix}.$

ただし，(i)において，角 $(\eta+\theta)/2$ が $-\pi/2<(\eta+\theta)/2\leqq\pi/2$ とならないときは，$\theta$ を $\theta+2\pi$ か $\theta-2\pi$ に取り換えて，$(\eta+\theta)/2$ がこの範囲となるように調整する．(ii)の場合も同様である．

なお，とくに $x$－軸 $\ell_x:=\ell(0)$，$y$－軸 $\ell_y:=\ell(\pi/2)$ を軸とす

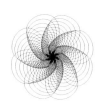

る鏡映を，それぞれ $B_x, B_y$ と書く．

また，二次元結晶群 $G$ から $O(2)$ への準同型写像 $\Lambda: G \longrightarrow O(2)$ の像を $\Lambda(G)$ と書く．$\Lambda$ の核は，$G$ の格子群 $T_G$ である．

## 18.2　すべり鏡映，または鏡映を含み，回転も含む二次元結晶群の分類（パート 2）

本節は，前節につづき，つぎのケースの分類から始める：

### ▶▶ ケース 8：$\Lambda(G) = \langle A_{2\pi/3}\rangle + \langle A_{2\pi/3}\rangle B_\ell$ の場合

この場合は，第 13 節の議論により（$T := T_G$ に対応する）$G$ のベクトル格子群 $\Gamma := \Gamma_G$ は，平面の正三角形分割における，正三角形の頂点を終点とするベクトル全体よりなる．格子は頂点全体の集合である．この場合，頂点 A が $x$－軸の正方向上の 1 点であるような正三角形△ BOA があるとしてよい．

$x$－軸，$y$－軸の正方向と同方向で，最小の長さをもつ $\Gamma$ のベクトルを，それぞれ $\boldsymbol{v}_x, \boldsymbol{v}_y$ と書く．$\boldsymbol{v}_x = \overrightarrow{OA}$ としてよい．$\boldsymbol{v}_y := \overrightarrow{OD}$ とおく［図 18–1］．

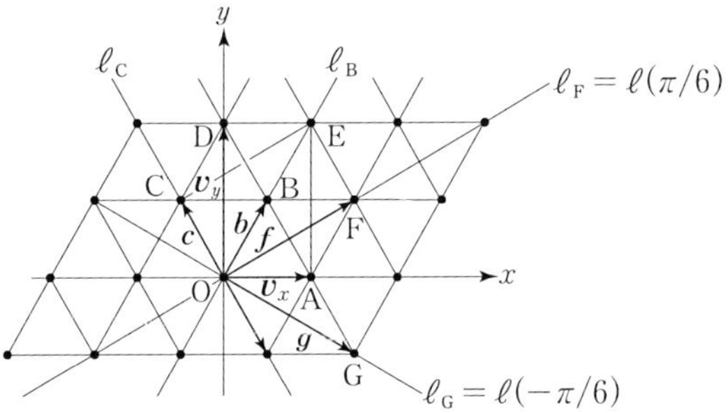


**図 18-1**

さて，$\Lambda(G)$ における剰余類 $\langle A_{2\pi/3}\rangle B_\ell$ は，3個の鏡映からなる．すなわち

$$\begin{aligned}\langle A_{2\pi/3}\rangle B_\ell &= B_\ell\langle A_{2\pi/3}\rangle \\ &= \{B_\ell, B_{\ell'} := B_\ell A_{2\pi/3}, B_{\ell''} := B_\ell A_{2\pi/3}^{-1}\}\end{aligned} \tag{1}$$

である．ここで，直線 $\ell, \ell', \ell''$ は，第14節の議論により，『O と他の格子点を頂点とする長方形で，その辺上と内部に，格子点を含まないか，含むとしても，その対角線の交点のみであるものの，**底辺を含む直線**』としてあらわれる．

図18-1の格子を観察すると，そのような長方形は，図18-1の長方形□DOAE（底辺OA）と□COFE（底辺OF）と，それらをO中心に $(\pi/3)^m$ $(m=1,2,3,4,5)$ 回転させたものしかない．

かくて，二つのケースに分かれる：

**(α)□DOAE，底辺OA，$\ell=\ell_x$（$x$-軸）の場合**

この場合は，(1)より，($B_x := B_{\ell_x}$ とおいて)

$$\langle A_{2\pi/3}\rangle B_x = \{B_x, B_{\ell_B}, B_{\ell_C}\} \tag{2}$$

である．($\ell_B := \overline{\mathrm{OB}}, \ell_C := \overline{\mathrm{OC}}$（図18-1参照）.)

この長方形の対角線の交点は，図18-1で見るように，ベクトル $\boldsymbol{b}$ の終点 $B$ で，これは格子点である．それゆえ，第14節の議論により，剰余類 $\Lambda^{-1}(B_x)$（に含まれる，すべり鏡映，または鏡映の軸の配列）のタイプは，(1-a)=(2-a)型である．これは，本質的すべり鏡映の軸と，非本質的すべり鏡映または鏡映の軸が，$x$-軸に平行に，交互に等間隔に並んでいる配列である．

$\Lambda^{-1}(B_{\ell_B})$，$\Lambda^{-1}(B_{\ell_C})$ も，タイプは同じ(1-a)=(1-b)型である．

そしてこの場合，(2)と補題17.1（再掲）より，$\begin{pmatrix} A_{2\pi/3} & 0 \\ {}^t\mathbf{0} & 1\end{pmatrix} \in G_\alpha$

となって，2 次元結晶群 $G_\alpha$ は

$$G_\alpha = T + T\begin{pmatrix} A_{2\pi/3} & 0 \\ {}^t\mathbf{0} & 1 \end{pmatrix} + T\begin{pmatrix} A_{2\pi/3}^{-1} & 0 \\ {}^t\mathbf{0} & 1 \end{pmatrix}$$

$$+ T\begin{pmatrix} B_x & 0 \\ {}^t\mathbf{0} & 1 \end{pmatrix} + T\begin{pmatrix} B_{\ell_B} & 0 \\ {}^t\mathbf{0} & 1 \end{pmatrix} + T\begin{pmatrix} B_{\ell_C} & 0 \\ {}^t\mathbf{0} & 1 \end{pmatrix} \qquad (3)$$

と書ける．（$T$ は図 18-1 の格子のベクトル格子群に対応する格子群．）

この（$\alpha$）型の 2 次元結晶群が，唯一種類しかないことは，前節のケース 7 と同様の方法で証明できる．

この種に属する 2 次元結晶群は，p31m と総称される．

図 18−2 と図 18−3 は，それぞれ「軸の配列と回転の中心点の分布」と，p31m の群の存在を示す「p31m の群をもつ，くり返し文様の例」である［図 18−2，図 18−3］．

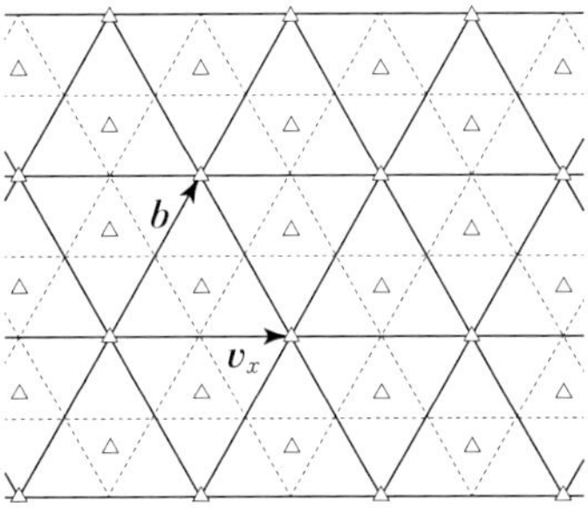


**図 18-2**

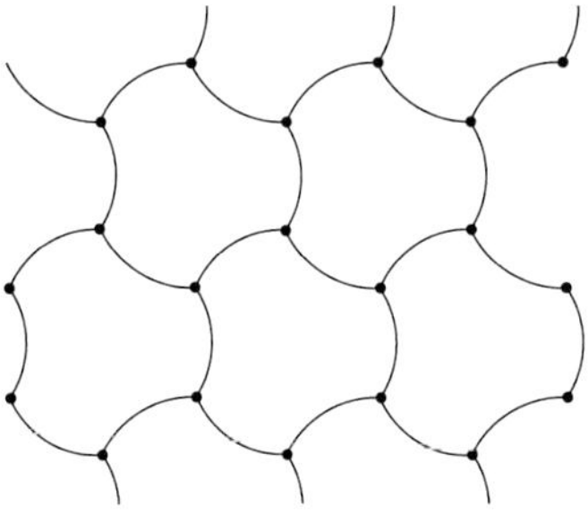

**図 18-3（p31m）**

図18−2では（そして，後にあらわれる図18−9，図18−11でも）点線が本質的すべり鏡映の軸をあらわし，実線が非本質的すべり鏡映または鏡映の軸をあらわしている．また，小三角点は，$G_\alpha$ に属する $2\pi/3$ 回転（と，$-2\pi/3$ 回転）の中心点をあらわしている．

図18−3は，図18−2の実線正三角形の各頂点中心に，重心をとおる円弧を描いたものである．

**(β) □COFE，底辺OF，$\ell=\ell_F=\overline{\mathrm{OF}}$ の場合**

この場合は，(1)より

$$\langle A_{2\pi/3}\rangle B_{\ell_F}=\{B_{\ell_F}, B_y, B_{\ell_G}\} \tag{4}$$

である．（$\ell_F:=\overline{\mathrm{OF}}=\ell(\pi/6)$，$B_y:=B_{\ell(\pi/2)}$，$\ell_G:=\overline{\mathrm{OG}}=\ell(-\pi/6)$（図18−1参照）．）

この長方形の対角線の交点も，図18−1で見るように，格子点 $B$ である．それゆえ，剰余類 $\Lambda^{-1}(B_{\ell_F})$ のタイプは，(α)と同様に，(1−a)＝(2−a)型である．

$\Lambda^{-1}(B_y)$, $\Lambda^{-1}(B_{\ell_G})$ の方も，タイプは同じ(1−a)＝(2−a)型である．

そしてこの場合，(4)と補題17.1（再掲）より，$\begin{pmatrix} A_{2\pi/3} & \mathbf{0} \\ {}^t\mathbf{0} & 1 \end{pmatrix} \in G_\beta$ となって，2次元結晶群 $G_\beta$ は

$$G_\beta = T + T\begin{pmatrix} A_{2\pi/3} & \mathbf{0} \\ {}^t\mathbf{0} & 1 \end{pmatrix} + T\begin{pmatrix} A_{2\pi/3}^{-1} & \mathbf{0} \\ {}^t\mathbf{0} & 1 \end{pmatrix}$$
$$+ T\begin{pmatrix} B_{\ell_F} & \mathbf{0} \\ {}^t\mathbf{0} & 1 \end{pmatrix} + T\begin{pmatrix} B_y & \mathbf{0} \\ {}^t\mathbf{0} & 1 \end{pmatrix} + T\begin{pmatrix} B_{\ell_G} & \mathbf{0} \\ {}^t\mathbf{0} & 1 \end{pmatrix} \tag{5}$$

と書ける．（$T$ は図18−1の格子のベクトル格子群に対応する格子群．）

この(β)型の2次元結晶群が，唯一種類しかないことは，前節のケース7と同様の方法で示される．

この種に属する 2 次元結晶群は，p3m1 と総称される．

図 18－4 と図 18－5 はそれぞれ「軸の配列と回転の中心点の配置」と，p3m1 の群の存在を示す「p3m1 の群を持つ，くり返し文様の例」である［図 18－4，図 18－5］．

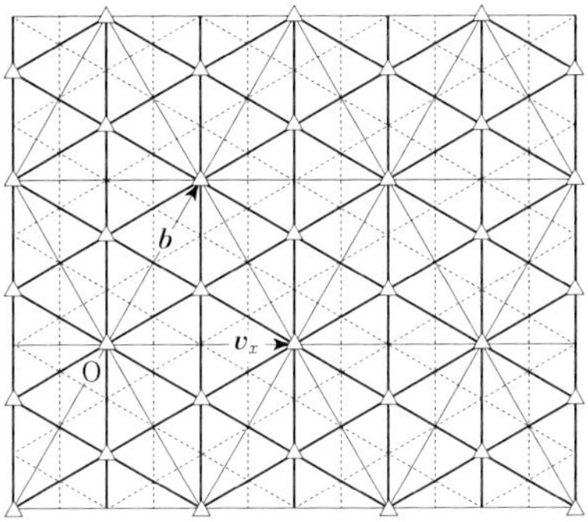


**図 18－4**

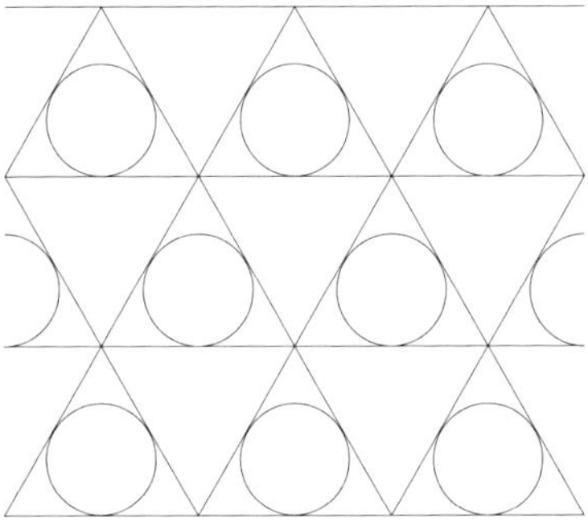

**図 18－5（p3m1）**

図 18－4 では（そして，後にあらわれる図 18-7 でも），点線が本質的すべり鏡映の軸をあらわし，**やや濃いめの実線**が，非本質的すべり鏡映または鏡映の軸をあらわしている．（ふつうの濃さの実線は，もとの図 18－1 の，平面の正三角形分割をあらわしている．）また，小三角点は，$G_\beta$ に属する $2\pi/3$ 回

転(と，$-2\pi/3$回転)の中心点をあらわしている．

図18−5は，図18−4の(ふつうの濃さの)実線正三角形に，ひとつおきに，内接円を描いたものである．

最後に，$G_\alpha$ と $G_\beta$ が同型でないこと，すなわち，p31m と p3m1 は**違う種である**ことを証明しよう．

背理法を用いる．すなわち，同型写像

$$\Phi : G_\alpha \longrightarrow G_\beta$$

が存在すると仮定して，矛盾をみちびく．

第15節，命題15.5によれば，2次線形変換 $L : \mathbb{R}^2 \longrightarrow \mathbb{R}^2$ で，つぎの(i),(ii),(iii)をみたすものが存在する：

(i) $L(\Gamma) = \Gamma$．($\Gamma$ は図18-1の正三角形の頂点を終点とするベクトルからなるベクトル格子群.)

(ii) $\Phi\left(\begin{pmatrix} E & \boldsymbol{v} \\ {}^t\mathbf{0} & 1 \end{pmatrix}\right) = \begin{pmatrix} E & L(\boldsymbol{v}) \\ {}^t\mathbf{0} & 1 \end{pmatrix}$ $(\boldsymbol{v} \in \Gamma)$.

(iii) $\hat{\Phi}(A) = LAL^{-1}$ $(A \in \Lambda_\alpha(G_\alpha))$，ここに $\hat{\Phi} : \Lambda_\alpha(G_\alpha) \longrightarrow \Lambda_\beta(G_\beta)$ ($\Lambda_\alpha, \Lambda_\beta$ は，それぞれ $G_\alpha, G_\beta$ の $\Lambda$) は，$\Phi$ よりみちびかれる同型写像.

さて，$\hat{\Phi}(A_{2\pi/3}) = LA_{2\pi/3}L^{-1}$ は，(行列式を考えればわかるように)鏡映でなく，回転となる．すなわち「$LA_{2\pi/3}L^{-1}$ は $A_{2\pi/3}$ か $A_{-2\pi/3}$ に等しい.」

しかるに，第12節，命題12.4によれば，そのような線形変換 $L$ は，つぎの(あ),(い)の形のどちらかになる：

(あ) $L = rA_\theta\,(r > 0)$ (O中心，角 $\theta$ の回転 $A_\theta$ と，相似変換 $H_r : (x, y) \longmapsto (rx, ry)$ の可換な合成.) このときは

$LA_{2\pi/3}L^{-1}=A_{2\pi/3}$ となる.

(い)　$L=rB_\ell$ $(r>0)$ (O をとおる直線 $\ell$ を軸とする鏡映 $B_\ell$ と，相似変換 $H_r$ の可換な合成). このときは，$LA_{2\pi/3}L^{-1}=A_{2\pi/3}^{-1}$ となる.

どちらのケースからも，矛盾が生じることを示そう.

**(あ)の場合**　性質(i)より，$L(\Gamma)=\Gamma$, $L^{-1}(\Gamma)=\Gamma$ である. このことより，$L=rA_\theta$ の $r$ は 1 でなければならない. なぜなら，もし $r\neq 1$ ならば, $L$ か $L^{-1}$ は，長さ最小の $\Gamma\backslash\{\mathbf{0}\}$ のベクトルを，さらに小さい長さの $\Gamma$ のベクトルに写すので，それはありえない. したがって，$r=1, L=A_\theta$ である. それゆえ，補題 17.1 (再掲) より

$$LB_xL^{-1}=A_\theta B_xA_\theta^{-1}=B_{\ell(\theta)}$$

となるが，左辺は $\Lambda_\beta(G_\beta)$ に属する鏡映なので, (右辺は) $B_{\ell_F}$ か $B_y$ か $B_{\ell_G}$ のいずれかになる. また

$$(A_\theta B_xA_\theta^{-1})(A_\theta(\boldsymbol{v}_x))=A_\theta(\boldsymbol{v}_x)$$

なので，これは $\ell_F$ か $\ell_y$ か $\ell_G$ と同じ方向を持つ $\Gamma$ のベクトルとなるが，このベクトルの長さが $\boldsymbol{v}_x$ の長さと同じなので，矛盾である.

**(い)の場合**　$L(\Gamma)=\Gamma$ より, (あ) の場合と同じ理由で, $r=1$, すなわち $L=B_\ell$ でなければならない. $\ell=\ell(\eta/2)$ とおくと

$$LB_xL^{-1}=B_\ell B_xB_\ell=B_{\ell(\eta)}$$

となるが，左辺は $\Lambda_\beta(G_\beta)$ にぞくする鏡映なので, (右辺は) $B_{\ell_F}$ か $B_y$ か $B_{\ell_G}$ かのいずれかになる. それゆえ, (あ) の場合と同じ理由で，$B_\ell(\boldsymbol{v}_x)$ が $\ell_F$ か $\ell_y$ か $\ell_G$ と同じ方向を持つ $\Gamma$ の

ベクトルとなるが，このベクトルの長さが $\boldsymbol{v}_x$ の長さと同じなので，矛盾である．

こうして，どちらの場合も矛盾が生じるので，$G_\alpha$ と $G_\beta$ は同型でなく，p31m と p3m1 は違う種である．

### ケース 9：$\Lambda(G)=\langle \boldsymbol{A}_{\pi/2}\rangle+\langle \boldsymbol{A}_{\pi/2}\rangle B_\ell$ の場合

この場合は，第 13 節の議論により，$G$ のベクトル格子群 $\Gamma:=\Gamma_G$ は，正方格子の格子点を終点とするベクトル全体の加群である．原点 O を頂点のひとつとする基本正方形（格子点を頂点とする，辺上にも内部にも格子点のない正方形）□ COAB の頂点 A は $x$－軸正部分上に，頂点 C は $y$－軸正部分上にあるとしてよい［図 18－6］．

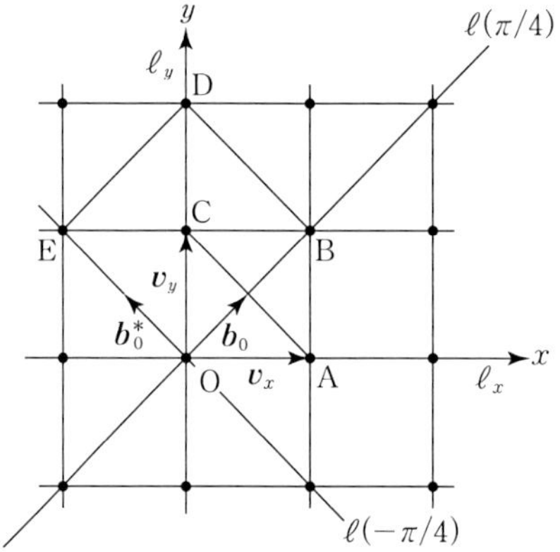


**図 18－6**

ケース 8 と同様に，O と他の格子点を頂点とする正方形で，その辺上と内部に，他の格子点が存在しないか，もし存在するとしても，それは対角線の交点のみである――と言う条件をみたすものをさがすと，それは図 18－6 の正方形□ COAB と□ EOBD

と，それらを，O中心に$(\pi/2)^m$ $(m=1,2,3)$ 回転させたものしかない．

いま，$\Lambda(G)$ における剰余類 $\langle A_{\pi/2}\rangle B_\ell$ の代表元 $B_\ell$ の $\ell$ を，$\ell=\ell(0)=\ell_x$ とする．このとき，補題17.1（再掲）より

$$\langle A_{\pi/2}\rangle B_x=\{B_x, B_{\ell(\pi/4)}, B_y, B_{\ell(-\pi/4)}\}$$

となる．

正方形□EOBDの底辺OBは直線 $\ell(\pi/4)$ 上にあり，対角線の交点は，格子点Cである．ゆえに，剰余類 $\Lambda^{-1}(B_{\ell(\pi/4)})$ のタイプは(1–a) = (2–a)型である．

$\Lambda^{-1}(B_{\ell(-\pi/4)})$ のタイプも(1–a) = (2–a)型である．

一方，正方形□COABの底辺OAは $x$–軸上にあり，対角線の交点は格子点でない．そのため，$\Lambda^{-1}(B_x)$（と，$\Lambda^{-1}(B_y)$）のタイプについては，つぎに2つのケース（$\gamma$）と（$\delta$）が生じる：（対角線の交点を終点とするベクトルを $\boldsymbol{b}_0$ とする．）

### （$\gamma$）$\begin{pmatrix} B_x & \boldsymbol{b}_0 \\ {}^t\boldsymbol{0} & 1 \end{pmatrix}\in\Lambda^{-1}(B_x)$，$\begin{pmatrix} B_x & \boldsymbol{0} \\ {}^t\boldsymbol{0} & 1 \end{pmatrix}\notin\Lambda^{-1}(B_x)$ の場合

この場合は，$\Lambda^{-1}(B_x)$，$\Lambda^{-1}(B_y)$ のタイプはともに(1–$b$)型であり，本質的すべり鏡映の軸が，それぞれ，$x$–軸，$y$–軸に平行に，等間隔にあらわれる．

この場合，2次元結晶群 $G_\gamma$ は，補題17.1（再掲）より

$$G_\gamma=T+T\begin{pmatrix} A_{\pi/2} & -\boldsymbol{b}_0^* \\ {}^t\boldsymbol{0} & 1 \end{pmatrix}+T\begin{pmatrix} A_{\pi} & \boldsymbol{0} \\ {}^t\boldsymbol{0} & 1 \end{pmatrix}+T\begin{pmatrix} A_{\pi/2}^{-1} & \boldsymbol{b}_0 \\ {}^t\boldsymbol{0} & 1 \end{pmatrix}$$

$$+T\begin{pmatrix} B_x & \boldsymbol{b}_0 \\ {}^t\boldsymbol{0} & 1 \end{pmatrix}+T\begin{pmatrix} B_{\ell(\pi/4)} & \boldsymbol{0} \\ {}^t\boldsymbol{0} & 1 \end{pmatrix}+T\begin{pmatrix} B_y & \boldsymbol{b}_0^* \\ {}^t\boldsymbol{0} & 1 \end{pmatrix}+T\begin{pmatrix} B_{\ell(-\pi/4)} & \boldsymbol{0} \\ {}^t\boldsymbol{0} & 1 \end{pmatrix}$$

と書ける．（$\boldsymbol{b}_0^*:=A_{2\pi/2}(\boldsymbol{b}_0)$，$T$ は，図18–6の正方格子のベクトル格子群に対応する格子群．）

この（$\gamma$）型の2次元結晶群が唯一種類しかないことは，前

回のケース 7 と同様の方法で証明できる.

この種に属する 2 次元結晶群は, p4g と総称される.

図 18−7 と図 18−8 は, それぞれ,「軸の配列と回転の中心点の分布」と, p4g の群の存在を示す「p4g の群をもつ, くり返し文様の例」である [図 18-7, 図 18-8].

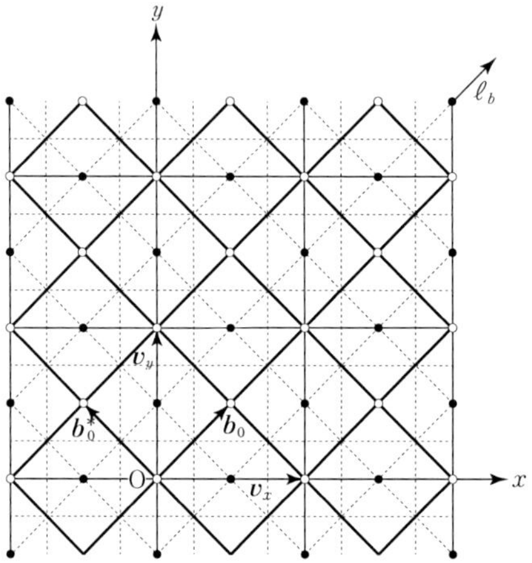


図 18-7

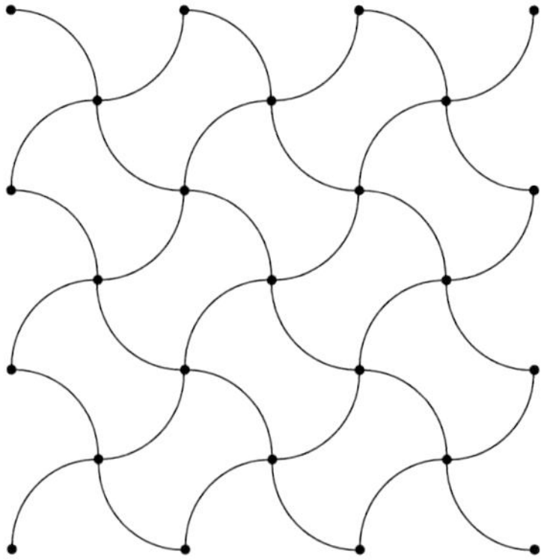

図 18-8 (p4g)

図 18–7 の点線，やや濃いめのななめの実線，ふつうの濃さの水平，垂直の実線の意味は，図 18–4 と同じである．また，黒点は $\pi/2$ 回転（と，$-\pi/2$ 回転）の中心点をあらわし，小白点は $\pi$ 回転の中心点をあらわしている．図 18–8 は，図 18–7 の各小白点を中心として黒点をとおる円弧が描かれている．

### (δ) $\begin{pmatrix} B_x & \boldsymbol{b}_0 \\ {}^t\mathbf{0} & 1 \end{pmatrix} \notin \Lambda^{-1}(B_x)$, $\begin{pmatrix} B_x & \mathbf{0} \\ {}^t\mathbf{0} & 1 \end{pmatrix} \in \Lambda^{-1}(B_x)$ の場合

この場合は，$\Lambda^{-1}(B_x)$ のタイプは (2–b) 型であり，非本質的すべり鏡映または鏡映の軸が，$x$– 軸に平行に，等間隔にあらわれる．$\Lambda^{-1}(B_y)$ の方も同様である．

この場合，2 次元結晶群 $G_\delta$ は

$$G_\delta = T + T\begin{pmatrix} A_{\pi/2} & \mathbf{0} \\ {}^t\mathbf{0} & 1 \end{pmatrix} + T\begin{pmatrix} A_\pi & \mathbf{0} \\ {}^t\mathbf{0} & 1 \end{pmatrix} + T\begin{pmatrix} A_{\pi/2}^{-1} & \mathbf{0} \\ {}^t\mathbf{0} & 1 \end{pmatrix}$$

$$+ T\begin{pmatrix} B_x & \mathbf{0} \\ {}^t\mathbf{0} & 1 \end{pmatrix} + T\begin{pmatrix} B_{\ell(\pi/4)} & \mathbf{0} \\ {}^t\mathbf{0} & 1 \end{pmatrix} + T\begin{pmatrix} B_y & \mathbf{0} \\ {}^t\mathbf{0} & 1 \end{pmatrix} + T\begin{pmatrix} B_{\ell(-\pi/4)} & \mathbf{0} \\ {}^t\mathbf{0} & 1 \end{pmatrix}$$

と書ける．（$T$ は，図 18–6 の正方格子のベクトル格子群に対応する格子群.）

この (δ) 型の 2 次元結晶群が唯一種類しないことは，前節のケース 7 と同様の方法で証明できる．

この種に属する 2 次元結晶群は p4m と総称される．

図 18–9 と図 18–10 は，それぞれ「軸の配列と回転の中心点の分布」と，p4m の群の存在を示す「p4m の群をもつ，くり返し文様の例」である［図 18–9，図 18–10］.

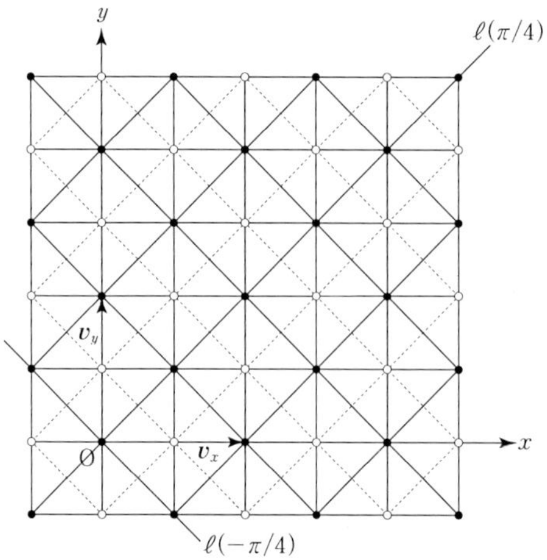


**図 18-9**

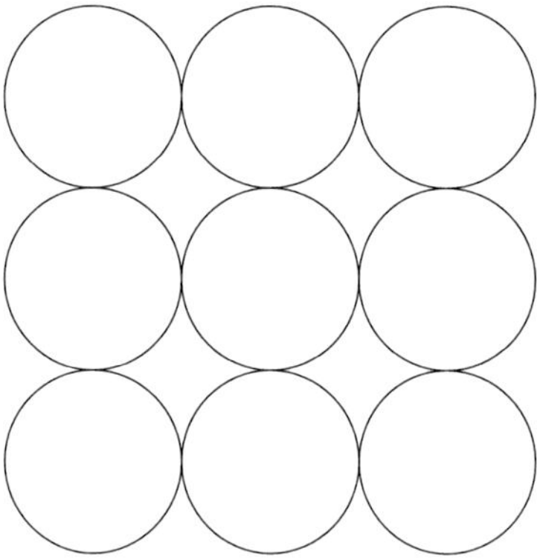

**図 18-10（p4m）**

図 18−9 の点線，実線の意味は，図 18−2 と同じである．黒点，小白点の意味は，図 18−7 と同じである．図 18−10 は，図 18−9 の格子点である黒点中心に，小白点をとおる円が描かれている．四円で囲まれた領域の中心点は，図 18−9 の格子点でない黒点である．

最後に，p4g と p4m は，軸の配列の型が違うので，違う種であることを注意しておく．

### ケース 10：$\Lambda(G)=\langle A_{\pi/3}\rangle+\langle A_{\pi/3}\rangle B_\ell$ の場合

いま，$\ell=\ell_x$ とすると，$A_{\pi/3}\circ B_x=B_{\ell(\pi/6)}$ なので，

$$\Lambda(G)=\{A_{\pi/3}^m \mid m=1,2,3,4,5,6\}\cup \{B_x, B_{\ell(\pi/3)}, B_{\ell(-\pi/3)}, B_{\ell(\pi/6)}, B_y, B_{\ell(-\pi/6)}\}$$

となる．すなわち，$\Lambda(G)$ 内の鏡映の集合は，ケース 8 の，ケース（$\alpha$）の (2) とケース（$\beta$）の (4) の両方を合わせたものとなる．そしてこれら鏡映 $B$ の $\Lambda^{-1}(B)$ は，すべて (1–a)=(2–a) 型で，$G$ はつぎの形をしている．

$$G_\delta=\sum_{m=1}^{6}T\begin{pmatrix}A^m & 0\\ {}^t\mathbf{0} & 1\end{pmatrix}+T\begin{pmatrix}B_x & 0\\ {}^t\mathbf{0} & 1\end{pmatrix}+T\begin{pmatrix}B_{\ell(\pi/3)} & 0\\ {}^t\mathbf{0} & 1\end{pmatrix}+$$
$$T\begin{pmatrix}B_{\ell(-\pi/3)} & 0\\ {}^t\mathbf{0} & 1\end{pmatrix}+T\begin{pmatrix}B_{\ell(\pi/6)} & 0\\ {}^t\mathbf{0} & 1\end{pmatrix}+T\begin{pmatrix}B_y & 0\\ {}^t\mathbf{0} & 1\end{pmatrix}+T\begin{pmatrix}B_{\ell(-\pi/6)} & 0\\ {}^t\mathbf{0} & 1\end{pmatrix}$$

（$T$ は図 18–1 の格子のベクトル格子群に対応する格子群）．

このタイプの 2 次元結晶群が唯一種しかないことは，前節のケース 7 と同様の方法で証明できる．

この種に属する 2 次元結晶群は p6m と総称される．

図 18–11 と図 18–12 は，それぞれ「軸の配列と回転の中心点の分布」と，p6m の群の存在を示す「p6m の群をもつ，くり返し文様の例」である [図 18–11，図 18–12]．

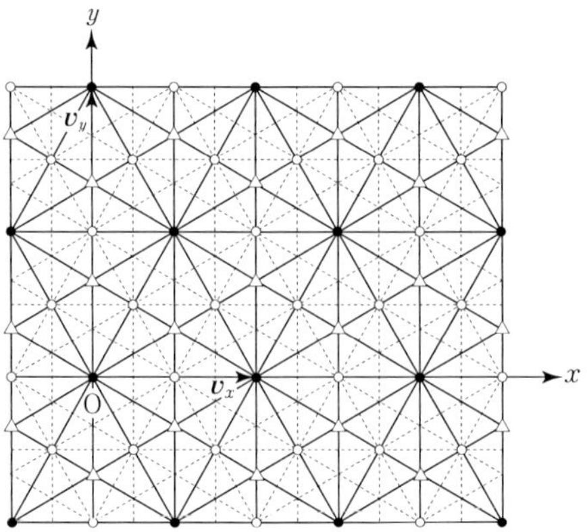


**図 18-11**

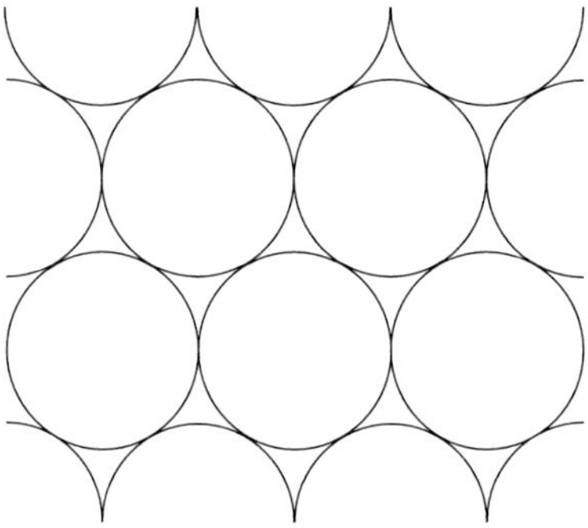

**図 18-12（p6m）**

図 18－11 の点線，実線の意味は，図 18－2 と同じである．また，黒点，小三角点，小白点は，それぞれ，$\pi/3$ 回転（と $-\pi/3$ 回転），$2\pi/3$ 回転（と $-2\pi/3$ 回転），$\pi$ 回転の中心点をあらわしている．図 18－12 の各円は，図 18－11 の黒点中心，小白点をとおるように描かれている．三円で囲まれた領域の中心点は，図 18－11 の小三角点である．

## 18.3 補足

以上で，2 次元結晶群の分類が完成した．第 12 節からの性質と分類の議論は，図も含めて，大略ビックス [8] にそっていて，細部を補填したものである．

最後に，第 11 節の

> **定理 11.4 (再掲)**　くり返し文様の群は 2 次元結晶群 (別名平面結晶群) である．逆に，任意の 2 次元結晶群 $G$ に対し，$G=G(\wp)$ となる，くり返し文様 $\wp$ が存在する．すなわち，2 次元結晶群とは，くり返し文様の群に他ならない．

の「逆に…」の方の証明を，ここであたえよう：

**定理 11.4 の「逆に…」の証明**　$G$ を 2 次元結晶群とする．いま，たとえば，$\Lambda(G)$ がケース 10 の

$$\Lambda(G)=\langle A_{\pi/3}\rangle+\langle A_{\pi/3}\rangle B_{\ell}$$

であるとする．このとき，第 13 節と上のケース 10 の議論で見たように，てきとうな平行移動と回転と（サイズを合わせる）相似変換の合成

$$\begin{pmatrix} rA_{\theta} & \boldsymbol{d} \\ {}^{t}\boldsymbol{0} & 1 \end{pmatrix} \quad (r\in\mathbb{R},\, r>0)$$

を用いて，$G$ に共役な群

$$\begin{pmatrix} rA_{\theta} & \boldsymbol{d} \\ {}^{t}\boldsymbol{0} & 1 \end{pmatrix} G \begin{pmatrix} rA_{\theta} & \boldsymbol{d} \\ {}^{t}\boldsymbol{0} & 1 \end{pmatrix}^{-1}$$

を作ると，これは図 18–12 のくり返し文様 $\wp$ の群 $G(\wp)$ になる．

それゆえ，この $\wp$ に，この変換の逆変換を作用させた，くり返し文様

$$\wp' := \begin{pmatrix} rA_\theta & \boldsymbol{d} \\ {}^t\mathbf{0} & 1 \end{pmatrix}^{-1} (\wp)$$

を考えると，

$$G = G(\wp')$$

となる．すなわち $G$ は，くり返し文様の群である．

他のケースの場合も同様だが，第 16 節のケース 1 やケース 2 の場合等は，もっと一般の，**アファイン変換**

$$\begin{pmatrix} L & \boldsymbol{d} \\ {}^t\mathbf{0} & 1 \end{pmatrix} \quad (L \text{ は線形変換})$$

を用いる必要がある．(**証明終**)

この証明を用いると，つぎのことがわかる：

『$G_1$ と $G_2$ を同型な 2 次元結晶群とする：$G_1 \cong G_2$．このとき，上の証明により，これらは同じ，くり返し文様の群 $G(\wp)$ に，アファイン変換によって共役になる：

$$\begin{pmatrix} L_1 & \boldsymbol{d}_1 \\ {}^t\mathbf{0} & 1 \end{pmatrix} G_1 \begin{pmatrix} L_1 & \boldsymbol{d}_1 \\ {}^t\mathbf{0} & 1 \end{pmatrix} = G(\wp),$$

$$\begin{pmatrix} L_2 & \boldsymbol{d}_2 \\ {}^t\mathbf{0} & 1 \end{pmatrix} G_2 \begin{pmatrix} L_2 & \boldsymbol{d}_2 \\ {}^t\mathbf{0} & 1 \end{pmatrix} = G(\wp).$$

それゆえ，

$$G_2 = \left\{ \begin{pmatrix} L_2 & \boldsymbol{d}_2 \\ {}^t\mathbf{0} & 1 \end{pmatrix}^{-1} \begin{pmatrix} L_1 & \boldsymbol{d}_1 \\ {}^t\mathbf{0} & 1 \end{pmatrix} \right\} G_1 \left\{ \begin{pmatrix} L_2 & \boldsymbol{d}_2 \\ {}^t\mathbf{0} & 1 \end{pmatrix}^{-1} \begin{pmatrix} L_1 & \boldsymbol{d}_1 \\ {}^t\mathbf{0} & 1 \end{pmatrix} \right\}^{-1}$$

と書け，$G_1$ と $G_2$ は，アファイン変換で共役になる．』

このことは，一般の $n$ 次元結晶群で言えることである：

**定理（ビーベルバッハ（Bieberbach））**　$n$ 次元結晶群 $G$ と $G'$ が同類ならば，それらは $\mathbb{R}^n$ のアファイン変換によって共役である．

（**アファイン変換**とは，$\begin{pmatrix} L & \boldsymbol{a} \\ {}^t\boldsymbol{0} & 1 \end{pmatrix}$（$L : \mathbb{R}^n \longrightarrow \mathbb{R}^n$ は線形変換）の形の変換である．）

上記のビーベルバッハの定理の証明は，サーストン [4] の p. 222 に書いてある．

2 次元結晶群，3 次元結晶群は，いくつかの本で取り上げられているが，幾何学的観点からは，とくに河野 [2] が興味深い本である．

# 文　献


[1] 岩堀長慶：合同変換群の話．現代数学社，2020

[2] 河野俊丈：結晶群．共立出版，2015

[3] コクセター（H.Coxetor），モーザー（W.Moser）：Generators and Relations for Discrete Groups. Springer-Verlag, 1984

[4] W.P. サーストン（小島定吉監訳）：3 次元幾何学とトポロジー．培風館，1999

[5] 砂田利一：ダイアモンドはなぜ美しい？．シュプリンガー・ジャパン，2006

[6] 髙木貞治：代数学講義．共立出版，1948

[7] 難波　誠：群と幾何学（改訂新版）．現代数学社，2023

[8] ビックス（R.Bix）：Topics in Geometry. Academic Press, 1994

# 索　引

## あ行



## か行

### さ行



### た行



### な行

### は行



### ま行



### や行



### ら行

著者紹介：

**難波　誠**（なんば・まこと）

1943年山形県生れ　東北大卒
理学博士　Ph.D
現　在　大阪大学名誉教授

著　書

- 平面図形の幾何学，現代数学社，2008.
- 改訂新版 代数曲線の幾何学，現代数学社，2018.
- 改訂新版 群と幾何学，現代数学社，2023.
- Geometry of projective algebraic curves, Marcel Dekker, 1984.
- Branched coverings and algebraic functions, Longman, 1987.

他.

**合同変換の幾何学**

2024年4月21日　初版第1刷発行

著　者　難波　誠
発行者　富田　淳
発行所　株式会社　現代数学社
〒606–8425 京都市左京区鹿ヶ谷西寺ノ前町1
TEL 075 (751) 0727　FAX 075 (744) 0906
https://www.gensu.co.jp/
装　幀　中西真一（株式会社 CANVAS）
印刷・製本　山代印刷株式会社

ISBN978-4-7687-0633-6　Printed in Japan